EPOCHA

Jiřina Rybáčková

SVĚT ZVANÝ AMERIKA

O volbách a nejen o nich

NAKLADATELSTVÍ EPOCHA

ISBN 80-86328-62-7

Ludvíkovi
s díky za všechno

Milým Láďovi a Heleně
s přáním všeho
nejlepšího

Jitka

Květen 2005

Obsah

ÚVOD

V roce 1996 jsem vydala v nakladatelství Český spisovatel knížku *Amerika v zrcadlech*, napsanou v jakési euforii krátce po svém přestěhování do Prahy. Byl to stručný encyklopedický pohled na Spojené státy oživený osobními dojmy a zážitky. Knížka měla celkem dobrý ohlas a po léta jsem se setkávala s pozitivními čtenářskými reakcemi.

Svět zvaný Amerika na tuto publikaci navazuje pouze v tom smyslu, že se i zde snažím spojit informativnost se čtivostí, ale jinak jde o text napsaný v docela jiné situaci, jinak uspořádaný a určený informovanějšímu publiku. Zdá se mi také, že stejně, jako jsem lépe pochopila Československo, když jsem je nazírala přes Atlantik, i teď, když už jsem řadu let z Ameriky pryč, jako bych i své druhé vlasti rozuměla líp. Po teroristických útocích ze září 2001 a zvlášť po napadení Iráku Američany v březnu 2003 je to sice trochu jiná země, než kterou jsem znala v oněch dvaceti pěti letech, kdy jsem žila v New Jersey – Američané se cítí zranitelnější než snad kdykoliv dřív v historii a americká společnost je politicky hořce rozdělená – dávné konstanty však přetrvávají. Upozorňuji na ně na mnoha místech ve svém textu.

Osou knížky je americká prezidentská kampaň, komentovaná měsíc po měsíci od prosince 2003 do října 2004. Nejde však o knihu pouze o prezidentské kampani ani o knihu pouze o politice. Volební kampaň je sice ústředním tématem, ale přitom zabírá jen menší část textu – slouží totiž také jako páteř, na niž se upínají témata další, často nepolitická. Každá kapitola začíná stručným výčtem událostí za daný měsíc, což vytváří odrazový můstek nejprve ke komentáři a poté ke třem tématům a dvěma přehledům.

Komentář jsem neměnila podle pozdějšího vývoje, abych tak zachovala jeho bezprostřední reportážní a kronikářský charakter a připomněla, jak se různé události jevily současným pozorovatelům. Témata a Přehledy už nejsou takto časově omezené – všechny tyto texty byly sice inspirovány konkrétními událostmi jednotlivých měsíců, ale v mnoha případech jsem je průběžně doplňovala až do okamžiku vydání knihy. Například tedy Přehled „Svazky osob téhož pohlaví“ v únorové kapitole je doplněn informací o tom, že v květnu začalo legální oddávání homosexuálů a lesbiček ve státě Massachusetts a že 2. listopadu 2004 obyvatelé 11 amerických států odhlasovali dodatky ke státním ústavám, v nichž se zakazují sňatky mezi osobami téhož pohlaví.

Knížka je určena běžnému čtenáři zajímajícímu se o Ameriku a současné mezinárodní dění – což je dnes v podstatě synonymem. Osobní element v textu je čerpaný hlavně z rozhovorů a korespondence s řadou Čechoameričanů a Američanů. V knize je také hodně citátů z vybraných knih a periodik, často dosti obsáhlých – pokud jsem totiž našla zvlášť výstižné formulace a postřehy, ráda jsem přenechala slovo jiným, místo abych se pokoušela o parafrázi. Množství citátů zároveň ilustruje mnohotvárnost a komplexnost Ameriky, kterou není možno shrnout do nějakého jediného kategorického soudu. Já sama často spíš kladu otázky, než abych předkládala odpovědi – vím toho totiž o Americe dost na to, abych pokorně připustila, že toho ještě mnohem víc nevím. V textu je rovněž roztroušena řada česko-amerických srovnání a protikladů, a byla bych ráda, kdyby tyto vsuvky podnítily čtenáře i k přemýšlení o českém osudu a české budoucnosti.

Na závěr několik technických poznámek. Protože nejde o akademickou práci, nejsou zde poznámky pod čarou, ale seznam literatury je uveden v závěru. Všechna data jsem pečlivě a důkladně ověřovala, a i když je možné, že se mi někde do textu vloudila chyba, doufám, že to je jen výjimka potvrzující pravidlo.

V naprosté většině jsem nepřechylovala ženská příjmení, i když to je v rozporu se striktními pravidly pravopisu – koncovku –ová ponechávám jen u několika žen, které jsou zde dobře známy, například Madeleine Albrightová nebo Hillary Clintonová. U nejrůznějších technických termínů a ustálených slovních spojení připojuji v závorce jejich znění v angličtině, protože předpokládám, že řada čtenářů bude umět anglicky, a proto uvítá uvedení těchto výrazů v originále.

Poděkování

Při psaní této knížky mi pomáhalo mnoho lidí svými komentáři, připomínkami a náměty. V přípravných pracích jsem v roce 2003 natočila pět dlouhých interview: s newyorským bankéřem Jeremy Randallem, který už víc než deset let žije v Praze, s Čechoameričankou Alenou Zíkovou, která je pilotkou letecké společnosti American Airlines, s hollywoodským filmovým producentem Norbertem Auerbachem, původem z Prahy a dnes opět žijícím v Praze, s Veronikou Musilovou z Ostravy, studentkou na Princetonské univerzitě, a s Grace Vyborny, Američankou italského původu, která se se svým českým manželem a dvěma dcerami přestěhovala do Prahy v roce 1994.

První ukázku knihy četlo začátkem roku 2004 přes třicet lidí, z nichž chci zvlášť poděkovat MUDr. Janu Rybáčkovi, Jeny Kühnlové, Juraji Daubnerovi, doc. Františku Vrhelovi, ing. Tomislavu Vašíčkovi z Rakouska, Ivanu Jonášovi ze Švédska, Věře Kroupové, Aleně a Láďovi Zdeňkovým, Haně Žantovské, Mgr. Vladimíru Novákovi, Mgr. Emě Rozgonyiové, Zuzaně Hulákové, Haně Pavlíčkové a ing. Jaromíru Pavlíčkovi, ing. Ireně Zíkové, ing. Pavlu Novákovi, Blance Kučerové, Pavlovi Kučerovi, dr. Zuzaně Kovaříkové a Ivanu Ryčovskému. Své dávné kolegyni z Mladé fronty Kláře Vachulové díky za pečlivou redakci.

Při psaní knihy mi také pomáhala skupina mých amerických a česko-amerických známých a přátel, kteří odpovídali na moje otázky, posílali mi různé zajímavé texty a doporučovali mi svoje známé a přátele. Podle Conana Doyla jsem jim říkala „Baker Street Irregulars". Byli to hlavně David Paul, Dick Henry a Rich Erickson ze Seattlu, Petr Bísek z New Yorku, Catherine Michael a její maminka Linda z New Jersey, Susan Gibbs, John Little, Karel Kliment a Láďa Baštář, také z New Jersey, James Banner z Washingtonu, Orest Pelech ze Severní Karolíny, Jirka Koníček a Max Lom z Floridy, a několik dalších, kteří nechtěli být jmenovaní.

Nejvíc ovšem děkuji manželovi a synovi Janu Jamesovi, kteří ochotně a trpělivě snášeli mou americkou posedlost celý rok.

I love this country and I worry about its current role in the world. I use the word love loosely, of course, as we do in our increasingly Americanized English. I love the energy, the openness, the everyday cheerfulness of people in shops and on the street, the sense of freedom you get driving for hours down a California highway under those king-size skies, and the feeling that all people – whoever they are, wherever they come from – have a chance to shape their own lives. I love the accuracy of *The New York Times*, the vigor of television's „Crossfire," the probing tough-mindedness of the best universities in the world and the American activists I've frequently encountered in Eastern Europe and the Balkans who really do want other people to share the freedoms they enjoy.

Miluju tuto zemi a trápí mě její současná role ve světě. Samozřejmě používám slova „miluju" v onom širším smyslu, jak to děláme v naší čím dál tím americkější angličtině. Miluju energii, otevřenost a každodenní veselou náladu lidí v obchodech a na ulici, miluju vzduch plný svobody, když člověk jede hodiny a hodiny po kalifornské dálnici a nad ním jsou obrovská nebesa, miluju pocit, že všichni lidé – ať jsou kdokoli, ať pocházejí odkudkoli – mají šanci utvářet své vlastní životy. Miluju přesnost deníku *The New York Times*, pádnost televizního diskusního pořadu „Crossfire", úpornou snahu dostat se věcem na kloub na těch nejlepších univerzitách světa, miluju americké aktivisty, které jsem často potkával ve východní Evropě a na Balkáně a kterým opravdu záleží na tom, aby se i ostatní lidé těšili ze svobod, z nichž se těší oni.

Timothy Garton Ash,
anglický historik a novinář,
The New York Times,
9. dubna 2002

užívají života, jsou většinou tolerantní k různým životním stylům a vyznávají multikulturalismus.

Demokraté jsou zatím velice rozhádání, často se zdá, že hlavním protivníkem jednotlivých kandidátů jsou ostatní demokratičtí kandidáti a ne republikáni. Začátkem listopadu se do protibushovského tábora postavil George Soros, známý finančník a mecenáš, který v osmdesátých letech svými sofistikovanými finančními praktikami srazil anglickou libru na kolena a po pádu komunismu pak věnoval přes 5 miliard dolarů na podporu demokracie, hlavně v zemích bývalého socialistického bloku, ale i v Africe a Asii. Soros je drobnější, vzhledem celkem nenápadný muž (jednou jsem vedle něho chvíli stála na jakémsi večírku), ale myslí ve světových kategoriích – kritici by řekli, že je to megaloman. Začátkem roku 2004 se chystá vydat knihu *The Bubble of American Supremacy* (Bublina americké nadvlády), v níž shrne své výhrady vůči politické linii současného prezidenta. Je odhodlán udělat vše pro to, aby George W. Bush nebyl znovu zvolen. Na seznamu politických bestsellerů je už také delší dobu několik útočně antibushovských knih, z nichž daleko nejslavnější je jízlivá tiráda filmového dokumentaristy a publicisty Michaela Moora *Stupid White Men* (*Hloupí bílí muži*). Na tohoto populisticky zuřivého odpůrce George W. Bushe mě už před půldruhým rokem upozornil můj dávný kamarád z Rakouska. Nejnadšenějšími čtenáři Moorových knih jsou Němci.

V prezidentských kampaních jsou běžně nejdůležitější vnitropolitická témata, hlavně ekonomika. Americká ekonomika se v listopadu nečekaně obrátila dobrým směrem, ale pořád se ještě potýká s nezaměstnaností téměř 7 procent, což je na Spojené státy vysoké číslo. Tento ekonomický ukazatel bude Bílý dům sledovat zvlášť pozorně, protože i když prezident vlastně zaměstnanost nijak přímo ovlivnit nemůže, lidé bez práce mají sklon hlasovat proti stávajícímu prezidentovi. V roce 2004 bude však zřejmě hrát velmi důležitou roli i vývoj v Iráku. Přes odpor hlavních evropských spojenců a bez souhlasu Spojených národů zaútočili 19. března 2003 Spojené státy na Husajnův Irák, podporovaní „koalicí ochotných" – mezi těmito 63 státy jsou nejdůležitější Velká Británie, Itálie, Španělsko a Polsko. Většina ostatních postkomunistických zemí včetně České republiky je také mezi spojenci, ale koalice zahrnuje i ostrovní zemičky jako Šalomounovy ostrovy (počet obyvatel kolem půl milionu) či Palau (19 000). Hlavním specifickým důvodem preventivní války bylo obvinění, že Husajn skrývá zbraně hromadného ničení a tím ohrožuje ostatní země včetně Spojených států. Dalším argumentem pro válku bylo údajné spojení Iráku s teroristy ze září 2001.

Přiznávám, že přinejmenším tři čtyři týdny po vpádu Američanů do Iráku jsem měla v žaludku svíravý pocit strachu – americká vláda přece ví spousty věcí, které neříká veřejně, a tak jsem si myslela, že všechna ta prohlášení o chemických či biologických zbraních jsou založena na „tvrdých faktech". K mým obavám přispělo i Saddámovo furiantské chvástání, jeho tón naznačoval, že je opravdu na útočníky dobře připraven. A tak jsem si představovala, že až se začne iráckému vedení situace vymykat z rukou (a bylo zřejmé, že k tomu dojde co nevidět), otevřou tajné skrýše a na postupující americkou armádu vypustí kdovíjaké jedy.

Místo toho se režim iráckého diktátora zhroutil jako domeček z karet. Začátkem dubna vstoupili spojenci do Bagdádu a mnozí Iráčané je vítali jako osvoboditele. Saddám Husajn a jeho nejbližší kamsi zmizeli a blesková šestitýdenní válka byla „oficiálně" ukončena 1. května 2003. Během tohoto prvního období zahynulo 115 útočníků a na irácké straně se ztráty odhadují přibližně na 9200 vojáků a 3800 civilistů. Žádné zbraně hromadného ničení se nenašly a spojení Husajna se zářijovými teroristy není do této chvíle prokázáno.

Konkrétním cílem útoku na Irák bylo sesazení Husajnova režimu, což se podařilo velice snadno – následným cílem však bylo pomoci vybudovat v tomto centru arabského světa demokratický politický a společenský systém, a v tom se do dnešní chvíle pokročilo jen málo. Od „konce války" uteklo už sedm měsíců, ale v Iráku stále není funkční mír. Bagdád je rozbombardovaný, infrastruktura pořád nefunguje a pokračují sebevražedné teroristické útoky na Američany, jejich spojence i na Iráčany, kteří s nimi spolupracují. Listopad byl zatím nejkrvavější měsíc války, zahynulo v něm 109 spojeneckých vojáků. Hlavním americkým administrátorem v Iráku je L. Paul Bremer III., který stojí v čele Prozatímní koaliční správy. Ta řídí zemi spolu s pětadvacetičlennou Iráckou vládní radou, vybranou a sestavenou Američany. V zemi je 130 000 koaličních vojáků. V listopadu se americká správa a Irácká rada dohodly, že do 28. února bude vypracována prozatímní ústava a že 30. června 2004 předá Amerika Iráku suverenitu. Moci se pak ujme prozatímní irácká vláda, ustavená prostřednictvím regionálních shromáždění. Tato vláda následně vypracuje definitivní ústavu a připraví regulérní volby.

Americká mezinárodní protiteroristická ofenziva pokračuje, ale vůdce Al-Kaídy Usáma bin Ládin a vůdce Tálibánu mulla Umar stále unikají. Podle mnoha odborníků se sice podařilo strukturu Al-Kaídy narušit a zadržet řadu menších vůdců, ale počet individuálních islámských fundamentalistů ochotných obalit se výbušninami a položit život v boji proti nevěřícím zřejmě neklesá, spíš naopak. Malé skupinky jen volně napojené na Al-Kaídu tak udeřily v průběhu roku 2003 na řadu „měkkých cílů" v zemích, kde nejsou bezpečnostní opatření dostatečně striktní. Jedna z největších akcí byla série pumových útoků v Turecku v listopadu, při níž zahynulo přes 50 lidí.

Evropa, zvlášť západní, je protiamericky naladěná a britský premiér Tony Blair má velké potíže pro svou jednoznačnou podporu George Bushe. Při listopadové návštěvě amerického prezidenta v Londýně se údajně o jeho bezpečnost staralo až 14 000 policistů a v ulicích se konaly obrovské protibushovské demonstrace, jichž se podle policejních odhadů účastnilo 35 000 lidí, podle odhadů médií 75 000 a podle demonstrantů samých asi 200 000. V bývalých komunistických zemích je antiamerikanismus slabší, zvlášť polská vláda (i přes odpor veřejnosti) horlivě od samého začátku podporuje irácké tažení a dokonce poslala kolem 200 vojáků, aby se zapojili do vojenských operací. Poláci tak byli kromě Britů a Australanů jediní, kteří v Iráku bojovali. Americký ministr obrany Donald Rumsfeld na jaře popudil západoevropské politiky tím, že začal rozlišovat mezi „starou" (dnes nepřátelskou) a „novou" (dnes spojeneckou) Evropou.

Z ostatních světových událostí jen velmi zúžený výběr: v dubnu bylo na Kubě odsouzeno 75 disidentů, nejvyšší trest byl 28 let vězení, a neudolatelný Fidel Castro krátce nato oslavoval půlstoleté výročí svého revolučního boje. V červnu se přiznala komunistická Severní Korea, že vyvíjí jaderné zbraně. V říjnu byl v Rusku zatčen nejbohatší muž země Michail Chodorkovskij, zřejmě proto, že se podle čím dál tím autokratičtějšího prezidenta Vladimíra Putina začal moc plést do politiky. V Izraeli se bludný kruh násilí a nenávisti mezi Židy a Palestinci zdá nerozetnutelný.

V České republice zmizely v první polovině roku 2003 z politického výsluní tři významné osobnosti, Václav Havel, Miloš Zeman a do značné míry i Vladimír Železný. Zůstal jen Václav Klaus, který v únoru usedl na hradčanský stolec. V červnu, v historicky prvním referendu v zemi, souhlasilo 77 procent obyvatelstva se vstupem do Evropské unie. Vláda Vladimíra Špidly, které mnozí předpovídali brzký konec, se nejen udržela u moci, ale úspěšně na podzim protlačila vládní reformu veřejných financí.

Po jistém jarním přešlapování se česká vláda zařadila do „koalice ochotných", podporující akci Spojených států v Iráku. V březnu vznikl 1. česko-slovenský prapor radiační, chemické a biologické ochrany, v němž po zahájení útoku na Irák působilo 400 českých vojáků, a krátce nato zahájila činnost česká polní nemocnice v Basře v jižním Iráku. Nemocnice si získala dobrou pověst a od dubna do konce listopadu 2003 ošetřili čeští lékaři a zdravotníci přes 10 000 lidí, hlavně Iráčanů. Vláda se však na podzim rozhodla nemocnici zrušit, hlavně proto, že nemá dost personálu na vystřídání. Když se proti tomuto rozhodnutí veřejně ozvala česká velvyslankyně v Kuvajtu Jana Hybášková, byla promptně vládou odvolána z funkce.

Tak toto je situace začátkem prosince 2003 a reportáž o americkém prezidentském klání začíná. Za předehru můžeme považovat následující výlet.

Před pěti dny, ve středu 26. listopadu, nasedla kolem půl šesté večer na ranči v Crawfordu v Texasu do neoznačeného auta nenápadná dvojice středního věku, s kšiltovkami staženými hluboko do čela. Byl to americký prezident George W. Bush a jeho černošská poradkyně Condoleezza Rice, kteří právě vyrazili na přísně utajenou návštěvu amerických vojáků v Iráku. Ze soukromého letiště ve Waco odletěli do Washingtonu a odtud pozdě ve středu večer, doprovázeni třinácti novináři, zamířili v prezidentském letadle Air Force One do Bagdádu. O cestě vědělo jen pár lidí a prezident byl připraven okamžitě se vrátit zpátky, kdyby se o této nečekané návštěvě něco dostalo na veřejnost. Utajení však fungovalo bezvadně a ve čtvrtek večer, právě když se ve velké vojenské jídelně na bagdádském letišti 600 amerických vojáků První ozbrojené divize a 82. letecké divize chystalo ke sváteční večeři Dne díkůvzdání, přivedl jim velitel jako hosta vrchního náčelníka amerických ozbrojených sil. Prezident se v jídelně objevil s velkou mísou, na níž byl perfektně vyhlížející zlatavý krocan ozdobený hroznovým vínem a dalšími lahůdkami, a řekl, že se jen chtěl někde zastavit na něco teplého. Vojáci mu, jak jinak, nadšeně aplaudovali. Celkem strávil prezident Bush v Bagdádu dvě a půl hodiny a v pátek 28. listopadu brzy ráno byl už zase v Texasu.

Zlatavý krocan se stal předmětem fámy, která krátce nato oblетěla svět – v České republice ji například s radostí otisklo *Právo*: údajně nešlo o pravého krocana, ale o atrapu. Záležitost pak vyjasnil washingtonský deník *Washington Post*: věc na míse byl skutečný krocan, avšak připravený a naaranžovaný dodavatelem večeře jako slavnostní ozdoba typická pro večeře na Den díkůvzdání. Dodavatel nic o plánované návštěvě z Bílého domu nevěděl. Vojáci v jídelně dostávali na talíře porce z jiných krocanů.

PROSINEC
2003

Události

Začátek prosince

Americký stát Iowa je zaplaven politickými reklamami čtyř demokratických uchazečů o Bílý dům.

Další americké ekonomické instituce potvrzují, že americká ekonomika se obrací k lepšímu.

9. prosince

Al Gore, viceprezident v administrativě Billa Clintona a demokratický kandidát na prezidenta ve volbách roku 2000, ohlašuje svou podporu Howardu Deanovi.

Na internetové stránce Ministerstva obrany USA vychází směrnice Pentagonu, podle níž není v „bezpečnostním zájmu Spojených států", aby se Francie, Německo, Rusko a Kanada podílely na soutěži o kontrakty na obnovu Iráku.

10. prosince

Prezident Bush žádá představitele Francie, Německa a Ruska, aby odepsali irácký zahraniční dluh.

13. prosince

V Bruselu v odpoledních hodinách ztroskotává jednání o nové ústavě Evropské unie.

V Iráku je kolem půl osmé večer středoevropského času dopaden a zajat Saddám Husajn.

15. prosince

V proslovu před Pacifickým výborem pro mezinárodní politiku (Pacific Council on International Policy) v Kalifornii prohlašuje Howard Dean, že „dopadení Saddáma Husajna neudělalo Ameriku bezpečnější".

19. prosince

Prezident Bush a britský ministerský předseda Tony Blair oznamují, že se libyjský vůdce plukovník Muammar Kaddáfí rozhodl zrušit libyjskou výrobu zbraní hromadného ničení a umožnit mezinárodní inspekci.

Prosinec v České republice je hlavně ve znamení předvánočních nákupů, za něž kupující utrácejí rekordní sumy. Prezident Václav Klaus uděluje prvních pět milostí.

V posledním čísle týdeníku *Respekt*, který už léta nemilosrdně tepe společenské i politické nešvary, zaznívá v hlavním článku Erika Taberyho překvapivě pozitivní tón. Článek končí těmito větami:

Do nového roku lze vstupovat s nadějí. Neblíží se žádná pohroma od sousedů jako v éře první republiky, naopak se dál blížíme k dobré společnosti evropských demokracií. Pro stát, který se ještě před patnácti lety topil v bezvýchodnosti komunismu, je to nečekaně rychlý úspěch.

Komentář

Hlavní prosincovou událostí je bezkonkurenčně dopadení Saddáma Husajna. Podpora prezidenta Bushe okamžitě vzrostla – celkový souhlas s tím, jak prezident zvládá svůj úřad, skočil z 52 na 58 procent. Všichni demokratičtí kandidáti přispěchali s gratulacemi, jen Howard Dean si neodpustil poznámku, že Amerika není ani po dopadení Husajna bezpečnější. V Iráku došlo hned po zadržení Husajna k několika sebevražedným útokům.

Druhá zpráva lahodící Bílému domu se týká vzestupu americké ekonomiky – čísla naznačují, že americké hospodářství se po tříleté recesi odrazilo ode dna. Průmyslová výkonnost dosáhla na podzim 2003 nejvyšší úrovně za posledních 20 let, zvýšila se poptávka a ve třetím čtvrtletí ekonomika vzrostla o ohromujících 8,2 procenta. Největší ekonomický problém, který však ohrožuje hlavně budoucnost, nikoliv prezidentské volby, je obrovský deficit, ve výši 500 miliard dolarů neboli více než 4 procenta hrubého domácího produktu (současný český deficit představuje asi 7 procent hrubého domácího produktu).

Několik dní před dopadením Husajna se mezi Amerikou a ostatním světem znovu zablýsklo, když oficiální směrnice Pentagonu vyloučila z obnovy Iráku firmy Německa, Francie, Kanady, Ruska a dalších států, které nejsou na seznamu 63 zemí tvořících „koalici ochotných" (the coalition of the willing). Pikantní bylo, že Bush zároveň žádal tyto země, aby odpustily Iráku jeho zahraniční dluh, a komentátoři po světě kroutili hlavou nad tím, jak si to vlastně Amerika představuje. Novinové komentáře mají ovšem jepičí život, a tak pár dní po tomto lapsu vyrazil z Ameriky James A. Baker III., bývalý ministr zahraničních věcí ve vládě George Bushe staršího, aby přesvědčil evropské země o odepsání iráckého dluhu, a hle, už 16. prosince Německo i Francie, nejzarputilejší odpůrci iráckého tažení, na odpis dluhu přikývly. Také se objevují náznaky, že se přece jenom nějaké ty kontrakty pro „vyloučené“ země najdou. Transatlantické napětí trochu polevuje, prudké rozhořčení ze začátku roku 2003 zesláblo, ale většina Evropanů – s výjimkou Britů a Italů – se stále dívá na Spojené státy velmi negativně.

O Evropskou unii se sice běžní Američané nestarají, avšak hlavní zpravodajství samozřejmě přinesla zprávy o neúspěšném jednání o evropské ústavě. Deník *The New York Times* přirovnal tuto situaci k americkému přechodu od volné konfederace (období Článků konfederace v letech 1781 až 1787) k silnější centrální vládě a ústavě ratifikované roku 1789. Článek také upozornil na snahu některých zemí, především Polska, připomenout v úvodu k evropské ústavě křesťanské kořeny Evropy. Zajímavé je, že americká ústava žádnou zmínku o Bohu neobsahuje, přestože Spojené státy jsou od samých počátků mnohem víc nábožensky založené než starý kontinent. Jednu věc však americký komentátor přešel bez povšimnutí, i když je symptomatická – zatímco americká ústava, která dokonale funguje už skoro 230 let a v jistém smyslu drží tu divokou, dynamickou zemi pohromadě, se i s 27 dodatky vejde na 10 až 20 stránek, návrh evropské ústavy je nejen asi dvacetkrát delší, ale je také mnohomluvný, často vágní a příliš plný detailů.

Předvánoční oznámení o obratu libyjského diktátora Kaddáfího podle některých komentátorů nasvědčuje tomu, že ukázka americké síly v Iráku poněkud zchladila plukovníkův zájem o terorismus a zbraně hromadného ničení. Jiní však argumentují, že to je jednak výsledek dlouholeté diplomacie a za druhé, že Kaddáfího zájem o návrat do civilizovaného světa souvisí s vnitropolitickým vývojem v Libyi, kde se od roku 1982 téměř zdvojnásobil počet obyvatelstva, takže Kaddáfí potřebuje zvýšit příjmy, a to nemůže bez zrušení mezinárodních sankcí – a proto tedy začíná „sekat dobrotu“.

První fáze prezidentské kampaně nabírá obvykle v prosinci obrátky, protože v lednu začínají primárky. Republikáni se tentokrát o primárky starat nemusí, jejich kandidát už je v Bílém domě, zato demokraté jsou velice aktivní: devět demokratických uchazečů o prezidentskou kandidaturu pročesává celou Ameriku, utkává se v televizních debatách, pronáší projevy, potřásá si rukama s co možná největším počtem lidí. Jejich týmy zahrnují stovky nadšených dobrovolníků, kteří olizují známky, rozesílají letáky, maratonově telefonují a vybízejí voliče, aby šli volit, chodí od dveří ke dveřím, organizují shromáždění. Jsou většinou mladí, optimističtí, radují se z toho, když třeba za celé odpoledne přesvědčí jediného Američana, aby dal hlas jejich kandidátovi. Někde mezi nimi je nejspíš budoucí prezident Ameriky – mnozí politikové takhle zahajují svou kariéru. Bill Clinton byl dobrovolníkem v kampani liberálního prezidentského kandidáta George McGoverna, Howard Dean pracoval v předvolebním týmu Jimmy Cartera.

Nejdůležitější událostí demokratické kampaně v prosinci byla podpora Al Gorea, viceprezidenta v administrativě Billa Clintona, Howardu Deanovi. „Deanovci" jásali, ale do tisku pronikl zákulisní drb, že Goreova podpora Deanovi je vlastně kalkul do budoucna, protože Gore počítá s tím, že Dean prohraje, ale zároveň doufá, že mu letošní gesto nakloní Deanovy příznivce v roce 2008, až se bude ucházet o demokratickou nominaci proti Hillary Clintonové.

Volební tým prezidenta Bushe se začíná soustřeďovat na Howarda Deana jako na nejpravděpodobnějšího vyzyvatele. Republikáni se chystají napadat Deanovu neustálou rozzlobenost, pesimismus a neuváženost, a prezidentské klání předestírat voličům spíš jako referendum o směřování celé země než jako souboj dvou kandidátů. Přestože oficiální republikánská kampaň začne až v předjaří roku 2004, prezident Bush se samozřejmě o voliče uchází už teď. Na podzim prosadil změny ve zdravotním programu Medicare pro americké seniory, který začne poprvé od svého zavedení v roce 1965 pokrývat výdaje za léky. Prezident doufá, že tímto krokem získá na svou stranu starší voliče, kteří chodí k volbám mnohem pravidelněji než lidé jiných věkových skupin. Dál se prezident chystá navrhnout změnu imigračních zákonů a tím si naklonit hispánskou komunitu – nejvíc z odhadovaných 8 až 14 milionů nelegálních imigrantů je z Mexika. Náboženskou pravici chce získat odmítnutím manželství mezi osobami téhož pohlaví. Jeho poradci navíc už připravují nějaké velké neideologické a nepolitické téma, které by prezident mohl oznámit ve své Zprávě o stavu Unie koncem ledna, možná to bude vesmírný program nebo vylepšení veřejné zdravotní péče. Prezident Bush má také mnohem víc peněz na svou kampaň než jeho demokratičtí rivalové, do konce prosince vybral skoro 120 milionů dolarů.

Témata

Evropa a Amerika

20. listopadu
V Londýně se při příležitosti návštěvy
George W. Bushe koná masová
demonstrace proti válce v Iráku.

Když 11. září 2001 napadli teroristé New York a Washington, skoro celý svět se Spojenými státy soucítil a dokonce i Francouzi, kteří mají na Ameriku tradičně pifku, hlásali na titulních stránkách svých novin Nous sommes tous Américains (My všichni jsme Američané). Když o dva roky později přijel George W. Bush na návštěvu Velké Británie, v listopadu 2003, vítaly ho desetitisíce hlučně protestujících demonstrantů a plakáty nad jejich hlavami hlásaly, že George W. Bush představuje největší hrozbu světovému míru. Může za tento stoosmdesátistupňový obrat jen tažení v Iráku?

Irák je sice tím ústředním problémem, ale podle mnohých pozorovatelů se Amerika a Evropa od sebe vzdalují už od skončení studené války, kdy se téměř ze dne na den vypařil dlouholetý společný nepřítel, sovětský komunismus. Dnes je Amerika jediná světová velmoc a její síla – ekonomická i vojenská – je v dějinách naprosto bezprecedentní. Americký kulturní vliv, od populární hudby přes džínsy až po McDonaldy, proniká i do těch nejzapadlejších vísek a na nejodlehlejší ostrůvky. Demografická dynamičnost Ameriky ve srovnání s Evropou byla potvrzena nedávnými projekcemi, podle nichž předstihnou Spojené státy Evropu v počtu obyvatel do roku 2050, ale hlavně, zatímco v Evropě bude v polovině dvacátého prvního století polovina lidí starších než 53 let, v Americe bude tento medián pouhých 36 let (stejně jako dnes). O americkém základním školství si Evropané vyprávějí hrůzné historky, ale většina nejlepších univerzit světa je právě v Americe (podle počtu profesorů, kteří získali Nobelovu cenu a podle počtu citací v prestižním odborném tisku). Amerika tradičně dává mnohem větší podíl svého vládního rozpočtu na výzkum, má nejvíc patentů a ve vědeckých kategoriích zdaleka nejvíc nositelů Nobelových cen.

I když mocenský nepoměr mezi Spojenými státy a Evropou bezpochyby vytváří podhoubí současného rozkolu, ústřední roli v něm hraje prezident Bush mladší, a někdy to vypadá, jako by byl v Bílém domě už celá léta. Většina členů jeho vlády a jeho poradců jsou ze středu Ameriky a z amerického západu. Pro lidi z těchto oblastí je Evropa něco vzdáleného, neberou ji úplně, připadá jim zhýčkaná a změkčilá. Evropský zvyk brát si dlouhé dovolené se jim zdá skoro pohoršlivý (zmizet na měsíc z práce je velmi neamerické), evropská vojenská moc je jim k smíchu. V administrativě Billa Clintona i Bushe staršího bylo mnohem víc odchovanců prestižních univerzit „břečťanové ligy", které představují jakési bašty transatlanticismu. Lidé na těchto elitních institucích čtou evropské romány, chodí na evropské filmy, jezdí pravidelně do Evropy a ti bohatší mají vily v Toskánsku či v Provence. Řadu takových akademiků jsem dobře znala na Princetonské univerzitě. Sám Clinton strávil rok v Anglii na Oxfordské univerzitě, kde získal jedno z nejprestižnějších stipedií světa, Rhodesovo stipendium (podle Johna Cecila Rhodese, po němž byla pojmenovaná Rhodesie). Přestože vliv „transatlantických" politiků, veřejných činitelů, novinářů i akademiků je stále mnohonásobně větší, než by odpovídalo jejich relativně malému počtu, je administrativa mladšího Bushe v jistém smyslu americtější, víc souzní se srdcem Ameriky. Jak mi řekl Norbert Auerbach, bývalý hollywoodský producent (inicioval například sérii bondovek), který teď žije v Praze: *Evropani často nechápou tu obrovskou rozlohu Ameriky, říkají, Amerika je tohleto, Amerika je támhleto, a přitom tu pravou Ameriku vůbec neznají, to jsou spíš státy jako Idaho, Arizona, Tennessee...* Tihle „praví" Američané ale do Evropy nejezdí ani se o Evropu moc nezajímají.

Zato Evropané jsou Amerikou jakoby posedlí a v posledních letech se debaty na konferencích, v médiích a dokonce i v hospodách točí velice často kolem toho, že Amerika si najednou moc dovoluje, že je jako utržená od řetězu, že je příliš asertivní, unilaterální a tím nebezpečná. Podle amerického politologa Waltera R. Meada jsou Evropané americkou kulturou i vojenskou a ekonomickou silou úplně uhranutí a často se shodují na tom, že Američané řeší složité věci jednoduše, tedy špatně. Evropané (tedy přesněji západní Evropané, a ještě přesněji Francouzi) se domnívají, že problémům třetího světa víc rozumějí, protože jej kdysi kolonizovali. Být proti Americe je prostě módní, a jak poznamenal Petr Robejšek, ředitel Mezinárodního ústavu pro politiku a hospodářství (HAUS RISSEN) v Hamburku, *Dnes jsou kritici Spojených států všude na světě zajedno pouze v tom, že se USA provinily zejména tím, že si mohou dělat, co chtějí.*

Na jaře 2003 jsem si dlouze povídala o Americe s Alenou Zíkovou, která už přes třináct let žije většinou ve Spojených státech a od roku 1997 je pilotkou americké společnosti American Airlines. Právě se vrátila z Francie a říkala mi, jak ji šokovala všudypřítomná protiamerická nevraživost. Pak jsme mluvily o českých postojích k Americe a shodly jsme se na tom, že člověk, jehož celý život je určen konturami české kotliny, se těžko může vcítit do americké velmocenské mentality. Ani krátká návštěva (třeba i půlroční) k tomu obvykle nestačí. Teprve když tam dlouho žijete, začnete jaksi automaticky svět vnímat z jiné perspektivy. Já jsem si navíc uvědomila, že můj soukromý nereprezentativní (leč léta trvající) průzkum veřejného mínění v Česku naznačuje, že ti nejskalnější zdejší odpůrci Ameriky obvykle neumějí anglicky a nikdy ve Spojených státech nebyli.

V létě 2002 vyšel ve washingtonském časopise *Policy Review* článek Roberta Kagana nazvaný „Power and Weakness“ (Síla a slabost), jehož hlavním bodem bylo tvrzení, že Evropa a Amerika jsou vlastně dvě odlišné planety, zpohodlnělí a změkčilí Evropané jako by pocházeli z Venuše, kdežto zmužilí Američané jsou z Marsu. Článek vyvolal pozdvižení a autor ho brzy rozpracoval do knížky, která pak vyšla krátce před začátkem války v Iráku pod názvem *Of Paradise and Power. America and Europe in the New World Order*. V předmluvě k českému překladu, *Labyrint síly a ráj slabosti. Amerika, Evropa a nový řád světa*, vydaném promptně po publikaci knihy v Americe, píše bývalý český velvyslanec v USA Alexandr Vondra: *...výrok o Venuši a Marsu [se stal] citací roku a v Evropě způsobil šok. Javier Solana, muž odpovědný za zahraniční politiku Evropské unie, rozesílal elektronickou cestou esej po evropských hlavních městech jako povinnou a odstrašující četbu. Základní teze Kaganovy knihy – totiž že americká politika je funkcí vlastní síly, zatímco evropská politika vyplývá z vlastní slabosti – se evropských elit dotkla víc než jakýkoli jiný argument z posledních let. Částečně po právu, neboť Kagan hlásá ve své studii pro Evropany nepříjemnou pravdu, částečně proto, že mnozí Evropané věří, že Kagan říká veřejně to, co si v soukromí myslí nejeden člen dnešní Bushovy vládní administrativy.*

Kagan se domnívá, že Spojené státy a Evropa se už politicky vydaly na rozdílné cesty a rozpory mezi nimi budou narůstat, protože Amerika bude čím dále tím silnější a bude svou sílu používat, což bude Evropa pokládat za mocenskou nadutost. Kaganův styl je typicky americký v tom, že je jednoduchý, břitký, bez komplexních souvětí, občas proložený vtipnou metaforou, úderný. V kapitole „Psychologie síly a slabosti" například píše:

Evropané se ... snaží udržet americkou moc pod kontrolou, aniž by sami používali mocenské nástroje. Jejich snahou, která může být považována za vrchol vychytralosti a obratnosti, je ovládat mamuta dovoláváním k jeho svědomí.

To je do určité míry rozumná strategie. Spojené státy jsou skutečně mamutem nadaným svědomím. Nejsou Francií Ludvíka XIV. ani Anglií Jiřího III... [Američané si nevyhrazují] právo silnějšího ani zbytku světa nevysvětlují, že „silní vládnou, kdekoli mohou, a slabí trpí, kdekoli musí", jak to dělali Athéňané na ostrově Mélos... Spojené státy jsou od základu svobodomyslnou a pokrokovou společností, a pokud se Američané spoléhají na sílu, věří, že musí být prostředkem k šíření zásad svobodné civilizace a svobodného světového řádu. Američané dokonce mají s Evropany společnou touhu po lepším uspořádání světa založeném ne na síle, ale na pravidlech.

O něco dále, v kapitole „Svět stvořený Amerikou", je tento odstavec:

Dnešní situace je plná ironie. Evropské odmítnutí mocenské politiky a oslabení vojenské síly jako nástroje mezinárodních vztahů dosud záviselo na přítomnosti amerických ozbrojených sil na evropské půdě... Americká síla umožnila Evropanům uvěřit, že na síle již nezáleží. A nyní přichází poslední ironie: Skutečnost, že vojenská síla USA rozřešila evropský problém, zejména „německý problém", umožňuje dnes Evropanům, a obzvláště Němcům, uvěřit, že americká vojenská síla a „strategická kultura", která ji vytvořila a pomáhá udržovat, je zastaralá a nebezpečná.

Přesto však Kagan končí celkem optimisticky (je přece Američan). V předposledním odstavci své knížky nabádá: *[Spojené státy by měly] projevovat více uznání multilateralismu a mezinárodnímu právu a pokusit se tak nahromadit mezinárodní politický kapitál pro ty případy, kdy je multilateralismus nemožný a jednostranná akce nevyhnutelná. Zkrátka by se mohly trochu více snažit projevovat to, čemu otcové zakladatelé říkali „zdvořilá úcta k mínění lidstva". Vždycky to byla nejmoudřejší politika. Spojené státy z toho navíc mohou mít jen výhody: Získat materiální a morální podporu přátel a spojenců především v Evropě je nepochybně lepší než postupovat sám a čelit evropským obavám a nepřátelství.*

Teď dejme slovo Evropanovi. S Kaganem polemizuje český politolog Pavel Barša, jehož knížka *Hodina impéria* vyšla v létě 2003, už po útoku na Irák. Barša se noří hluboko do historie a shrnuje americkou zahraniční politiku od roku 1898, kdy španělsko-americkou válkou začala podle tradičních výkladů éra amerického imperialismu. Většina knihy se však zabývá současností. Kagana charakterizuje Barša jako „*vulgárního* realistu" a Americe doporučuje, aby se konečně začala vyrovnávat se svou imperialistickou minulostí, jak to už dávno udělali Evropané. V závěru části „Amerika a Evropa" píše:

...hlavní proud americké tradice stále [nepřistoupil] ke své radikální sebekritice, která by pod přitažlivou republikánskou maskou odhalila odpudivou imperialistickou tvář. Ani hnutí za občanská práva černochů v 60. letech a multikulturalistická hnutí na ně navazující, ani vietnamský syndrom nedovedly americkou identitu jako celek k zásadní rekonstrukci. Převažující reakce na 11. září a úspěch, jakou měla u americké veřejnosti Bushova teze, že teroristé zaútočili na americké hodnoty, a nikoliv na americkou politiku na Středním východě, svědčí o stálé převaze mladické nevinnosti.

Realisté vědí, že nevinnost mládí není ani tak výrazem morální čistoty jako spíše výrazem hlouposti. Zmoudří Amerika? Vyspěje? Dosní někdy sen o své dějinné misi? Není to vyloučené. Vždyť stejný judeo-křesťanský pramen, z něhož se napájí domýšlivá představa vlastního vyvolení, poskytuje také účinné protilátky proti ní....

V závěru Barša explicitně sumarizuje svůj politický postoj: *Bushův bezohledný tah na Střední východ navíc zviditelnil obecné nebezpečí, které pro svět plyne z americké doktríny preventivních úderů. Ta svěřuje americkému prezidentovi suverénní právo započít válku proti jakémukoliv státu, který může podle jeho úsudku v budoucnosti představovat ohrožení USA. Tato doktrína nečiní svět bezpečnějším, ale naopak – vytváří všeobecnou nejistotu a nepřímo vyzývá ostatní země, aby se začaly chovat ve vztahu k mezinárodním institucím stejně bezohledně. Amerika začala ohrožovat světový řád, který díky iniciativám W. Wilsona a F. D. Roosevelta pomáhala v minulém století budovat.*

A ještě jeden citát, tentokrát z Baršova článku v *Lidových novinách* ze 13. září 2003:

Pro Evropu znamená současné poblouznění americké zahraniční politiky výzvu, aby se po půlstoletí amerického poručnictví postavila bezpečnostně a zahraničněpoliticky na vlastní nohy a rozehrála s Amerikou velmocenský koncert. Otázkou však je, zda na to Evropa má.

Pavel Barša je vůči současné politice amerického vedení velmi kritický, ale zdaleka nedosahuje negativismu dvaapadesátiletého francouzského historika a politologa Emmanuela Todda, který v roce 2002 vydal knihu *Après l'Empire: Essai sur la décomposition du systčme americain* (Konec impéria: esej o rozkladu amerického systému). Jak už naznačuje název, Todd tvrdí, že americká světová moc je přeceňována a že rychle slábne, protože Američané žijí nad poměry, porušují lidská práva, jejich průmyslová báze se scvrkává. Todd vystudoval v Anglii na Cambridgeské univerzitě a dlouho ke Spojeným státům vzhlížel jako k modelové společnosti, ale dnes se cítí Amerikou oklamán a zhrzen. O americké ženě píše, že je to „kastrující, děsivá bytost", a přestože je sám žid, kritizuje americké židy za to, že se opájejí neurotickým kultem holocaustu. V rozhovoru pro *Neue Zürcher Zeitung* v červenci 2003 Todd řekl, že po druhé světové válce byla Amerika „benevolentním impériem", v Evropě hlavně díky Marshallovu plánu, ale teď už moc Spojených států definitivně ochabuje – o čemž například svědčí slabý dolar. Americká vojenská síla je sice stále obrovská, ale právě proto, že postavení Ameriky už není zdaleka tak silné jako v době studené války, George Bush se pouští do „teatrálních vojenských akcí proti bezvýznamným lotrovským státům".

Toddova kniha šla ve Francii na dračku a komentátoři zdůrazňovali, že autor už v sedmdesátých letech správně předpověděl pád Sovětského svazu. Jsou ale Sovětský svaz a Spojené státy americké srovnatelné?

Provokativní knihy se dobře prodávají, a tak krátce před *Koncem impéria* byla ve Francii bestsellerem kniha *L'Effroyable Imposture* (česky vyšla jako *Velký podvod*, 2002), jejíž autor Thierry Meyssan shrnul interpretaci teroristických útoků na Spojené státy, která převažuje v muslimských zemích: že totiž útok na „dvojčata" a Pentagon v září 2001 zorganizovali extrémní pravičáci v americké vládě (protože Arabové by nikdy nic tak sofistikovaného nedokázali) a že navíc bylo 4000 židů zaměstnaných ve dvojčatech předem varováno, aby ten den nešli do práce. Podle průzkumu veřejného mínění v devíti arabských zemích začátkem roku 2002 věřilo této teorii více než 60 procent lidí.

Rozpolcená Amerika

V prosinci vychází kniha pravicové novinářkyAnn Coulter *Loathing on the Left: The Liberal Compulsion to Hate Conservatives* (Zuřivost na levici: Liberální nutkání nenávidět konzervativce).

Americko-evropské rozpory odrážejí rozštěpení Ameriky samé. Téměř 40 procent Američanů je už od podzimu 2000 přesvědčeno, že současný prezident není legitimním vítězem voleb a že přepočítávání volebních hlasů na Floridě po patu mezi George W. Bushem a Al Gorem bylo zfalšované. Po Nixonovi a Clintonovi vzbuzuje George W. Bush u svých odpůrců nejintenzivnější averze. Jeho otec se těšil u demokratů obecné úctě, a i Reaganovi protivníci uznávali, že Ronald Reagan je výrazná osobnost. Mladému Bushovi však miliony Američanů nemohou přijít na jméno, včetně mnoha mých liberálních přátel – když jsem se jedné známé při její návštěvě Prahy nedávno zeptala na Bílý dům, prosila mě, ať jí nekazím večeři, jiný můj kamarád říká o Bushovi, že to je bezohledný, nevzdělaný fracek, a dávný přítel, žijící dnes ve Washingtonu, se vyjadřuje o současném prezidentovi výrazy, které se v slušném textu nedají použít.

Je opravdu čtyřicátý třetí americký prezident takové monstrum, jaké z něho dělají jeho odpůrci? Myslím, že vypjatá nelibost, kterou vzbuzuje, spíš souvisí se společenským a politickým posunem posledních desetiletí, od šedesátých let, kdy do té doby spořádaná a ukázněná poválečná Amerika začala odhazovat všechny možné konvence a všechna možná tabu – černoši se začali úspěšně domáhat práv, ženy už nechtěly být jen reprezentativní hospodyňky a matky vozící své četné potomky do školy, ze školy, na kroužky, na sportovní utkání, sex byl najednou veřejným tématem číslo jedna a Nejvyšší soud se usnesl, že zakazovat samovolné přerušení těhotenství je protiústavní, homosexuálové začali „vycházet ze skříní", potomci slavných herců a hereček psali o svých rodičích nechutně pomlouvačné knihy. Všechny tyto hluboké a otřásající proměny umocňovalo trauma vietnamské války. Ve Spojených státech, ve kterých jsem já žila, jako by skoro všechno bylo možné. Není divu, že miliony Američanů byly touto bezbřehou svobodou znepokojeni. Voyeurská publicita kolem sexuálních hrátek v Oválné kanceláři, mezi prezidentem Billem Clintonem a stážistkou Monikou Lewinskou, dala všemu jakousi korunu.

Už kdysi dávno jsem si někde přečetla, že společenský i politický vývoj v Americe se podobá pohybu velkého kyvadla, které se vždycky včas obrátí opačným směrem. Současníci tento bod obratu ovšem málokdy přesně rozeznají, na to je třeba trochu odstupu. Za pětadvacet let v Americe jsem znovu a znovu zažívala situace, kdy se média předháněla v černých předpovědích, jak buď demokraté nebo republikáni jsou na tom špatně, úplně odepsaní, jde to s nimi s kopce – anebo jak ten či onen problém hrozí výbuchem. V prvních letech jsme coby zelenáči měli oba s manželem pocit, že napětí v Americe je tak velké, že se nějak musí vybít. Kyvadlo se však pokaždé obrátilo včas a není sebemenšího důvodu předpokládat, že tomu tak nebude i nadále. Řekla bych, že prezident Bush mladší pro zhruba polovinu Ameriky zosobňuje odpor ke změnám, které nastaly ve Spojených státech za posledních třicet let. Proto tolik Američanů touží, aby v Bílém domě zasedl někdo jiný.

Podívejme se nyní na názorové spektrum Ameriky.

Extrémní pravice. Do této kategorie patří jednak teroristické bojůvky a jednotlivci, ale také velké skupiny a organizace lidí, kteří s bojůvkami sdílejí názory, jen se neuchylují k násilným činům. Na jaře 2003 například objevili federální policisté ve východotexaském městě Noonday tajný sklad zbraní, který obsahoval plně funkční bombu s kyanidem sodným, půl milionu zásobníků munice a více než sto druhů výbušnin včetně bomb maskovaných jako kufry. Ve skladu byla také neonacistická a protivládní literatura. Několik lidí už bylo obviněno, ale případ se dále vyšetřuje a federální orgány rozeslaly 150 obsílek k soudu. K extrémní násilné pravici patří lidé, kteří útočí na kliniky provádějící potraty a kteří bývají napojeni na celoamerickou podzemní síť protipotratových extrémistů zvanou Boží armáda (Army of God). Jiné celonárodní podzemní hnutí se jmenuje Křesťanská identita (Christian Identity) a jeho členové jsou přesvědčeni o tom, že židé jsou děti satana, neběloši jsou podlidé a anglosasští křesťané jsou ti praví potomci ztracených izraelských kmenů. Skupinky bílých bojovných rasistů (tzv. white supremacists) byly několikrát odhaleny ve státě Idaho. Bombový útok na federální budovu v Oklahomě v dubnu 1995, při němž zahynulo 168 lidí, byl dílem pravicového extremisty Timothy McVeigha, který byl odsouzen a 11. června 2002 pak popraven.

Pravice. Extrémní skupinky a jednotlivci vyrůstají z živné půdy velkých pravicových skupin a organizací, které se obvykle vyznačují následujícími názory: bigotní až fundamentalistické křesťanství (většinou protestantské), naprosté odmítání potratů, označování homosexuality za nemravnost a hřích, nezájem o svět mimo Ameriku, zdůrazňování americké nadřazenosti, lhostejnost k ekologickým problémům, jednoznačná podpora práva vlastnit zbraň, jednoznačná podpora trestu smrti.

V sedmdesátých a osmdesátých letech hrálo významnou roli náboženské hnutí Morální většina (Moral Majority), které klíčově přispělo k vítězství Ronalda Reagana v roce 1981. Skupiny militantních konzervativců a fundamentalistických křesťanů dal dohromady televizní kazatel Jerry Fallwell. Hnutí úspěšně brojilo proti přijetí ústavního dodatku rovných práv pro ženy, který byl sice schválen kongresem v roce 1972, ale protože ho do roku 1982 neratifikovaly všechny státy, nakonec nebyl přijat. Morální většina také vedla kampaň proti právům homosexuálů, proti potratům a proti dvěma smlouvám s Panamou, které stipulovaly, že americké vojenské síly se stáhnou z Panamského průplavu do roku 2000.

V devadesátých letech vznikla Křesťanská koalice (Christian Coalition). Jedním z jejích nejznámějších představitelů je zakladatel televizního vysílání Křesťanská vysílací stanice (Christian Broadcasting Network) Pat Robertson, jehož výroky shrnují podstatu extrémní pravicové ideologie. V roce 1993, když ještě měli demokraté většinu jak ve Sněmovně, tak v Senátu, prohlásil Robertson v jednom interview: *Demokratický kongres, liberální média a homosexuálové chtějí zničit křesťany. Dneska jde v Americe o zneužívání a diskriminaci ve velkém a o nejhorší fanatismus zaměřený na jednu skupinu. Je to horší, než co kdy jakákoliv menšina snášela v minulosti.* O ženském hnutí se vyjádřil ještě mnohem ostřeji než čeští antifeministé: *Feministická agenda se netýká rovných práv pro ženy. Je to agenda socialistického politického hnutí, které je zaměřeno proti rodině a nabádá ženy, aby opouštěly své manžele, zabíjely své děti, praktikovaly čarodějnictví, ničily kapitalismus a stávaly se lesbami.* A do třetice Robertsonův názor na plánované rodičovství: *To znamená učit děti smilnit, učit lidi být nevěrný, provozovat všechny možné druhy zhovadilosti, homosexualitu, lesbičanství – všechno, co bible zakazuje.*

Poněkud jinou agendu má Národní asociace držitelů zbraní (NRA, National Rifle Association), která byla založena v roce 1871 a která dnes představuje hlavní lobbistickou organizaci brojící proti jakémukoli omezování osobního držení zbraní. Má víc než milion členů, hlavně v menších městech a venkovských oblastech na západě a na jihu. Mnozí z členů tohoto spolku patří do Křesťanské koalice. Na výročním sjezdu asociace na Floridě v roce 2003 prohlásil floridský guvernér Jeb Bush, prezidentův bratr, že George W. se stal prezidentem díky angažovanosti členů NRA. Dnes má NRA na webových stránkách dokonce seznam nepřátel.

Pravicové tažení „jedovatých" devadesátých let se nejvíc projevilo v soustředěné kampani proti prezidentu Clintonovi (což si ovšem

Clinton způsobil sám, když o svých stycích s Monikou Lewinskou lhal – hned na začátku mohl odmítnout cokoliv o této soukromé záležitosti říct). Zářijové útoky však načas tuto „kulturní válku" ukončily, a když Jerry Falwell a Pat Robertson prohlásili v televizi krátce po 11. září 2001, že Amerika byla napadena částečně i proto, že poskytuje útočiště „pohanům a potratářům a teploušům a lesbičkám", distancovala se od nich v podstatě celá země.

Republikáni. Republikánská strana vznikla roku 1854, a nejdřív byla agrární, radikální, protiotrokářská, stavěla se za rozvoj železnic, ochranná cla a osídlování Západu. Na přelomu devatenáctého a dvacátého století se stala většinovou stranou, která podporovala průmyslový pokrok, severní farmáře, dělnictvo na východním pobřeží a střední třídy. V průběhu dvacátého století se pak vyvinula v středově pravicovou stranu oslovující široké spektrum americké společnosti. Republikány tradičně volí bohatší Američané, podnikatelé, finančníci a „srdce Ameriky", ale umírnění republikáni se obvykle dobře shodnou s konzervativními demokraty. Za studené války byli republikáni nejbojovnější antikomunisté.

Po druhé světové válce měli republikáni tři výrazné prezidenty. První byl obecně oblíbený Dwight Eisenhower (1953–1961), známý jako Ike. Byl to generál z druhé světové války a Amerika za jeho prezidentování na první pohled vypadala jako pohádková země – jen protikomunistické tažení radikálně pravicového senátora za stát Wisconsin, Josepha McCarthyho, tuto zdánlivou selanku poněkud narušovalo. Další významný republikánský prezident byl Richard Nixon (1969–1974), v jistém smyslu úplný opak Eisenhowera – zatímco Eisenhower zemi sjednocoval, Nixon ji rozděloval. Toho jsem už zažila osobně a brzy po příjezdu do Ameriky jsem začala sdílet pocity svých nových amerických známých, kteří při sledování Nixonových televizních vystoupení cítili až fyzickou nevolnost. Nixon je hlavně spjat s vietnamskou válkou, jedinou válkou, kterou Amerika prohrála, do značné míry v důsledku silného protiválečného odporu americké veřejnosti. Nixon sice tuto válku zdědil po svých demokratických předchůdcích, ale za jeho vlády konflikt eskaloval. A pak přišel neslavný konec a Richard Nixon jako první americký prezident rezignoval, protože mu hrozilo, že kvůli aféře Watergate bude většina členů kongresu hlasovat pro jeho odvolání. Další republikánský prezident, Ronald Reagan (1981–1989), byl zase spíš sjednocující typ, proti Nixonově paranoidnímu vidění světa kolem sebe šířil pohodu a optimismus. Někdy se mu říkalo Velký komunikátor.

V Kongresu si však po druhé světové válce republikáni nevedli moc dobře – ve Sněmovně měli od roku 1955 do roku 1995 většinu demokraté, a ve stejném období ovládali demokraté také Senát, s výjimkou let 1981–1987. Velký zvrat poté přinesly podzimní volby roku 1994, kdy pod taktovkou radikálního pravicového kongresmana Newta Gingriche získali republikáni většinu v obou komorách. Ta stále trvá a Georgi Bushovi mladšímu usnadňuje vládnutí. Před volebním vítězstvím z roku 1994 označil Newt Gingrich liberály obecně, a demokraty specificky, za „nepřátele normálních Američanů". Podle Gingriche *představují levicoví demokraté stranu totálního hedonismu, totálního exhibicionismu, totální bizarnosti, totální výstřednosti.*

V republikánské straně už nějakou dobu probíhá střet mezi starými, klasickými konzervativci (kterým se někdy říká paleokonzervativci), kteří by se chtěli otočit k světu zády, a takzvanými neokonzervativci, kteří chtějí do světa vyvážet americké liberální a demokratické hodnoty. Staří konzervativci také začínají Bushovi mladšímu vyčítat jeho rozhazovačnost – typická republikánská zásada je co nejmenší zasahování federální vlády do života jednotlivců. Tímto principem se důsledně řídil Ronald Reagan, který drasticky zkrátil státní rozpočet a řadu programů, především v sociální oblasti, dal přesunout z federální vlády na státy, obce a soukromý sektor. George W. Bush jde opačným směrem a za tři roky své vlády dokázal změnit přebytky z Clintonovy éry na největší deficit současné doby.

Demokraté. Vznik demokratické strany se datuje do začátku devatenáctého století, kdy se vedly v tehdy mladičkých Spojených státech amerických vášnivé debaty a boje o politickou podobu země – zda to bude volná konfederace anebo užší unie spoutaná ústavou. Tyto rozpory vedly k obecnému přijetí principu opoziční strany, která oponuje stávající administrativě. Demokratická strana pak prošla mnoha proměnami, ale její programové zaměření proti korporacím bylo zřejmé už koncem devatenáctého století.

Nejvýraznějším demokratickým prezidentem dvacátého století byl Franklin D. Roosevelt, jediný prezident zvolený víc než dvakrát (v letech 1932, 1936, 1940 a 1944). Svým antikrizovým programem Nový úděl (New Deal) zavedl Roosevelt do americké ekonomiky a společnosti jistou regulaci a také prosadil řadu sociálních opatření, která trvají dodnes (například podpory v nezaměstnanosti). Po druhé světové válce krátce zazářil v Bílém domě John F. Kennedy (1961–1963), jehož charisma bylo možná větší než skutečné činy. Kennedy začal válku ve Vietnamu, ale hlavně nastartoval velkou společenskou proměnu, kterou pak systematicky uváděl v život Lyndon B. Johnson (1963–1969). Johnson zahájil svou politickou kariéru jako stoupenec prezidenta Roosevelta a od roku 1937 působil v Kongresu, nejdřív ve Sněmovně a pak v Senátu. Johnsonův boj proti chudobě a za občanská práva představoval nejdalekosáhlejší reformu od Rooseveltova Nového údělu. Bill Clinton (1993–2000) navázal na tradici svých významných předchůdců a navíc oslnil svým intelektem a osobním kouzlem. Několik mých přátel se s Clintonem krátce sešlo a shodně vypovídali, že je naprosto podmanivý.

Dnes se už však na své tradiční voliče – dělníky, jižanské černochy, členy odborů, akademické intelektuály, lidi pracující v médiích, židy – nemohou demokratičtí kandidáti tak úplně spolehnout, což svědčí o tom, že demokraté, stejně jako republikáni, jsou čím dál tím méně ideologičtí. Navíc, ve všech amerických volbách jsou důležití jednotlivci a jejich konkrétní politický profil, což o prezidentských volbách platí v míře maximální. O vítězství tak rozhodují spíš než skalní přívrženci té či oné strany nezávislí voliči.

Levice a extrémní levice. Nejprve je zapotřebí upozornit na to, že označení „levice" znamená na opačných stranách Atlantiku trochu odlišnou věc. Pravá socialistická nebo dokonce komunistická levice nikdy nehrála v USA důležitější politickou roli – i když marxismus v různých podobách je stále na amerických univerzitách oblíbený a v současné době dokonce snad i oblíbenější než v evropském akademickém světě. Ve Spojených státech však nikdy neexistovalo důležité socialistické politické hnutí, na což s politováním upozornili už v devatenáctém století klasikové Karl Marx a Friedrich Engels. Podle Engelse spočíval pramen politického zpátečnictví americké pracující třídy v tom, že země neměla žádnou feudální minulost. V roce 1892 napsal: *Je... naprosto přirozené, že v tak mladé zemi, která nikdy nepoznala feudalismus a od počátků vyrůstala na buržoazní základně, se zahnízdily buržoazní předsudky i v dělnické třídě.* V americkém kontextu je tak „levice" spíš srovnatelná s evropskými liberálními stranami.

Násilná levice dnes ve Spojených státech prakticky neexistuje, výraznější levicové násilí se naposled objevilo koncem šedesátých a začátkem sedmdesátých let, v době odporu vůči vietnamské válce. Organizace Studenti pro demokratickou společnost (SDS, Students for a Democratic Society) sdružovala radikální studenty a účastnila se nejrůznějších protestních akcí. Militantní černošští radikálové byli sdruženi do organizace Černí panteři (Black Panthers), ale začátkem sedmdesátých let změnili taktiku a začali se účastňovat regulérního politického života. Jeden z vůdců organizace například kandidoval na starostu města Oaklandu v Kalifornii.

Velmi důležitá organizace zabývající se ochranou občanských práv je Americká unie pro občanská práva (ACLU, American Civil Liberties Union). Vznikla už v roce 1920 s cílem bránit ústavní svobody, zvlášť svobodu projevu, právo na soukromí a rovnoprávnost před zákonem. ACLU má dnes asi 275 000 členů, tisíce dobrovolníků a stovky právníků, kteří poskytují bezplatné služby v případech, kdy se nějaký jednotlivec či organizace cítí poškozeni ve svých občanských právech. ACLU obhajovala právo učit ve školách evoluci, právo odborů organizovat se, prosazovala amnestii pro muže, kteří odmítli sloužit ve vietnamské válce z mravních či náboženských důvodů, brala se za rovnoprávnost žen, za humánní jednání s mentálně postiženými, za reformu vězeňství. ACLU je známá svou úpornou snahou o politickou nestrannost, takže se někdy zastává i výrazně pravicových jednotlivců navzdory tomu, že ji třeba kritizují jako baštu levičáctví a libralismu.

Ještě starší než ACLU je Národní asociace na podporu barevných lidí (NAACP, National Association for the Advancement of Colored People), která vznikla už roku 1909 a v šedesátých a sedmdesátých letech hrála klíčovou roli v úsilí o odstraňování rasových bariér.

Nejstarší americká lobbistická liberální organizace je Američané pro demokratickou akci (ADA, Americans for Democratic Action), inspirovaná programem Franklina D. Roosevelta Nový úděl (New Deal). Mezi její zakladatele patřili Eleanor Rooseveltová, ekonom John Kenneth Gailbraith, historik Arthur Schlesinger, theolog Reinhold Niebuhr a další. Organizace má dnes 65 000 členů, její sídlo je ve Washingtonu a její činnost spočívá v prosazování „demokratických a progresivních hodnot a ideálů v americké politice".

Extrémní levice se dnes projevuje hlavně verbálně a jejím snad nejznámějším představitelem je jazykovědec a politický radikál Noam Chomsky. Chomsky je profesorem na prestižní univerzitě MIT (Massachusetts Institute of Technology), odkud jako guru hlásá své poněkud neortodoxní názory. Krátce po září 2001 vydal knihu, stručně nazvanou *9-11*, v níž nenechal na Spojených státech ani nitku suchou. Podle něho je Amerika „hlavní teroristický stát", protože často vojensky intervenovala ve Střední Americe, uvalila sankce na Irák, podporovala indonéského generála Suharta a souhlasila s „židovskými zvěrstvy" v územích okupovaných Izraelem.

Knížka vyšla ve chvíli, kdy právě začínala válka v Afghánistánu, všude po Americe se třepetala spousta vlajek, a nakladatel čekal, že Chomského útočný pamflet nevzbudí ohlas – ale místo toho se z něho stal bestseller, během krátké doby se prodalo 115 000 výtisků a kniha navíc vyšla ve 22 dalších zemích. Pro „politickou rychlovku" je to naprosto nevídaný úspěch, tím spíš, že důležitější deníky o knize v podstatě neinformovaly (což je ostatně případ většiny Chomského knih, které se redaktorům široce čtených periodik obvykle zdají příliš extrémní na to, aby si zasloužily recenzování). Reakce čtenářů jsou ostře protichůdné, na webové stránce internetového knihkupectví Amazon říká například jeden čtenář, že „Chomsky je hledač pravdy ve světě lží", zatímco jiný se domnívá, že by Chomsky zřejmě také obvinil znásilněnou ženu, že si znásilnění zavinila sama.

Americká výjimečnost

Alexis de Tocqueville:
Čím víc jsem studoval americkou společnost,
tím jasněji jsem viděl, že rovnost podmínek je onen
tvůrčí prvek, z něhož je odvozeno všechno ostatní.

Když jsem v roce 1969 přijela do Ameriky, byla jsem na tehdejší poměry spíš nadprůměrně zcestovalá, ale už v prvních dnech mi bylo jasné, že nejsem jen v cizí zemi, ale někde úplně jinde. Nejdřív mě ohromila velikost, na tehdejším ruzyňském letišti se skoro pásly kozy, kdežto Kennedyho letiště u New Yorku mi připadalo velké téměř jako Praha. Taky si úplně přesně vybavuji svůj úžas z nekončícího parkoviště s obrovskými zářícími auty. Lidé byli úplně jiní, hyperaktivní a až podezřele přátelští, ty první dny a týdny jsem nechápala, proč se pořád tak usmívají.

Postupně jsem objevovala další specifičnosti a odlišnosti od Evropy – americký individualismus, zažitý zvyk cítit se odpovědný za svůj život, neexistenci „nadávání na poměry", americké vlastenectví, religiozitu, posedlost zakládat spolky, dobrovolnictví, americký optimismus a přesvědčení, že člověk se může, a měl by, neustále zlepšovat.

Výjimečnost Ameriky se dá těžko shrnout do několika bodů, ale domnívám se, že jedním ze dvou společných jmenovatelů americké odlišnosti je velikost. Rozměry Ameriky – nejen její fyzická rozloha, ale i její obrovské bohatství – jsou tak nesrovnatelné s Evropou, že to ve stovkách detailů ovlivňuje uvažování lidí. V Americe jako by nebyly hranice, všechno se děje ve velkém, velkoryse, s obrovskou vervou. Maličkosti nejsou důležité. Jedna z věcí, které mě po mém příjezdu fascinovaly, bylo třeba to, že s každou krabičkou cigaret člověk dostal zadarmo sirky, že u pump se tehdy dostaly zadarmo státní automapy, nebo že ke kávě člověk nedostal jeden či dva sáčky cukru, ale mohl si cukru nabrat, kolik chtěl. Před třemi lety jsem při cestě po americkém západu zašla jednou do obchodu a chtěla nějakou malou skleničku majonézy a prodavač mi řekl, ať si támhle u pultu vezmu pár majonézových pytlíčků, samozřejmě zadarmo. V Americe je mnohem míň plotů, nejen těch skutečných kolem pozemků, ale i plotů a bariér, které obklopují životy většiny lidí v ostatním světě. Když se narodíte v chudé rodině v Americe, klidně si můžete zamířit až do Bílého domu – jako to udělal třeba Richard Nixon, anebo jak se o to teď snaží severokarolínský senátor John Edwards. Když si chcete založit podnik, nepotřebujete k tomu sto padesát osm razítek jako ve většině evropských zemí – já jsem si třeba založila krátce po příjezdu do Ameriky zásilkovou výstřižkovou službu, ale protože jsem si po měsíci vydělala pouhý dolar padesát, podnik jsem zrušila.

Druhý společný jmenovatel jsou lidé. S výjimkou černošských otroků dovezených z Afriky a původních indiánských obyvatel byli všichni příchozí do Ameriky dobrodruzi, měli víc než průměrnou kuráž, a to platí dodneška, i třeba o nelegálních imigrantech z Mexika, zvaných „mokrá záda" (wetbacks) – miliony jejich bázlivějších krajanů přece zůstávají pěkně doma, ve svých zabydlených mexických vesničkách a městech. Takže jeden rys spojující vyhladovělého irského venkovana z devatenáctého století se vzdělanou Filipinkou konce dvacátého století byla právě odvaha vyrazit do neznáma. S odvahou souvisí hluboké přesvědčení, že každý člověk má svůj život pevně v rukou. Třiadvacetiletá Veronika Musilová z poklidné středostavovské rodiny v Ostravě, která právě končí studia na Princetonské univerzitě, toto přesvědčení sdílí. Je to slovansky vypadající dívka, ale myslí jako světoobčanka. Když jsem se jí ptala, kde by ráda po studiích pracovala, odpověděla, že kdekoliv – tam, kde najde dobrou práci – v Americe, v Anglii, možná v Japonsku. Princetonský diplom otvírá mnoho dveří. *Zní to jako klišé, ale takhle vnímám Ameriku – je to pro mě opravdu země neomezených možností,* řekla a pak to kvalifikovala: *Člověk ale musí být pilný a taky asi trochu schopný.*

První, kdo o americké výjimečnosti detailněji pojednával, byl francouzský šlechtic Alexis de Tocqueville, který ve francouzských vládních službách navštívil Ameriku začátkem třicátých let devatenáctého století a pak v letech 1835–1840 vydal svou slavnou dvoudílnou knihu *Demokracie v Americe.* V americké historické, sociologické a politické literatuře je Tocquevillovo jméno nepřehlédnutelné. Ta proslulost je zasloužená, protože dnes, po téměř dvou stoletích, velká většina Tocquevillových postřehů stále platí – přestože Amerika začátku jednadvacátého století je napohled docela jiná země, než o které psal. Tocqueville však vystihl podstatné rysy, jakési americké konstanty, které se mění jen málo. Jeho analýza amerického politického systému a jeho popis typických amerických postojů jako by byly napsány včera. Stačí knihou zalistovat…

O prezidentských volbách (dávno před televizí) například píše:

Dlouho předtím, než přijde stanovený okamžik, stávají se volby největší a takřka jedinou záležitostí, jíž se lidé zabývají. Všechny politické frakce zdvojnásobují své úsilí; všechny falešné vášně, které může představivost ve šťastné a klidné zemi roznítit, se v tomto okamžiku projeví plnou silou.

Pokud jde o prezidenta, má plnou hlavu starostí, jak se bránit. Už nevládne v zájmu státu, ale v zájmu svého znovuzvolení; klaní se většině a často vychází vstříc jejím vrtochům, místo aby odolával jejím vášním, jak mu káže povinnost.

Jak se volba blíží, jsou intriky usilovnější, vzrušení živější a rozsáhlejší. Občané se dělí na několik táborů, nazvaných podle svých kandidátů. Celý národ upadá do horečnatého stavu, volba je pak každodenním námětem novinových článků, předmětem soukromé konverzace, cílem všech jednání, objektem všech myšlenek, jediným zájmem současnosti.

Brzy, pravda, jakmile osud rozhodl, vzrušení opadne, všechno se uklidní a řeka, která se na okamžik vylila z břehů, se pokojně vrací do svého koryta. Ale není to podivuhodné, že vůbec takováhle bouře propukla?

Tocquevillovy poznámky o americkém pragmatismu jsou i dnes trefné. V kapitole o hlavních prvcích americké demokracie stojí:

Vášně, které nejhlouběji zmítají Američany, jsou vášně obchodní, nikoli vášně politické, jinými slovy, Američané spíše přenášejí do politiky zvyklosti z obchodu. Mají rádi pořádek, bez něhož obchod nevzkvétá, a zvláště zachovávají pravidelnost zvyků, jež je základem dobrých firem; dávají přednost zdravému selskému rozumu, který vytváří bohatství, před genialitou, která často bohatství promrhá; obecné ideje děsí jejich ducha, navyklého na konkrétní výpočty; a praxe je u nich ve větší vážnosti než teorie.

Americkou vášeň vytvářet spolky všeho druhu obvykle turista nebo krátkodobý návštěvník nepostřehne, ale tento zvyk patří k nejvýraznějším americkým rysům. Tocqueville o tom má výstižný odstavec:

Američané bez rozdílu věku, společenského postavení, nadání a ducha se neustále sdružují. Mají nejenom obchodní a výrobní sdružení, jichž se všichni účastní, ale i tisíc sdružení jiných: náboženských, etických, významných i bezvýznamných, velmi obecných i velmi specifických, obrovských i nepatrných. Američané se sdružují, aby pořádali slavnosti, zakládali semináře, stavěli noclehárny, budovali kostely, rozšiřovali knihy, vysílali misionáře k protinožcům; budují tímto způsobem nemocnice, vězení, školy. A když si umíní objasnit nějakou pravdu nebo rozvíjet nějaké cítění podle nějakého velkého příkladu, opět kvůli tomu vytvoří sdružení. Všude tam, kde v čele nějakého nového podniku vidíte ve Francii vládu a v Anglii urozeného pána, počítejte s tím, že ve Spojených státech najdete nějaké sdružení.

A poslední ukázka z klasika, o všudypřítomném americkém neklidu a neposednosti, kterou bych mohla ilustrovat desítkami konkrétních příkladů svých známých a přátel:

Člověk ve Spojených státech staví usilovně dům, aby v něm strávil dny svého stáří, ale prodá jej, ještě když se na něm dokončuje střecha; založí sad, ale pronajme ho, jakmile z něho ochutná první ovoce; obdělá pole a nechá jiného, aby z něho sklidil úrodu. Zvolí si povolání a zase je opustí. Usadí se na nějakém místě a brzy poté se zase stěhuje jinam za svým proměnlivým přáním. Jakmile mu jeho soukromé záležitosti poskytnou trochu oddechu, ponoří se hned do víru politiky. A když mu ke konci roku naplněného prací zůstane ještě nějaký volný čas, těká jeho neklidná zvědavost v rozlehlých hranicích Spojeným států sem a tam. Projede tak během několika dní pět set mil, aby se lépe zbavil svého štěstí.

Posuňme se do současnosti. V roce 1997 vydal význačný americký politolog a sociolog Seymour Martin Lipset knihu *American Exceptionalism*, která vyšla česky v roce 2003 pod názvem *Dvousečná zbraň.* Hned v úvodu se Lipset odvolává na Tocquevilla, jehož pak hojně cituje v celém textu. Já budu jak Tocquevilla, tak Lipseta rovněž hojně citovat – Lipsetova monografie je totiž vynikajícím zdrojem postřehů o moderní Americe a může sloužit jako korektiv dnešního implicitního redukování Spojených států na Bushovu administrativu. Pomocí srovnávacích dat a statistických údajů dokládá autor výjimečnost Ameriky v řadě ohledů – v politickém systému, v ekonomickém systému, v hodnotách (náboženství, vlastenectví, individualismus). Velmi poučné jsou jeho kapitoly o neexistenci „třídního boje“ v Americe, o rozdílu mezi hodnotovými systémy většinové společnosti a černochů, o důvodech úspěšnosti amerických židů, o levicových intelektuálech a nástupu neokonzervativismu.

V závěrečném shrnutí píše Lipset: ... *různé zdánlivě protichůdné stránky americké společnosti jsou spolu niterně spjaty. Neúcta k autoritám, odpor k elitářství a populismus přispívají k vyšší zločinnosti, nekázni ve školách i nízké volební účasti. Také důraz na úspěšnost a na meritokratické zásady je spjat s vyšším výskytem asociálního chování a slabší podporou pro sociálně slabé spoluobčany... Týž moralismus, který podněcuje k vlastenectví, přispívá i ke zrodu protiválečné opozice. Ochrana zákonných práv obviněných a obhajoba občanských práv obecně nachází protějšek v odmítavém postoji k registraci zbraní a v problémech při zavádění předpisů, jež by měly vést ke snižování zločinnosti. Důraz na individualismus oslabuje mechanismy společenské kontroly, které vždycky stojí na silných skupinových vazbách, a usnadňuje cestu různým formám deviantního chování.*

A ještě jeden úplně současný odkaz. Velmi inteligentní a plná přesných postřehů byla čtrnáctistránková speciální příloha britského konzervativního týdeníku *The Economist* začátkem listopadu 2003, věnovaná právě tématu americké výjimečnosti. Autoři se v sedmi krátkých úvahách zamýšlejí nad rozdíly mezi Amerikou a ostatním světem, nad rozdíly uvnitř Ameriky, nad americkým hodnotovým systémem, nad rolí náboženství, amerického vlastenectví, nad bojovným charakterem americké politiky a nad „kakofónním a hyperaktivním“ rázem americké demokracie. Jak ani jinak není možné, velice často se odvolávají na Tocquevilla. Za ocitování stojí úvaha o prezidentu Bushovi, z něhož si tolik Evropanů i Američanů nejdřív dělalo legraci a kterého teď tolik lidí nenávidí. V úvodníku o budoucnosti Iráku vyjadřují autoři týdeníku obavu, že by ztráty na životech v Iráku mohly vést amerického prezidenta k tomu, aby vyhlásil vítězství a stáhl armádu domů, ale obavu vyvracejí následovně:

Naštěstí tohle pravděpodobně neudělá. To, co na něm kritici nejvíc nemají rádi – černobílý pohled na svět, hluchotu k nesouhlasným názorům – má i druhou stránku – je to člověk se zarputilou odhodlaností. Viděno v lepším světle, je to člověk se smyslem pro povinnost. Viděno poněkud cyničtěji, je to člověk, který by si byl dobře vědom toho, že předčasný odchod z Iráku by vypadal jako neúspěch a že takový neúspěch by byl politicky sebevražedný.

Přehledy

Demokratičtí pretendenti v prosinci 2003

Dr. Howard Dean, bývalý guvernér státu Vermont, 55 let

V prosinci je v čele demokratického peletonu, přestože ještě před rokem o něm většina Američanů vůbec nic nevěděla. V kampani použil intenzivně internetu a nasbíral nejvíc peněz ze všech demokratických uchazečů – 40 milionů dolarů. Jeho manželka je lékařka a zatím je téměř neviditelná, což Deanovi v mnoha očích škodí. Mnozí pozorovatelé upozorňují na to, že současný demokratický favorit se vlastně dosti podobá Georgi W. Bushovi – také občas mluví rychleji, než myslí, a má tendenci být arogantní. Jiní mu vytýkají to, že je příliš rozzlobený a je v něm málo „slunnosti", což je vlastnost, kterou mají američtí voliči rádi. Dean si však získal nadšené přívržence mezi mladší internetovou generací, kteří se hemží po celé Americe a zdálky jsou viditelní díky svým oranžovým čapkám. Dean velmi ostře kritizuje irácké tažení, ale jeho tón je pro mnohé středové voliče až příliš „levicový". Navíc někdy zní téměř proti byznysu, což také mnohé odrazuje. Howarda Deana podporují herci Paul Newman, Michael Douglas a Robin Williams.

Wesley K. Clark, generál ve výslužbě, 58 let

Profesionální voják, byl jedním z nejlepších studentů na vojenské akademii West Point v New Yorku a rok strávil ve Velké Británii na Oxfordské univerzitě díky prestižnímu Rhodesově stipendiu (totéž stipendium získal Bill Clinton). Bojoval ve Vietnamu, kde byl zraněn, pak se stal nejvyšším velitelem NATO a v roce 1999 velel zásahu NATO v Kosovu. Má velké zkušenosti se světovými multilaterálními organizacemi a nulové zkušenosti v domácí politice.

Býval republikán, volil Ronalda Reagana. Nikdy dřív se neucházel o volenou funkci. Je fotogenický. Ze svého skotského sídla mu vyjádřila podporu zpěvačka Madonna, také ho podporuje herec Alan Alda a publicista Michael Moore. Bushe kritizuje za fiskální neodpovědnost a zahraniční avanturismus.

Joseph I. Lieberman, senátor za stát Connecticut, 61 let

Právník, do Senátu zvolen v roce 1988, v prezidentské kampani Al Gorea v roce 2000 byl kandidátem na viceprezidenta. Patří k pravicovým demokratům a dokáže dobře spolupracovat s republikány. Je to konzervativní žid, světí sobotu jako sváteční den a jí košer stravu. Podle jednoho novináře má ale problém s tím, že nevypadá dost prezidentsky. Hlasoval pro válku s Irákem.

Richard A. Gephardt, kongresman za stát Missouri, 62 let

Původem ze středního západu, kde má stále velkou podporu. Ve Sněmovně je od roku 1976, v roce 1988 se neúspěšně ucházel o prezidentskou nominaci (tu získal Michael Dukakis, ale volby vyhrál George H. W. Bush), v roce 1989 se stal vůdcem demokratů. Zkušený a čestný zákonodárce, v ekonomických záležitostech je protekcionista. Pro Gephardta je klíčový výsledek v Iowě, pokud tam nezíská většinu hlasů, zřejmě z kampaně odstoupí. Kritizuje Howarda Deana jako symbol rozzlobenosti, sám sebe prezentuje jako symbol optimismu a smělých myšlenek. Podpořil válku v Iráku, kritizuje však ekonomickou politiku Bílého domu.

John Kerry, senátor za stát Massachusetts, 60 let

Sloužil ve Vietnamu, byl zraněn, pak vystudoval práva, a od roku 1985 je senátorem. Navazuje na odkaz J. F. Kennedyho. Během své senátní kariéry hlasoval pro zákony chránící životní prostředí, pro kontrolu zbraní a pro práva homosexuálů. Má smělé plány na energetickou nezávislost Spojených států. V roce 2003 měl rakovinu prostaty, ale vyléčil se. Po dobrém startu začátkem roku 2003 začala jeho popularita klesat, možná i proto, že ze Senátu je zvyklý mluvit poněkud rozvláčně. V listopadu vyhodil šéfa své volební kampaně a na svůj bostonský dům jako záruku si půjčil 6,4 milionu dolarů na kampaň.

Reverend Al Sharpton, 48 let

Nejmladší z kandidátů, bojovný černošský kazatel z New Yorku, který na sebe upozornil v 80. letech v několika proslulých kauzách týkajících se rasových střetů. Například se zasloužil o odsouzení bělocha Bernarda Goetze, který v metru postřelil čtyři černochy, protože měl pocit, že ho ohrožují na životě. Sharpton se už několikrát ucházel o volenou pozici (senátora, starosty New Yorku), ale nikdy se nedostal do finále. Ví, že prezidentskou nominaci nezíská, ale jde mu hlavně o to, aby se zviditelnil jako důležitý černošský vůdce.

John Edwards, senátor za stát Severní Karolína, 50 let

Původem z chudé venkovské rodiny, právník, vypracoval se tak, že dnes je multimilionář, je to tedy pravý americký „self-made man". Má slunnou povahu, obdivuje Roosevelta a Kennedyho. Umírněný demokrat, do Senátu zvolen v roce 1999. Vypadá velmi mladistvě, ale prezidentské plány má promyšlené: chce podporovat střední třídu a má plán na zajištění zdravotní péče všem dětem. Hlasoval pro útok na Irák, ale potom proti prezidentovu požadavku 87 milionů dolarů na válečné výdaje. Jeho hlavním tématem je, že Bush symbolizuje bohatou korporační Ameriku. Edward nepoužívá žádné negativní reklamy proti ostatním demokratům a spojuje v sobě clintonovskou směsici jižanské umírněnosti a chlapeckého optimismu.

Dennis J. Kucinich, kongresman za stát Ohio, 57 let

Američané se už naučili vyslovovat jeho jméno (kusinič), ale šanci na prezidentskou nominaci má pramalou. Je to zapřísáhlý vegan (vyšší stupeň vegetariánství), takže nejenže nejí maso, ale odmítá i mléko a vejce. Chce ustavit Ministerstvo míru a zavést všeobecné lékařské pojištění, které by zahrnulo i alternativní medicínu. Podporuje organické zemědělství.

Carol Moseley Braun, bývalá senátorka za stát Illinois, 56 let

První černoška zvolená do Senátu, kde působila v letech 1993 až 1999. Poté byla velvyslankyní na Novém Zélandu. Je to vystudovaná právnička. Její podpora je minimální.

Velmoc USA

V porovnání s Evropskou unií a Českou republikou
Zdroj: *Mladá Fronta Dnes*, 29. dubna 2004

	USA	„Stará" EU (15)	„Nová" EU (25)	ČR
Hrubý domácí produkt (miliardy eur)	11 084	9 169	9 613	78
HDP na hlavu (procenta)	137	100	91	62
Produktivita na jednoho zaměstnance (tisíce eur)	59,47	57,6	51,9	16,9
Roční růst ekonomiky	3,6	0,4	0,5	3,4
Nezaměstnanost	5,7	8,0	9,0	8,0
Výdaje na školství (procento HDP)	5,16	4,94	4,93	4,28
Výdaje na vědu a výzkum (procento HDP)	2,74	1,98	1,91	1,30
Výdaje na zbrojení (v milionech US dolarů)	294 694	152 942	159 429	1 133

LEDEN
2004

Události

4. ledna

Afghánská Velká rada (loja džirga) schvaluje „jednu z nejosvícenějších ústav v islámském světě".

7. ledna

Prezident Bush oznamuje, že předloží Kongresu návrh reformy imigrační politiky.

14. ledna

Prezident Bush oznamuje, že v letech 2015 až 2020 postaví Američané na Měsíci základnu a poté zahájí lety s lidskou posádkou na Mars.

Čeští poslanci zavádějí do zákoníku práce pojem „sexuální obtěžování".

15. ledna

Carol Moseley Braun se vzdává kandidatury a žádá své příznivce, aby podpořili Howarda Deana.

19. ledna

V sídle OSN diskutuje generální tajemník Spojených národů Kofi Annan s americkým administrátorem v Iráku Paulem Bremerem III. a s členy irácké vládní rady o budoucí roli OSN v Iráku.

Ve státě Iowa se v půl sedmé večer místního času začínají konat stranické nominační schůze. Dosavadní favorit Howard Dean získává jen 18 procent. Vítězem je senátor za stát Massachusetts John F. Kerry s 38 procenty.

Od čtyř odpoledne do půlnoci se v Praze koná happening zvaný Democracy Extravaganza, v níž organizace AVA (Americké hlasy v cizině – American Voices Abroad) zahajuje kampaň za zvolení takového prezidentského kandidáta, který odmítne doktrinu preventivní války a zruší protiteroristický vlastenecký zákon (PATRIOT Act).

20. ledna

Richard Gephardt oznamuje konec své kampaně.

Prezident Bush pronáší tradiční Zprávu o stavu Unie.

24. ledna

Bývalý šéf amerických zbrojních inspektorů David Kay prohlašuje, že v Iráku nejsou žádné zakázané zbraně.

26. ledna

Audrey B. Collins, soudce Federálního okresního soudu v Los Angeles, Kalifornie, vyškrtává část protiteroristického zákonu (PATRIOT Act) zakazující jisté druhy podpory teroristických skupin, protože podle jeho výnosu je tato část tak vágně formulovaná, že by mohla být v rozporu s prvním dodatkem k ústavě (který zaručuje svobodu náboženství, slova, tisku a shromažďování).

27. ledna

Senátor Kerry vítězí v primárkách ve státě New Hampshire, s 39 procenty hlasů.

Komentář

Nejdůležitější lednovou událostí prezidentské kampaně byla překvapivá porážka dosavadního demokratického favorita, vermontského guvernéra Howarda Deana, a přesvědčivé vítězství massachusettského senátora Johna Kerryho jak v Iowě, tak v New Hampshire.

Dean zřejmě tušil, že souboj v prvním střetnutí v Iowě nebude snadný, a tak si v neděli 18. ledna, den před nominačními schůzemi, zaletěl 1100 mílí (1760 kilometrů) do městečka Plains v Georgii, kde se zúčastnil bohoslužeb s bývalým prezidentem Jimmy Carterem. Carter Deana pochválil za jeho opozici k válce v Iráku, ale formální podporu mu nevyjádřil. V neděli odpoledne byl už Dean zase v Iowě a kvečeru vytáhl svůj poslední trumf, manželku. Jeho žena, Dr. Judith Stern, se do té doby v kampani téměř neukázala.

Deanův krátký proslov 19. ledna večer, v němž přiznal porážku, mu udělal ostudu – média se na něj doslova sesypala a tvrdila, že jeho chraptivý zuřivý tón a vyceněné zuby vyděsily děti po celé Americe. Později jsem se dočetla, že to všechno bylo nafouknuté, podle očitých svědků Dean totiž překřikoval intenzivní hluk v sále. Na porážku ve státě New Hampshire už reagoval opatrněji, ale ještě se nedal odradit a prohlásil, že jede dál.

Koncem ledna bylo zřejmé, že šance vermontského guvernéra na nominaci se prudce snížily. Komentátoři se většinou shodovali v tom, že Howard Dean nicméně sehrál důležitou roli: demokraté si s ním odreagovali svůj vztek na prezidenta Bushe. Poté ale převážilo racionální uvažování a lidé se začali ptát, jestli Dean na Bushe stačí. Slovo zvolitelnost (electability) se v lednu objevilo snad v každém článku o volbách. Přestože jako guvernér Vermontu byl Dean politicky umírněný, coby prezidentský kandidát se jevil příliš radikálně levicový – což mu sice získalo tisíce mladých přívrženců, ale zřejmě by bylo odradilo miliony středových voličů.

John F. Kerry tedy v lednu nastoupil své největší životní tažení. Jeho téměř dvoumetrová výška, iniciály jeho jména, J. F. K., vzdálená podobnost s Abrahamem Lincolnem, obliba bifteků, záliba v drsných sportech, jako je lední hokej, jeho Harley Davidson a v neposlední řadě válečné hrdinství ve Vietnamu mu v těchto časech mediálních zkratek zdánlivě zvyšují zvolitelnost – ale do listopadu je ještě daleko. Pro Čechy jsou zajímavé Kerryho kořeny v Horním Benešově ve Slezsku, i když o českém původu se mluvit nedá – Kerryho dědeček Fritz Kohn byl německy mluvící žid. Českým novinářům ale trvalo asi měsíc, než si všimli, jak podobný je massachusettský senátor profesoru Janu Sokolovi, uchazeči o české prezidentství z února 2003.

Prezidentu Bushovi se v lednu moc nedařilo. Hned začátkem měsíce sice přišel s dvěma iniciativami, kterými chtěl motivovat a získat voliče – změnou imigrační politiky a oznámením o cestách na Měsíc a Mars – ale oba náměty se brzy ukázaly jako problematické. Proti omilostnění nelegálních imigrantů se odpor zvedal pomalu, ale s kosmickým programem narazil okamžitě, takže šest dní po oznámení těchto velkolepých mimozemských expedic, ve své Zprávě o stavu Unie, se o vesmíru nezmínil ani slovem. Jeden můj přítel z New Yorku mi napsal 10. ledna:

Ten kretén v Bílém domě rozjíždí velice náročný kosmický program, jako by neměl dost starostí doma – kdyby ovšem ty starosti dokázal rozeznat a uznat. V našem okolí je mimořádně hodně domů na prodej, Pittsburgh je bankrot, Kalifornie je na tom jen o něco lépe, předsedové většiny newyorských krajů (county executives) se spojili bez ohledu na politickou příslušnost a v Albany zaútočili na republikánského guvernéra Patakiho, že se blíží revolta jejich voličů.

Al Franken, televizní a rozhlasový komentátor, politický satirik, autor sžíravých bestsellerů útočících na extrémní pravičáky a dnes jedna z nevýraznějších demokratických celebrit, si v lednu na cestě po New Hampshire liboval, jak si na prezidentu Bushovi kvůli Marsu smlsne, až začne koncem března vysílat svůj každodenní tříhodinový rozhovor (talkshow) na nové liberálně laděné rozhlasové stanici Air America.

Zpráva o stavu Unie, přednášená na společném zasedání obou komor Kongresu, je jeden z nejdůležitějších pravidelných proslovů amerických prezidentů. Třetí oddíl druhého článku americké ústavy praví: *Prezident podává vždy po určité době Kongresu zprávy o stavu Unie a doporučuje mu k uvážení taková opatření, která považuje za nutná a užitečná.* Původně byla tato zpráva předkládána v prosinci, ale od roku 1934 ji prezident proslovuje v druhé polovině ledna. Tu letošní začal tým prezidenta Bushe připravovat v říjnu 2003, o Vánocích na ní prezident pracoval na svém ranči v Texasu a text byl doladěn o weekendu 17. a 18. ledna. Pak už jen zbývalo nacvičit si přednes.

Zpráva o stavu Unie je vždycky slavnostní příležitost, o níž se mluví měsíce předem a kterou okamžitě po proslovení analyzují jak politici, tak novináři a komentátoři. Ve volebním roce je tento projev ještě důležitější. Mnozí kongresmani a senátoři se trousí do hlavního sálu Kongresu s předstihem, největší zájem je o sedadla u hlavní uličky, protože tudy přichází a odchází prezident, a je tedy šance potřást si s ním rukou a objevit se na televizní obrazovce.

Letošní projev trval 54 minut a na televizních obrazovkách ho sledovalo asi 60 milionů Američanů. Prezident byl přerušen potleskem jednasedmdesátkrát – ale byl to většinou potlesk podle stranické linie. Když například hned na začátku prezident řekl, že americká ekonomika posiluje, což je dokladem toho, že jeho daňové škrty ze začátku roku 2001 začínají přinášet výsledky, republikáni hlasitě projevovali svůj souhlas, vyskakovali ze sedadel a tleskali, zatímco demokraté zůstali mlčky sedět s rukama v klíně. Zato když prezident řekl, že platnost protiteroristického vlasteneckého zákona brzy vyprší, přerušili ho v půlce věty velkým potleskem demokraté, a teprve pak mohl prezident větu dokončit a požádat o prodloužení tohoto zákona. A tak to šlo po většinu řeči.

Načasování tohoto klíčového prezidentského projevu na druhý den po primárkách ve státě Iowa mělo zřejmě za cíl zdůraznit před americkou veřejností kontrast mezi rozhádanými demokraty a státnickým prezidentem, ale tento plán moc nevyšel. Britský týdeník *The Economist* charakterizoval Bushovu zprávu jako defenzivní, nudnou, ochablou, plnou různých detailů a neobsahující žádnou výzvu, vizi do budoucnosti. Prezident se opatrně zmínil o problému manželství (musíme „bránit posvátnost manželství"), ale explicitně nepodpořil zákaz manželství homosexuálů a lesbiček – což začíná být jedním z důležitých témat předvolební kampaně. Nejzajímavější však bylo, co prezident neřekl – kromě toho, že šest dní po ohlášení velkolepého kosmického programu o tomto programu neřekl jedinou větu, také vůbec nekomentoval skutečnost, že v Iráku dosud nebyly nalezeny žádné zbraně hromadného ničení.

Neexistence zbraní hromadného ničení v Iráku trápila prezidenta Bushe celý leden. Začátkem měsíce se ozval bývalý ministr financí Paul O'Neill, který byl z Bushovy vlády vyhozen v prosinci 2002, protože nesouhlasil s prezidentovými daňovými škrty. Ve dvou rozhovorech, pro týdeník *Time* a pro televizní stanici CBS, O'Neill řekl, že za 23 měsíců strávených v Bushově vládě „neviděl nic, co by se dalo označit za důkazy o zbraních hromadného ničení". Mnohem vážnější bylo vyjádření bývalého šéfa amerických zbrojních inspektorů Davida Kaye koncem ledna, že v Iráku žádné zbraně hromadného ničení nejsou. Z výslechů zatčených členů Husajnovy vlády navíc vyplynulo, že v posledních dvou letech své vlády byl irácký diktátor čím dál tím víc odtržen od reality – například krátce před válkou se zabýval psaním románů. V Iráku panovala také obrovská korupce a bezskrupulózní vědci využívali toho, že mohli z prezidenta snadno vymámit peníze na imaginární a nesmyslné zbrojní programy – a peníze pak mizely neznámo kde.

Ve svém sloupku pro *The New York Times* napsala 29. ledna Maureen Dowd, ostrá kritička prezidenta Bushe: *Díky Davidu Kayovi se před námi nyní vynořuje ohromující obraz prezidenta a diktátora, oba odtrženi od reality, pokud jde o zbraně, jak jeden zírá na druhého z opačných konců bizarního, paranoidního vesmíru, v němž fikce vyhrává nad fakty. Tihle dva rádoby drsňáci světové třídy byli ochotni jít až do krajnosti, aby ukázali, že je nikdo nebude sekýrovat. Jejich oddaní podřízení je uváděli v omyl bizarními informacemi o pokročilých zbrojních programech Iráku, kterým oba důvěřivě věřili, protože to zapadalo do toho, co chtěli slyšet.*

Zatímco Saddám se ponořil do psaní milostných románů, prezident Bush byl stržen romantickou představou, že napraví konec války v Perském zálivu z roku 1991 a dorazí toho darebáka, který se snažil zabít jeho tátu.

Témata

Imigranti

7. ledna
Prezident Bush oznamuje, že předloží
Kongresu návrh reformy imigrační politiky

Staletý proud imigrantů do Spojených států stále nevysychá. V roce 2002 žilo v USA téměř 32,5 milionu lidí narozených v jiných zemích, což představovalo přes 11 procent celkového obyvatelstva. Ve skutečnosti však žije v Americe cizinců víc, protože do oficiálních počtů lidí narozených mimo USA se nezahrnují imigranti nelegální, kterých je podle různých odhadů 8 až 14 milionů. Mezi ně patří statisíce načerno pracujících z celého světa (včetně mnoha Poláků, Čechů a Slováků), ale asi polovina z nich jsou Mexičané, kteří nezadržitelně pronikají porézní hranicí, oddělující nejbohatší zemi světa od země rozvojové. Jak jsem zjistila před několika lety v Coloradu, při našem velkém okružním výletu po Skalnatých horách, lidé na středozápadě a západě Ameriky jsou na ilegální imigraci dosti rozezleni, protože tento problém odsává část jejich daní. Americká pohraniční policie „nelegály" schytává a vrací zpátky do Mexika, ale zhruba polovina jich přijde znova. A desítky jich také přijdou o život, v roce 2003 to bylo téměř 500 lidí. V letech 1986 až 1998 zvýšil americký Kongres rozpočet pro pohraniční policii šestkrát, nic to však nepomohlo. Převaděči, zvaní kojoti, dokonce nabízejí paušální sazbu za tři převody, obvykle několik tisíc dolarů.

Mexiko hraničí se třemi americkými státy, Kalifornií, Arizonou a Texasem. Dříve přicházeli ilegální imigranti často přes města, například San Diego nebo El Paso, ale tato cesta je dnes téměř úplně uzavřená, a tak se Mexičané vydávají za svým americkým snem většinou přes nehostinnou Sonorskou poušť v jižní Arizoně, severozápadně od města Nogales, kde přízemní teploty dosahují přes 50 stupňů Celsia, a tam umírají horkem a žízní. I když přežijí cestu přes poušť, není ještě vyhráno – mnozí ilegální imigranti také umírají podchlazením v pohoří kolem vrcholku Baboquivari, kde teploty klesají v noci pod nulu. Mexičané stále ještě přecházejí přes Rio Grande, i když tato hranice je dnes intenzivně hlídaná. Na malém úseku kolem městečka McAllen v Texasu bylo na jaře 2004 zadrženo kolem 300 ilegálních imigrantů každý den.

Všichni nicméně vědí, že jde o těžko řešitelnou záležitost. Stejně jako Ukrajinci v České republice, hrají i ilegální Mexičané v jihozápadních amerických státech důležitou ekonomickou roli, protože dělají práce, nad nimiž většina místních ohrnuje nos. Často pracují na ovocných plantážích, kde sbírají ovoce 10 hodin denně, ale jsou také zaměstnáváni jako pomocné síly v hotelích, restauracích, nemocnicích a na stavbách.

Reforma navržená prezidentem Bushem začátkem ledna 2003 by v podstatě znamenala dočasnou amnestii pro ty ilegální imigranty, kteří jsou zaměstnaní – na tři roky by se z nich stali legální pracovníci, kteří by mohli například získat řidičský průkaz, otevřít si bankovní konto a jezdit zpátky do Mexika navštěvovat své rodiny. Navíc by možná mohli i usilovat o vyšší mzdu. Po třech letech by si mohli povolení ještě jednou prodloužit, ale po šesti letech by museli odjet – pokud si během těch šesti let legálního pobytu nezařídí trvalý pobyt neboli zelenou kartu.

První reakce majitelů a manažerů podniků závisících na hojné levné pracovní síle byly pozitivní, ale odbory a neziskové skupiny pomáhající imigrantům plán okamžitě zkritizovaly, protože by to podle jejich názoru vytvořilo permanentní druhořadé dělníky, kteří by i nadále byli nehorázně vykořisťovaní. Proti Bushově iniciativě se postavila i řada republikánských politiků – ti zase tvrdili, že by opatření jen podpořilo další vlnu ilegálních cizinců. Ozvaly se také hlasy, že Bushův program se podobá německému programu hostujících zahraničních dělníků (Gastarbeiter), který přivedl do Německa od padesátých do sedmdesátých let několik milionů Turků. Program byl ukončen už více než před dvaceti lety, ale v Německu stále žije několikamilionová turecká minorita, která je v jakémsi limbu – němečtí Turci sice požívají jistých výhod, ale občané stále nejsou.

Bushova iniciativa byla bezpochyby součástí jeho předvolební kampaně, určená velké hispánské komunitě, která je dnes nejpočetnější americkou minoritou.

Celá reforma však zůstala viset ve vzduchu, Bílý dům byl příliš zaměstnán děním v Iráku, než aby tuto iniciativu dotáhl do konce. V Mexiku se bohužel po prezidentově lednové řeči rozšířila zpráva, že teď bude možné pracovat v Americe legálně, a tak se počet Mexičanů snažících se dostat se do Ameriky prudce zvýšil. A také se zvýšil počet mrtvých.

Legálně se přistěhovat do Spojených států není snadné – znala jsem například řadu Kanaďanů, kteří s tím měli velké problémy. Existují čtyři základní možnosti: uzavřít sňatek s americkým občanem či občankou, dostat politický azyl, získat toto povolení na základě žádosti zaměstnavatele, anebo vyhrát legální pobyt v loterii.

Potvrzením legálního statutu přistěhovalce je tzv. zelená karta (Green Card), která se formálně jmenuje Karta trvalého rezidenta (Permanent Resident Card) a která opravňuje držitele legálně žít a pracovat ve Spojených státech. Spousta lidí takhle žije v Americe celý život. Na rozdíl od českého trvalého pobytu, který si musí cizinci pravidelně prodlužovat, platí karta bez časového omezení. V ekonomickém smyslu jsou na tom držitelé americké zelené karty úplně stejně jako občané – daně jsou jim vyměřovány stejným způsobem, mohou si otvírat konta v bance, získávat úvěry, kreditní karty a tak dále (zato cizinci s trvalým pobytem v České republice mají například problémy s bankovními úvěry nebo s pořizováním mobilních telefonů a také se nemohou účastnit různých soutěží). Politicky jsou držitelé zelené karty znevýhodněni především v tom, že nemohou volit a samozřejmě nemohou být ani voleni. Nemají také nárok na americký pas. Toto nám několik let komplikovalo život, protože po získání zelené karty jsme vyjížděli do ciziny s povolením k opětovnému vstupu (reentry permit), jakýmsi quasi pasem. Byla to světlešedavá knížka, trochu větší, než je pasový formát, na níž bylo velkými písmeny napsáno, TOTO NENÍ PAS (THIS IS NOT A PASSPORT), a jednou jsme měli takové problémy s mexickým vízem, že to chvíli vypadalo, že se snad ocitneme v nechvalně proslulém mexickém vězení.

Ještě začátkem osmdesátých let nebylo nijak zvlášť obtížné uzavřít formální sňatek a dostat zelenou kartu, naše kamarádka, drahoušek Lída, to takhle udělala někdy kolem roku 1981. Pak ale začali být imigrační úředníci přísnější, jak je to roztomile vylíčeno v australsko-francouzském filmu *Zelená karta* (*Green Card*) z roku 1990, s Gérardem Depardieu a Andie MacDowell v hlavních rolích. Dokonce i žadatelé o politický azyl to měli v osmdesátých letech mnohem obtížnější než v předchozích desetiletích, museli mnohem konkrétněji dokazovat, jakým přesným způsobem jsou ve svých zemích politicky pronásledováni.

Získání zelené karty na základě žádosti zaměstnavatele se týká jen relativně malého počtu lidí, většinou odborníků na to či ono, o které projeví zájem buď nějaký podnik, nebo univerzita – anebo třeba sportovní klub. Například o špičkové vědce kdekoli na světě mají americké univerzity zájem a zařídí jim všechny náležitosti. Taky jsem si jista, že tímto způsobem dostali povolení k legálnímu pobytu třeba Dominik Hašek nebo Jaromír Jágr.

A konečně, každým rokem vyhlašuje americká vláda loterii, jíž se mohou zúčastnit občané prakticky všech zemí. Z žadatelů splňujících kritéria je pak každý rok počítačovým losováním vybráno 100 000 vítězů, kteří dostanou zelenou kartu – ale jen asi polovina z nich této příležitosti využije. Na rok 2005 vyhrálo zelenou kartu 169 českých a 398 slovenských občanů. Už před několika lety jsem poznala jedny takovéhle výherce, byla to česká podnikatelská dvojice, něco přes čtyřicet let, se dvěma dcerami, kteří se do loterie přihlásili spíš z legrace – a pak zažili obrovský šok, když byli vybráni. Pokud ale vím, pořád jsou ještě tady – zřejmě to přestěhování do Ameriky není pro celou rodinu úplně snadné. Pro mladé zájemce o přesun do Ameriky není však loterie zrovna nejlepší řešení – pak totiž mají problémy dostat i návštěvnické vízum.

Americké občanství lze získat dvěma způsoby, buď se narodit jako občan anebo být naturalizován. Každý, kdo se narodí na území Spojených států, se automaticky stává americkým občanem (s výjimkou dětí cizích diplomatů), přičemž ani jeden z rodičů nemusí mít americké občanství. Člověk narozený mimo území Spojených států, jehož oba rodiče jsou američtí občané, se také automaticky stává americkým občanem. Pokud však jeden z jeho rodičů americké občanství nemá, není to už jednoznačné a záleží na různých okolnostech – například kdy a jak dlouho žil rodič s americkým občanstvím na území Spojených států.

Pravidla naturalizace jsou velmi složitá, ale pro většinu zájemců platí, že si o americké občanství mohou požádat pět let poté, co dostanou zelenou kartu, přičemž v těchto pěti letech mohou odjet ze Spojených států jen na omezenou dobu. Vyřizování žádosti o občanství trvá zhruba půl roku až dva roky, podle množství žadatelů. My jsme s manželem měli žádost vyřízenou asi za pět měsíců, zjistili jsme si totiž, ve kterém místě ve střední New Jersey je uchazečů o občanství nejméně. Posledním krokem před udělením občanství je formální rozhovor, v němž musí žadatel prokázat znalost angličtiny, celkovou obeznámenost s americkou historií a morální bezúhonnost, kterou mu dosvědčují svědkové.

Ženy v Americe

14. ledna
Čeští poslanci zavádějí do zákoníku práce
pojem „sexuální obtěžování".

Zatímco se americká veřejná debata v lednu 2004 točila kolem překvapivého nástupu Johna Kerryho a neexistujících zbraní hromadného ničení v Iráku, česká veřejnost byla na pár dní v polovině měsíce zaujata docela jinou záležitostí – sexuálním obtěžováním. Poslanci totiž schválili návrh, aby byl do zákoníku práce vložen paragraf zakazující sexuální obtěžování, které definovali následujícím způsobem: ... *jednání sexuální povahy v jakékoliv formě, které je zaměstnancem vnímáno jako nevítané, nevhodné nebo urážlivé a jehož záměr nebo důsledek vede k snížení důstojnosti nebo k vytváření nepřátelského, ponižujícího nebo zneklidňujícícho prostředí na pracovišti.* I velmi rozumní a nepatriarchální muži nové nařízení zesměšňovali a korunu negativním reakcím dal René Franěk, ředitel Zoologické zahrady v Chlebech, který v článku v *Lidových novinách* 15. ledna žádal, abychom přestali zpochybňovat „postavení vedoucího samce ve stádě, tedy v rodině", a pak s lítostí konstatoval, že *náš vedoucí samec přišel o své postavení jednak prohraným bojem se státem a jednak svou leností... Stát vedoucího samce de facto odzbrojil, když mu sáhl na peníze, kterými si koupil zbývající členy rodiny. Vedoucí samec ani mnoho nebojoval, protože byl líný... Bylo pro něj pohodlnější vzdát se odpovědnosti za svou smečku (rozhodovat a živit ji) výměnou za bezstarostnost.*

Nevěřila jsem svým očím, protože sama jsem se s podobným „samčím" postojem setkala vlastně jen párkrát v životě, po svém návratu z Ameriky snad jedině v šumavské Kvildě, když jsem šla kolem desáté hodiny ráno při odjezdu z penzionu zaplatit za náš pobyt a připopilý majitel (o hlavu menší než já, a to měřím jen 160 centimetrů) se na mě nepříjemně osopil, co že to je za manýry, finanční věci přece musí vždycky vyřizovat hlava rodiny. Tehdy jsem zas nevěřila svým uším a tak mě to vyvedlo z míry, že mě ta pravá pádná odpověď napadla až asi za dvacet minut v autě.

„Ženská otázka" mě trápila mnohem dřív, než jsem poprvé slyšela slovo feminismus, tak asi od čtrnácti let, záviděla jsem o pár let staršímu bratranci, že jezdí stopem. Za pár let jsem ovšem jezdila stopem taky a časem jsem najezdila přes 10 000 kilometrů bez nehody. Při svém intenzivním přemýšlení o ženském osudu jsem se zarputile bránila představě, že až se vdám, měla bych snad být jen nějakým přívěskem či poslušnou přikyvující ženuškou. Kolem šestnácti jsem tvrdila mamince, že nebudu vařit, protože nikomu nebudu dělat otroka. Později, na Filozofické fakultě, jsem si už připadala zcela emancipovaná a věděla jsem, že bych si nikdy nemohla vzít muže, který by chtěl jakýmkoli způsobem omezovat moji autonomnost a individualitu. O penězích jsem tehdy přemýšlela dost málo, tak to bylo mezi studenty v šedesátých letech. Když jedna moje známá po návštěvě Anglie vyprávěla, jak se tam jednou ve společnosti potichu pozastavila nad dvojicí ošklivé ženy a muže krasavce, načež jí její průvodce vysvětlil, že ten muž „se oženil s penězi" (he married money), všichni jsme se tomu podivovali.

Není tedy divu, že jsem americké ženské hnutí sledovala velmi pozorně od samých počátků, v něčem mě to šokovalo, v něčem to bylo objevné, v něčem mi to pomáhalo v mém vlastním životě. V druhé polovině osmdesátých let jsem pak došla k názoru, že si ta svoje pozorování musím utřídit a zhodnotit, a protože jsem nenašla žádnou knihu, která by mi o ženském hnutí dala stručný, přehledný, nefanatický a informovaný obrázek, rozhodla jsem se, že tu knížku napíšu sama. Sebrala jsem spousty materiálů, konzultovala svůj nápad s řadou lidí (většinou mužů), zúčastnila jsem se několika seminářů a konferencí a už jsem začala shánět peníze, ale pak se zhroutil komunismus a měla jsem úplně jiné starosti.

Novodobé americké ženské hnutí bylo jaksi prvoplánově reakcí na padesátá léta, kdy obrovská společenská konformita tlačila ženy výhradně do rolí manželek a matek. Jak je zřejmé z filmů tohoto období, byla to taková na povrch sladká doba, Američané se houfně stěhovali do domků na předměstích, kupovali si všechny možné „stroje na bydlení", od praček a obrovských sušiček přes myčky nádobí až po klimatizaci, muži měli krátce ostříhané vlasy, ženy nosili upravené šaty s vosím pasem a lodičky s vysokými podpatky, mládež jezdila na rande v obrovských autech (kde byly zřejmě počaty miliony dětí z generace silných ročníků padesátých let, tzv. baby boom generation), černoši se tehdy ještě drželi uctivě v pozadí a o homosexualitě se ve slušné společnosti nemluvilo – přestože už v letech 1948 a 1953 vyšly slavné zprávy Alfreda C. Kinseyho o mužské a ženské sexualitě, kde se poprvé objevilo zjištění, že asi 4 procenta mužů jsou výlučně homosexuální.

A pak najednou přišla antikoncepční pilulka (o níž se v Americe často píše jen jako o Pilulce – the Pill) a šedesátá léta, kdy se o rovnoprávné místo na slunci začali brát všichni ti dosud znevýhodnění – černoši, ženy, homosexuálové, lidé fyzicky postižení. Ženské hnutí tedy bylo také součástí mnohem širšího společenského dění. Když prezident Lyndon B. Johnson podepsal 2. července 1964 klíčový americký poválečný zákon o občanských právech (Civil Rights Act), nastartoval tím hlubokou společenskou proměnu, která v mnohém pokračuje dodnes.

V roce 1963 vydala novinářka Betty Friedan svou slavnou *Mystiku ženství* (*Feminine Mystique*), v níž vyslovila široce rozšířený pocit neklidu a neladu sdílený bílými americkými ženami střední třídy kolem třiceti let, které kralovaly ve svých předměstských domcích a jejichž život se výlučně točil kolem dětí a manželů. Autorka dokonce toto společensky povinné uvěznění v „domácí idylce" dramaticky pojmenovala jako „pohodlný, sametový koncentrační tábor". Role ženy byla podle ní vymezena striktním pravidlem: *Všichni bezvýhradně věřili tomu, že žena se nemůže identifikovat s* ničím, *co by přesahovalo domov – nemůže být činná ani v politice, ani v umění, ani ve vědě, v žádném velkém či malém dění, ve Spojených státech ani ve světě, ve válce ani v míru jinak než skrze svou ženskou zkušenost manželky a matky anebo vyjádřenou v nějakém hospodyňském detailu.*

Během kratičké doby se pak vzedmula obrovská a narůstající „společenská poptávka" (když použiju moderního českého výrazu) po zrovnoprávnění žen, pokud jde o jejich sociální, pracovní a ekonomické postavení. Samozřejmě nejvíc byly vidět hlasité bojovné feministky, ale to byla jen špička ledovce – na každou takovouhle bojovnici připadaly šiky zcela „normálních" žen, které prostě chtěly mít větší možnost volby než jen zcela se podřizovat kariérním plánům svých manželů. Taky mi zprvu tyhle radikálky šly na nervy a taky jsem měla nějakou dobu pocit, že jsou všechny ošklivé a svým radikalismem si odreagovávají pocity méněcennosti, a navíc mi vadila jejich protimužská zaujatost. Časem jsem však došla k přesvědčení, že extrémní radikálové a radikálky jsou vždycky zapotřebí, když se má něco zásadního měnit, protože svým provokujícím postojem burcují veřejnost a vyvolávají širokou debatu o mnoha věcech, které se do té doby zdají neměnné a jakoby provždy dané. A tak se raduji z každé české radikální feministky, protože tady máme ještě dost co dohánět.

Rok poté, co jsme přijeli do Ameriky, platila pro ženy ještě mnohá znevýhodňující pravidla – tehdy (v roce 1970) jsme například měli s manželem oba skoro stejný plat, nepříliš velký, ale když jsem se rozhodla půjčit si ve své bance 300 dolarů na dovolenou, musel mi žádost podepsat manžel jako ručitel – kdežto kdyby si byl tu půjčku vzal on, ode mě by žádné ručení nepotřeboval. Tohle byla maličkost, leč symptomatická. Moje princetonská kamarádka Doris byla začátkem sedmdesátých let jakousi mou průvodkyní Amerikou, mluvily jsme spolu dlouhé hodiny a „ženská otázka" bylo jedno z největších témat. Doris byla asi o šest let starší než já, po maturitě začala studovat na Yalské univerzitě (jedna z univerzit „břečťanové ligy"), měla výborné známky, ale pak poznala o rok staršího studenta fyziky Gerryho, vzali se, ona studovat přestala, a zatímco on pokračoval k doktorátu, Doris mu povila v průběhu šesti let tři děti.

Když jsem ji poznala, bylo tomu nejmladšímu šest let a ona právě začala poprvé v životě pracovat v normálním zaměstnání. Byla velmi inteligentní, sečtělá a vtipná, ale jakmile jsme se sešli i s manžely, stávalo se z ní pokorné, zakřiknuté stvoření, naprosto v závěsu za Gerrym. Při těch prvních setkáních jí bývalo divné, že já si troufám s manželem veřejně nesouhlasit.

Betty Friedan jako by mluvila Doris z duše. Manželství těchto našich přátel pak prošlo mnohaletou krizí, byla jsem tehdy jednou z hlavních důvěrnic Doris a „poňoukala" jsem ji k tomu, aby se k manželovi chovala jako rovná k rovnému. Nakonec všechno dobře dopadlo, suverénní „macho" Gerry trochu zpokorněl a Doris udělala po čtyřicítce docela slušnou kariéru. Řekla bych, že naprostá většina mých amerických známých a přátel byla nějak ženským hnutím poznamenaná a ty změny byly vesměs k lepšímu. Měnící se „poměry" v manželském vztahu pro mě ilustroval jeden rozhovor v malém nakladatelství encyklopedie *Worldmark*, pro které jsem řadu let externě pracovala jako redaktorka. Bylo to někdy v roce 1981 nebo 1982, přišla jsem tam odevzdat práci a zastihla jsem dva asi pětatřicetileté redaktory, Franka a Jeffa, jak si zaníceně sdělují zkušenosti z asistence při porodů svých manželek, Jeff už měl za sebou porody dva, takže byl otrkanější, kdežto pro Franka to bylo aktuálně nové, chlapeček se mu narodil před týdnem. Dnes už je přítomnost otců na porodních sálech běžná i v Česku, ale před dvaceti lety to byla i v Americe novinka. Dodnes si to odpoledne v redakci živě pamatuji, taky jsem přidala pár svých zkušeností (synovi tehdy byly asi tři roky), ale hlavně si pamatuji, jak oba moji kolegové zářili štěstím a já jsem si říkala, jaká je ta Amerika prima země.

V roce 1966 vznikla Národní organizace pro ženy (NOW, National Organization for Women), mezi jejíž zakladatelky patřila i Betty Friedan. Tato organizace oslovovala středový proud ženského hnutí, hlavně se snažila prosadit legislativu o rovnoprávné nabídce pracovních příležitostí, podporovala zřizování různých školek a dětských center přímo na pracovištích a zasazovala se o legalizaci potratů. NOW se rovněž intenzivně angažovala za prosazení ústavního dodatku o rovných právech pro ženy, který však nakonec neprošel, protože jej neratifikoval potřebný počet států. Radikálnější feministické skupiny požadovaly strukturální změny ve vztahu obou pohlaví a konec mužské nadvlády. Zároveň se také zradikalizovaly odpůrkyně ženského hnutí, které prohlašovaly, že feministky se na klíčovou roli ženy, totiž mateřství, dívají s pohrdáním. Mladé černošky v této době byly vystaveny dvojím tlakům, boji za zrovnoprávnění žen a boji za zrovnoprávnění rasové, přičemž to druhé jim často připadalo mnohem naléhavější.

Sílící tlak na zrovnoprávnění žen začal v průběhu sedmdesátých let přinášet výsledky. Například od roku 1969 do roku 1973 vzrostl čtyřikrát počet mladých žen, které studovaly práva, a v roce 1975 byl poměr mužů a žen studujících tradičně „mužské" obory, jako byznys, medicína a inženýrství, 1 : 3 – zatímco v roce 1970 to bylo 1 : 8. V roce 1960 pracovalo pouze 30 procent žen mimo domov, o dvacet let později to bylo už víc než 50 procent.

V roce 1972 začala vydávat newyorská novinářka Gloria Steinem časopis *Ms.* pro čtenáře se zájmem o změnu společenského postavení žen (*tento časopis vám neporadí, jak dělat zavařeniny, ale poradí vám, jak získat kontrolu nad vlastním životem*) a od první chvíle to byl obrovský, nečekaný úspěch. Prvního nultého čísla se během osmi dní prodalo 300 000 výtisků. Do roka měl časopis 200 000 předplatitelů, většinou to byly ženy mladší než 35 let, s bakalářským vzděláním, které pracovaly v různých manažerských, odborných a technických zaměstnáních a nebyly nutně členkami žádných feministických organizací. Název časopisu *Ms.* byl novotvar vzniklý někdy v této době a označující ženu bez rozlišení toho, zda je vdaná (Mrs.) či svobodná (Miss). Někteří lidé měli občas problém s tím, jak tuto zkratku vyslovovat – správné je „miz", s opravdu znělým „z" – a taky samozřejmě někteří muži (jako například můj velmi oblíbený přítel nakladatel Moshe) hudrovali, co že to je za feministické vynálezy, ale nakonec se označení vžilo a teď si všichni libují, že se při psaní dopisů nemusí starat o to, zda je adresátka paní či slečna.

V roce 1973 vynesl nejvyšší soud výrok v případu *Roe versus Wade* a na základě ústavního práva na soukromí zrušil zákony zakazující potraty v prvních třech měsících těhotenství. Toto přelomové rozhodnutí, které jako strašidlo obchází Amerikou do dnešního dne, bylo jedním z vrcholů amerického ženského hnutí. Změny se ale týkaly celého obrovského životního spektra, nejenom práva na potrat. K desátému výročí založení časopisu *Ms.* konstatovala Gloria Steinem: *Teď už máme výrazy jako „sexuální obtěžování" a „trápené ženy"... kdežto před deseti lety se tomu prostě říkalo „život".* Léta mi každých čtrnáct dní chodila uklízet dům mladá půvabná Carrie, nikdy jsme se nebavily o důvěrnostech, ale jednou se svěřila, že její první manžel bral drogy, bil ji, znásilňoval, zamykal ji v koupelně a všelijak jinak ji trápil, a když jsem se zeptala, proč se nebránila, řekla, že si tehdy myslela, že takhle to v manželství prostě někdy chodí. Vsadila bych se, že k jejímu odmítnutí této danosti přispělo právě ženské hnutí – aniž by si to byla Carrie možná jasněji uvědomila.

Otvírání pracovních příležitostí bylo jedno z hlavních témat raného ženského hnutí, ale brzy přibylo paralelní téma: jak umožnit ženám, aby mohly co nejefektivněji skloubit kariéru a mateřství. V tomto ohledu by se měli čeští zákonodárci v Americe poučit. Už delší dobu se tady lamentuje nad tím, jak klesá porodnost, podle studie Rady Evropy z jara 2004 je Česká republika v míře porodnosti na předposledním místě na světě, takže kdyby se tento trend nezměnil, smrsklo by se obyvatelstvo této země v roce 2300 na 62 000 lidí – což je zhruba dnešní počet obyvatel Opavy. Kdokoli ale porovná situaci českých matek se situací matek ve Spojených státech, vůbec se nízké porodnosti nemůže divit. Zaměstnavatel ve Spojených státech se už dávno nesmí uchazeček o místo ptát, jestli mají nebo se chystají mít děti – za to by mohl jít k soudu. Do značné míry právě díky ženskému hnutí mají Američanky řadu důležitých výhod – například možnost najít si práci na částečný úvazek, práci třeba ve večerních hodinách nebo o víkendech (kdy může starost o děti převzít otec), najmout si někoho na hlídání (což ovšem souvisí s celkou atmosférou důvěry ve společnosti), anebo mít dítě v podnikových jeslích či mateřské školce – větší podniky nebo například univerzity tímto způsobem vycházejí vstříc mladším ženám. Řada podniků a institucí navíc umožňuje „otcovské dovolené" – v roce 2002 ve společnosti Ernst & Young bylo třeba ze zaměstnanců na „mateřské dovolené" 46 procent mužů. Nedávno mě zaujal článek o jednom lékařském středisku v Erie v Pensylvánii, kde přijali na jedno pracovní místo manželský tým – manželé, oba dětští lékaři, mají společný plat a společné pojištění, ale je na nich, aby rozhodli, kdo který den přijde do práce a kdo zůstane doma s dětmi. To mi připadá jako velice elegantní řešení.

Brzy se ukázalo, že v řadě zaměstnání ženy naprosto vynikají – například jako právničky anebo v realitních kancelářích. Spousta žen se také úspěšně prosadila v politice. Do typicky mužských profesí – mezi hasiče, piloty, ředitele velkých podniků, mezi vojáky, do vysokých politických funkcí – začaly pronikat první vlaštovky průkopnice. Nejdřív se o každé takovéhle statečné ženě hodně psalo (a zdolávat pevnosti mužského šovinismu vyžadovalo spousty odvahy!), ale čím dál tím víc to bylo chápáno jako normální. V roce 1981 jmenoval prezident Ronald Reagan právničku Sandru Day O'Connor jako první soudkyni Nejvyššího soudu, v roce 1996 se Madeleine Albrightová, narozená jako Jana Madeleine Korbelová v Praze, stala první americkou ministryní zahraničí. Když si republikánský prezident George W. Bush vybral černošku Condoleezzu Rice za svou poradkyni pro národní bezpečnost, skoro nikdo se tomu moc nedivil, přestože by to před nějakými třiceti čtyřiceti lety nebylo vůbec představitelné. Moje milovaná Princetonská univerzita, víc než dvě století přední instituce dnes už starodávného mužského světa (první studentky byly přijaty v roce 1969), je dnes řízena dvěma ženami – prezidentkou je od roku 2001 molekulární bioložka Shirley Tilghman, druhou nejvyšší funkci, proboštku (česky se také překládá jako prorektorka), zastává rovněž žena a na třetí nejvyšší úrovni děkanů jsou čtyři ženy a dva muži.

Vzdělané Američanky se však dnes často rozhodují na pár let přerušit kariéru, aby mohly vychovat děti – jako například dcera mých dobrých českoamerických přátel Veronika, úspěšná právnička. V červnu 2004 se jí narodil druhý chlapec a Veronika teď nějakou dobu bude jenom maminka, protože skloubit péči o dvě malé děti s téměř padesátihodinovou týdenní pracovní dobou jí připadá příliš náročné. Starší feministky někdy lamentují, že si dnešní mladé ženy neváží toho, co pro ně tvrdě vybojovaly, a že rezignují na úspěch a kariéru, přestože jsou jim všechny dveře otevřené. Spíš však jde o novou definici toho, co je důležité – pro mnoho mladých sebevědomých Američanek už dnes úspěch v životě zahrnuje nejen peníze a postavení, ale také citové uspokojení, vyrovnanost a pohodu. Naprostá většina z nich počítá s tím, že se opět do zaměstnání vrátí, jejich akademické tituly a pracovní zkušenost jsou jenom na chvilku odloženy. A až se budou vracet, nebudou to pokorné zakřiknuté puťky, jako byla před pětatřiceti lety moje kamarádka Doris a statisíce žen jí podobných.

Americké ženy si v průměru stále vydělávají méně než muži, stále jich je méně ve vysokých mocenských funkcích (v Kongresu jich je například pouze 14 procent), ale tato nerovnováha se asi bude měnit velmi pomalu. Důležitější je však dostávat za stejnou práci stejné peníze a to, přinejmenším na vyšších pozicích, víceméně platí. Rozhodně jsou však americké ženy mnohem svobodnější, než byly v padesátých letech, mají větší volbu, jsou sebevědomější a umějí se lépe bránit nespravedlnostem a násilí. Změnili se však i muži. Když jsem přijela do Ameriky, pořád ještě převažoval onen ideál drsného chlapíka („macho"), kdežto dnes už je společensky přijatelné, když muž není ve všem drsňák, když třeba umí přebalit a nakrmit dítě anebo se podílí na domácích pracích.

Při porovnávání situace žen ve Spojených státech a v České republice však nelze zapomínat na jeden základní fakt, totiž na to, že Amerika je mnohem bohatší země, podle mých dlouhodobých odhadů (neustále potvrzovaných) jsou běžní Američané asi tak dvaapůlkrát bohatší než běžní lidé v této zemi. A tak pro emancipovanou Američanku střední třídy je finančně naprosto dostupné zaplatit si pravidelnou pomoc v domácnosti nebo při hlídání dětí, zatímco běžná česká žena si to obvykle dovolit nemůže. Také stravování mimo domov je dostupnější, a dnes se odhaduje, že asi polovinu výdajů na jídlo utratí Američané v restauracích.

Řekla bych, že české ženy jsou většinou nezávislejší a sebevědomější, než byly Američanky před třiceti či čtyřiceti lety, zato ale trpí syndromem „super ženy" – připadá jim přirozené, že mají perfektně zvládat práci, děti, sport, kulturu a navíc ještě domácnost. V osmdesátých letech mě několik českých přítelkyň šokovalo tím, že prý musí tajit před známými, když si dají umýt okna nebo udělat „velké prádlo". Naštěstí snad výpomoc v domácnosti už pomalu ztrácí přídech ostudy. Čeští muži i ženy také často tvrdí, že ženy se dobrovolně víc věnují rodině, protože to odpovídá jejich přirozenosti, ale ptám se, není-li tato dobrovolnost spíš důsledek obecného nenápadného společenského tlaku. Například v jedné současné učebnici občanské výchovy pro šesté třídy se praví: *Maminky si sednou k šití, k pletení, pěstují květiny, nebo neustále vymýšlejí způsoby, jak zpestřit jídelníček...* A ještě jeden postřeh: říká se, že každá společnost má takovou vládu, jakou si zaslouží, a pokud tedy politikové odrážejí celkový stav společnosti, je to tady se vztahem mezi pohlavími dosti špatné. Nedovedu si představit, že by dnešní američtí reprezentanti veřejně pronášeli podobné nehoráznosti, jako byly komentáře několika českých poslanců o poprsí ministryně Petry Buzkové.

A na závěr odpověď mnoha českým mužům i ženám, kteří mi v posledních deseti letech buď explicitně nebo implicitně sdělili, že feminismus je jen jeden z amerických bizarních vynálezů, spočívající hlavně v tom, že když muž podrží ženě kabát nebo jí dá ve dveřích přednost, dostane za to facku. Ve svém malém soukromém (nereprezentativním) průzkumu jsem položila asi tuctu svých amerických známých a přátel otázku, zda je pravda, že už američtí muži neprokazují ženám běžné zdvořilosti, protože očekávají negativní odezvu. Odpovědi mi jen potvrdily moje vlastní přesvědčení a zkušenost, že tato stereotypní zkratka je nepravdivá. Jeden velmi zdvořilý (téměř polským stylem) přítel napsal, že byl za svou galantnost pokárán jen jednou v životě. Několik známých se shodlo, že když nejsou muži galantní k ženám, tak to jen svědčí o jejich nevycválanosti, ne o tom, že by měli strach z feministek. Jedna mladá žena mi napsala, že se nikdy nesetkala s tím, že by se někdo urazil kvůli běžné zdvořilosti. Ale stačí přece trochu selského rozumu, radikální ženské bojovnice se přece poznají na první pohled, a být mužem, těm bych ve dveřích přednost nedávala – ale devadesát devět procent Američanek zdvořilost a galantnost ocení, možná i víc než Evropanky, protože jistá neomalenost tradičně patří k chlapskému ideálu amerického muže.

Spolky, asociace, nadace

19. ledna
Od čtyř odpoledne do půlnoci se v Praze koná
happening zvaný Democracy Extravaganza.

Na třetí pondělí v lednu připadá federální svátek připomínající Martina Luthera Kinga Jr., černošského vůdce z šedesátých let, který za svoje úsilí prosazovat nenásilným způsobem občanská práva černochů dostal v roce 1964 Nobelovu cenu míru – a pak byl v roce 1968 zavražděn. Letos to bylo devatenáctého ledna a v Praze se ten den v americkém knihkupectví Globus konala velká akce organizovaná asociací Americké hlasy v cizině (AVA, American Voices Abroad). Tato organizace, sdružující mírové aktivisty a odpůrce zahraniční i vnitřní politiky prezidenta Bushe, vznikla v Berlíně v březnu 2003 a v Praze pak měla v listopadu svou první konferenci. Lednový happening, v týž den, kdy se ve státě Iowa konaly stranické nominační schůze, zahájil kampaň za zvolení takového prezidenta Spojených států, který odmítne doktrínu preventivní války a odvolá protiteroristický vlastenecký zákon (PATRIOT Act). Cílem sdružení AVA je získat mezi Američany žijícími v cizině (kterých je 5 až 6 milionů) 100 000 voličů hlasujících tímto způsobem.

Trochu znám jednu z pražských aktivistek AVA, je to svérázná energická sedmdesátnice, jejíž osud by vydal na pěkný román – a tak jsem se vydala na výzkumy. Globus je příjemné místo v Pštrossově ulici blízko Karlova náměstí a předvolební sešlost probíhala v uvolněné atmosféře, ale zároveň bylo všechno perfektně zorganizované. V zadním traktu knihkupectví se promítaly dokumentární filmy, slavná řeč Martina Luthera Kinga ze srpna 1963 („I Have a Dream“) a pak dokument o volbách roku 2000 („V prezidentských volbách v roce 2000 nebyl vítězem Bush“), v přední části postávaly skupinky, rozdávaly se materiály na čtení a na malém balkonku několik Američanů postupně předčítalo americkou ústavu. Mě nejvíc zaujal článek, přetištěný z prosincového čísla měsíčníku *California Monthly*, o protiteroristickém vlasteneckém zákonu (PATRIOT Act), o němž jsem do toho dne věděla jen obecnosti. Text byl plně vyvážený, obsahoval jak popis zákona, tak názor jednoho z jeho tvůrců a názor jednoho význačného odpůrce zákona (bývalého republikánského kongresmana). Za pár dní nato jsem se z *NYT* dozvěděla, že už víc než 230 amerických komunit protestovalo proti některým částem tohoto zákona, protože mnozí lidé se domnívají, že by zákon mohl být zneužit.

Ze všech amerických výjimečností mě americké sdružování fascinuje snad nejvíc, zdá se mi totiž, že tato tak vyhraněně americká vlastnost v sobě spojuje celou řadu dalších typických postojů.

I když se na první pohled může zdát, že vypjatý individualismus a zakládání spolků stojí v protikladu, ve skutečnosti je to právě naopak – právě vyhraněná individua, svobodní, rovnoprávní a mravně odpovědní jedinci se mohou sdružovat snadněji než lidé nesvobodní, nerovnoprávní a mravně laxní. Ostatně to známe ze sportu – nejlepší týmy se vždycky skládají z vynikajících jedinců. Když člověk nemá potřebu se nad někým vytahovat (což mívá druhou stránku, že někomu podlézá), snadno spolupracuje s ostatními.

Spolky obvykle vznikají s nějakým pozitivním cílem, což odráží široce sdílené přesvědčení Američanů, že nejenom má každý možnost usilovat o zlepšení, zdokonalení či nápravu, ale že když se dáme dohromady, zlepšení, zdokonalení a náprava jsou možné. V Americe jsou prostě problémy k tomu, aby se řešily, zatímco v Evropě často převažuje postoj, že problémy jsou tu proto, abychom je do hloubky analyzovali, eventuálně si na ně stěžovali. V Česku člověk každou chvíli slyší, „jó, to nejde," kdežto v Americe lidi mnohem častěji říkají „žádný problém". Zatímco jeden druh typického Čecha (snad už teď poněkud na ústupu) sedí v hospodě a nadává na poměry, na vládu, a vůbec na život, typický Američan se zeptá, tak co s tím uděláme, porozhlédne se kolem, jestli má někdo podobný problém, a pak založí spolek. To třeba nedávno udělal jeden muž v New Yorku, kterého pořád budily automobilové alarmy, a tak si založil internetovou stránku a dal dohromady skupinu lidí, která začala tlačit na magistrát, aby alarmy zakázal. Internet je pro sdružování báječný vynález, ale Američani se horlivě sdružovali dávno před moderními komunikačními vymoženostmi.

Spolčování jde ruku v ruce s dobročinnou a dobrovolnou činností, které se věnuje téměř polovina dospělých Američanů, každý průměrně patnáct hodin měsíčně. A v tom hraje důležitou roli americký moralismus a osobní odpovědnost za rozkvět komunity. Jako by to staré evropské pravidlo *noblesse oblige* začalo v Americe platit demokraticky pro všechny. A tak ženy se středoškolským vzděláním běžně pomáhají v organizacích pro chudé či bezdomovce, účastní se rodičovských sdružení, organizují všelijaké charitativní akce, muži zase vedou všechny možné sportovní kroužky, důchodci chodí rozvážet jídlo do nemocnic. Mecenášství bohatších vrstev má víc než dvěstěletou tradici. Začátkem devatenáctého století založili příslušníci bostonských elit spolek zvaný Atheneum a v jeho zakládací listině prohlásili: *Jelikož nás k větším příspěvkům nevybízí náš stát, máme zato, že bychom této výjimečné situace měli využít a měli bychom vložit svůj majetek do takových institucí, jež budou všem občanům ku prospěchu nezávisle na proměnách našeho veřejného údělu či naší politické situace.* Seymour Martin Lipset píše ve své kapitolce o dobročinnosti: *Značné obnosy i množství času, které Američané věnují dobročinnosti, dosahují výšin, o jakých si jiné země mohou nechat zdát, a dokládají tak vzájemnou souvislost mezi náboženskou dobrovolností a světskými úspěchy. Je zřejmé, že důraz kladený na dobrovolnost v náboženské i světské oblasti se navzájem podporuje. Od každého jednotlivce se očekává dodržování zákonů, tvrdá práce a vysoké ambice. Spravedliví se dočkají odměny v tomto i příštím životě a úspěšní lidé jsou povinni konat dobré skutky a dělit se o bohatství, jehož dosáhli.*

Spolčování však také souvisí s americkým selským rozumem a pragmatismem – spojovat se za účelem nějakého obecně prospěšného podnikání se prostě všem vyplácí. Není to žádný geniální postřeh, ale kupodivu to lidé v mnoha zemích neumějí a raději setrvávají v neustálé rozhádanosti. Seymour Martin Lipset cituje ve své *Dvousečné zbrani* trefný výrok Jamese Buchanana Dukea, zakladatele Dukeovy nadace, která podporuje zdravotnická zařízení. V dvacátých letech Duke v jednom novinovém rozhovoru vysvětlil, proč chce dávat peníze na veřejné zdraví: *Lidé mají být zdraví. Když nejsou zdraví, nemohou pracovat, a když nepracují, tak nejsou zdraví. A když nemohou pracovat, tak mi uniká zisk.*

A konečně, spolčování odráží základní atmosféru důvěry, která je pro Ameriku typická – často se spolčují lidé, kteří se znají minimálně. Setká-li se však Američan s cizím člověkem, je mu automaticky nakloněn příznivě, dokud se neprokáže opak, zatímco v Česku to platí spíš obráceně, každý je podezřelý, dokud neprokáže, že je s ním všechno v pořádku. Proto se taky Američané pořád tak smějí. Neznamená to nic hlubokého, ale zároveň v tom není nic neupřímného, odráží to jen instinktivně pozitivní postoj k lidem. V prvních letech po přestěhování do Prahy jsem byla americky vstřícná, ale brzy jsem své chování trochu upravila, protože to vzbuzovalo podivení a někdy skoro až pobouření.

Spolky a dobročinnost jsou asi nejviditelnějším projevem občanské společnosti a základem skutečné demokracie – jak to velmi dobře pochopil Václav Havel. Američané často používají termínu *grassroots democracy*, což doslova znamená „demokracie půdy při povrchu“, ale lépe by se to přeložilo jako „demokracie odspodu“, „demokracie řadového občana“ či „demokracie každodennosti“.

Amerických asociací jsou desetitisíce. Některé trvají už přes dvě stě let (například Americká akademie umění a věd, American Academy of Arts and Sciences, z roku 1780), jiné zanikají po krátké době, některé jsou mamutí, jiné miniaturní, některé vážné, jiné spíš legrační (například spolek holohlavých mužů Ameriky, otevřený „všem mužům, ženám a dětem na celém světě, kteří věří, že ‚holohlavý znamená krásný‘ “). Zvláštní kategorii tvoří politické strany a dále církve, sekty a náboženská seskupení.

Dobročinné neziskové nadace – nezávislé, komunální a korporační – jsou rovněž druhem spolků. V roce 2003 jich bylo téměř 65 000 a celkem rozdaly granty ve výši 30 miliard dolarů. Americké nadace také dávají peníze do ciziny, desítky milionů dolarů například přišly po roce 1989 českým neziskovým organizacím. Hlavními dárci byly nadace Charles Stewart Mott, Rockefeller Brothers, German Marshall Fund, Ford Foundation a Sorosova Open Society. Mellonova nadace dala obrovské peníze českým knihovnám. Podle ředitele jedné české nadace sloužily americké peníze hlavně k „zakořenění demokracie“, ale v posledních letech tento příliv slábl a po vstupu do Evropské unie se už téměř vytratil. Nadále si budou muset české „nevládky“ poradit samy.

A protože prezidentské volby roku 2004 jsou tak důležité, není divu, že začíná být aktivní řada organizací a spolků, které chtějí volby ovlivnit. O výše zmíněné asociaci AVA vědí spíš Američané žijící mimo Spojené státy, zato v Americe samé nabývá na důležitosti internetová organizace MoveOn.org, která vznikla v roce 1998 na protest proti obvinění prezidenta Clintona. Spolek založil jistý pan Wes Boyd s manželkou a na podzim 2003 měla už organizace 2,4 milionu členů. O fungování se stará sedm placených zaměstnanců, kteří pracují doma. Mezinárodní finančník George Soros o této organizaci prohlásil, „líbí se mi, co dělají a jak to dělají", a v září 2003 pozval Wes Boyda na schůzku a nabídl mu 5 milionů dolarů. (Pro pana Sorose je ovšem tato suma pakatel, protože jeho jmění se odhaduje na 7 miliard dolarů a jeho nadace každoročně rozdávají 450 milionu dolarů.) Další organizace usilující o porážku prezidenta Bushe, kterou Soros rovněž financuje, se jmenuje America Coming Together (česky přibližně Amerika se spojuje).

Politická pravice je sdružená v zastřešující organizaci Americká konzervativní unie (American Conservative Union), kam patří například velmi mocná Národní asociace držitelů zbraní (NRA, National Rifle Asociation) a pravicová Nadace národního dědictví (National Heritage Foundation). Vliv konzervativních organizací je velmi silný, jsou spojeny s několika televizními stanicemi (hlavně Fox News) a s rozhlasovými stanicemi, které zaplavují Ameriku radikálně pravicovými diskusními pořady.

Mezi hlavní náboženské pravicové skupiny dnes patří Americká křesťanská koalice (Christian Coalition of America), která vznikla v devadesátých letech, a dvě nově založené skupiny, Rada pro výzkum rodiny (Family Research Council) a Koalice pro tradiční hodnoty (Traditional Values Coalition).

S cílem vytvořit protiváhu těmto skupinám vznikla na podzim 2003 koalice umírněných a liberálních náboženských představitelů, nazvaná Koalice představitelů duchovenstva (Clergy Leadership Network). Jeden z hlavních organizátorů, reverend Albert M. Pennybacker z Kentucky, prohlásil: *Křesťanská pravice mluví velmi jasně a přesvědčivě, ale je exkluzivní a odsuzuje každého, kdo s ní nesouhlasí.*

Lidé nás třeba budou chtít označit za „křesťanskou levici". Ve skutečnosti nám však jde o otázky a pravdy zajímající hlavní středový proud společnosti, a pokud z nás toto úsilí dělá levičáky, potřeba posunu v naší společnosti je tím jen jasně zvýrazněna.

Na závěr tohoto přehledu ještě dvě osobní zkušenosti s americkým spolčováním. Několik let jsem byla velice činná v rodičovském sdružení ve škole, kam chodil můj syn, a dlouho mě fascinovalo to, jak většina členů výboru – vesměs maminky mladší a míň vzdělané než já – bravurně ovládala procedurální otázky řízení schůzí, skoro jako by tahle pravidla demokratického „provozu" na té nejzákladnější úrovni sála s mateřským mlékem. Pořádali jsme spousty akcí, mezinárodní večery, jarní prodeje kytek, sportovní utkání, výstavy, den otevřených dveří pro rodiče, já jsem tři roky redigovala dětský časopis, a všechno šlo hladce a snadno. Po návratu do Prahy jsem byla ve výboru rodičovského sdružení nově založeného anglického gymnázia a tam to bylo mnohem složitější – nejenom vztahy mezi lidmi, ale i takové ty důležité banality, jako založení účtu, abychom mohli platit drobné provozní výdaje. Bankovní konto jsme nakonec měli jen díky tomu, že jeden člen našeho výboru měl vysoké postavení v Živnostenské bance.

Začátkem devadesátých let jsem pak měla intenzivní a velmi hektickou zkušenost s nadačním světem – skoro čtyři roky jsem byla ředitelkou malé neziskové organizace, Americké nadace na podporu českého a slovenského vzdělání (American Czech-and-Slovak Education Fund). Přišla jsem k této činnosti jako slepá k houslím, přes našeho oblíbeného česko-amerického přítele Michala Krause, a všechno jsem se učila na pochodu, ale v tehdejší atmosféře všeobecné euforie z pádu komunismu jsme dokázali za krátkou dobu své existence poslat do Československa knihy a počítače asi za 5 milionů dolarů. Navíc jsme rozdali několik desítek malých grantů a naše kancelář na Nassau Street v Princetonu fungovala jako rušné kontaktní středisko. Měla jsem tehdy pocit, že

Amerika je plná Čechů a Slováků, hlásily se mi desítky nadšených dobrovolníků z celého kontinentu.

Taky jsem se trochu přiučila umění „fundraising" neboli získávání financí. To je v Americe obrovský byznys, jímž se živí desetitisíce lidí – soukromé univerzity například mají celá oddělení zabývající se získáváním peněz, a jedna z hlavních rolí univerzitních prezidentů je právě zajišťování přísunu financí. Několikrát jsem byla v Nadačním středisku (Foundation Center) na Páté avenue v New Yorku, kde člověk najde informace o stovkách nadací – je tam spousta objemných adresářů a zaměstnanci vám ochotně poradí, kde co hledat. V knížkách na toto téma se často píše, že ve Spojených státech jsou pořád k dispozici miliony a miliony dolarů, jen je člověk musí umět objevit. Platí ovšem také pravidlo, že získávání financí stojí spousty peněz a času, takže předpokladem efektivního získávání peněz je to, že nějaké peníze nejdřív musíte mít – začínat od nuly, jako začínala naše nadace, je nesmírně obtížné. Přesto se nám podařilo dostat finanční prostředky od několika velkých nadací, nejvíc od Mellonovy nadace, pár tisíc dolarů jsme také obdrželi od americké vlády a finančně nás podpořili například i Miloš Forman a Paul Newman. Menší obnosy jsme dostávali od mnoha dalších. Pro mě to byl zcela výjimečný zážitek, ale srovnatelná činnost, ve větším či menším měřítku, probíhá v Americe všude a pořád. Spolupracovali jsme například se zavedenější nadací Sabre (Sabre Foundation) se sídlem v Bostonu, která mi v mnohém připomínala činnost našeho malého fondu – řada nadšených lidí, spousta dobrovolníků, málo byrokracie, dobrá organizace, slušné výsledky za relativně málo peněz.

Přehledy

Volba prezidenta v Americe

S použitím článku Jany Sehnálkové, „Jak se volí americký prezident“, *Mezinárodní politika, 4/2004.*

Hlavní pravidla pro volbu amerického prezidenta jsou obsažena v druhém článku americké ústavy – prezident je volen zároveň s viceprezidentem každé čtyři roky, musí být americkým občanem narozeným ve Spojených státech, musí být starší než 35 let. Prezidenta a viceprezidenta sice volí občané přímo (na volebních lístcích jsou jména kandidující dvojice), ale formálně volí prezidenta a viceprezidenta sbor volitelů. V roce 1951 vstoupil v platnost 22. ústavní dodatek, který stanovuje, že nikdo nemůže být zvolen prezidentem více než dvakrát. Volební věk se v roce 1971, podle 26. ústavního dodatku, snížil z 21 na 18 let.

Od druhé poloviny 19. století se prezidentské volby konají první úterý po prvním pondělí v listopadu. Voliči se musí před volbami zaregistrovat, obvykle v místě bydliště (ale například studenti mohou volit i v místě, kde studují). Američtí občané, kteří se v době konání prezidentských voleb nacházejí mimo území Spojených států, mohou volit korespondenčně, ale nejdřív se také musí zaregistrovat v tom americkém státu, kde volili naposled anebo kde naposled bydleli. Od poloviny devatenáctého století byli všichni američtí prezidenti buď demokraté, nebo republikáni. V řadě případů se sice voleb účastnili kandidáti jiných stran nebo nezávislí, ale ti představovali spíš jen jakési volební rozptýlení, nikdy ne vážné narušení dvoustranického systému.

Druhý článek ústavy i dodatky jsou velmi krátké, zato konkrétní průběh prezidentské kampaně je komplexní, protože pravidla výběru kandidátů, vysílání delegátů na stranické sjezdy a shromáždění, i pravidla výběru volitelů jsou v každém státě trochu jiná. Následující shrnutí nastiňuje tedy jen základní obrysy tohoto složitého dění.

Prezident, který usiluje o znovuzvolení, má snazší práci – nemusí se ucházet o nominaci své strany. Oficiálně je sice svou stranou nominován na kandidáta až teprve na celonárodním stranickém sjezdu, v létě před listopadovými volbami, ale předvolební kampaň vede už dlouho předtím.

Uchází-li se někdo o funkci prezidenta Spojených států poprvé, musí nejdříve získat nominaci své strany. Tento proces výběru kandidáta probíhá na státní úrovni ve dvou základních formách. V některých státech je kandidát vybírán v primárních volbách (primárkách neboli primaries), v jiných státech na stranických schůzích (caucuses). Pravidla jak primárek, tak stranických schůzí jsou jiná v každém státě. Proces výběru kandidátů trvá několik měsíců, dokud jeden z uchazečů nezíská nad ostatními vrch.

Kandidáti třetích stran nebo nezávislí se do prezidentského klání obvykle zapojí tak, že předloží příslušnému státnímu úřadu petici s předepsaným počtem podpisů registrovaných voličů. Pravidla se liší stát od státu.

Na základě primárek a stranických shromáždění je v každém státě postupně sestavena delegace, která bude stát zastupovat na celonárodním jmenovacím sjezdu. Počet delegátů je určen počtem obyvatel státu, počtem registrovaných voličů té které strany, volebním výsledkem v minulých volbách a dalšími faktory. Na celonárodní jmenovací sjezd strany, jejíž stávající prezident se uchází o znovuzvolení, je počet delegátů vybírán podobným způsobem, i když kandidát je předem daný. Každého celonárodního nominačního sjezdu se účastní kolem 4000 delegátů.

Sjezdy neboli konvence jsou hlavní letní událostí volebních roků, i když na nich nedochází k žádnému překvapení. Mají trochu cirkusovou atmosféru, ale to mají Američané obecně rádi. Hlavním bodem bývá řeč, v níž nějaký zasloužilý demokrat či republikán formálně navrhne nominaci dávno předem vybraného kandidáta. Jeden z nejlepších politických projevů, které jsem kdy slyšela, byla řeč newyorského guvernéra Maria Cuoma, když v roce 1984 nominoval na prezidentského kandidáta Waltera Mondala (kterého však porazil Ronald Reagan).

Po sjezdech začíná poslední kolo, v němž už jde do tuhého. V roce 1960 se konala první prezidentská televizní debata, mezi Kennedym a Nixonem, pak ve třech volbách se debaty nekonaly, ale od roku 1976 jsou tato televizní představení pravidelnou součástí kampaně. Jsou-li šance soupeřů vyrovnané, může o výsledku voleb rozhodnout nějaký nepředvídaný vývoj v září nebo v říjnu.

Při vlastních volbách dostanou sice voliči volební lístky se jmény prezidentských kandidátů, ale formálně volí volitele (electors), kteří přislíbili svou podporu té či oné dvojici kandidátů. Volitelé jsou vybíráni ze zasloužilých stranických aktivistů a každý stát má tolik volitelů, kolik má dohromady reprezentantů a senátorů. Hlavní město Washington, které v Kongresu nemá ani reprezentanty, ani senátory, má tři volitele. Souhrnný počet sboru volitelů se tedy rovná počtu členů amerického Kongresu plus tři za Washington, D.C., to jest 538. Úspěšný kandidát musí získat minimálně 270 volitelských hlasů. Ve volbách platí většinový systém, takže když v lidovém hlasování získá kandidát A v jednotlivém státě o jeden hlas víc než kandidát B, všichni volitelé v tomto státě volí kandidáta A.

Tento systém vede k tomu, že někdy se může stát prezidentem i kandidát, který v lidovém hlasování získal méně hlasů než jeho soupeř. Když například kandidát A vyhraje v Kalifornii, se zhruba

10 miliony voličů, rozdílem 1000 hlasů, a prohraje v Delaware a v Jižní Dakotě, v obou případech se 300 000 voliči, také rozdílem 1000 hlasů, vyhraje kandidát A volby (protože Kalifornie má mnohem více volitelů), přestože kandidát B dostane víc hlasů ve všeobecném hlasování. K tomuto výsledku došlo několikrát v devatenáctém století a jednou ve století dvacátém, totiž v roce 2000, kdy pro George W. Bushe hlasovalo celkem 50 459 211 voličů, zatímco pro Al Gora hlasovalo 51 003 894 voličů. Al Gore tedy dostal o 544 683 hlasů víc než jeho soupeř, ale protože George W. Bush získal 271 volitelských hlasů, stal se prezidentem on.

Přestože výsledek prezidentských voleb je známý už ve volební úterý, formální volba pokračuje tím, že volitelé každého státu se sejdou první pondělí po druhém úterý v prosinci v hlavním městě státu a formálně zvolí prezidenta, respektujíce výsledky všeobecných voleb. Tuto volbu potom v zalepené obálce zašlou prezidentovi amerického Senátu, který 6. ledna následujícího roku otevře všech 50 obálek při společném zasedání obou komor amerického Kongresu. Tím je americký prezident definitivně zvolen.

Imigrace do USA

Zdroj: *The World Almanach and Book of Facts 2004*

Procento obyvatel USA narozených mimo USA

1900	13,6
1910	14,7
1920	13,2
1930	11,6
1940	8,8
1950	6,9
1960	5,4
1970	4,7
1980	6,2
1990	8,0
2000	10,4
2002	11,5

Rodné země obyvatel USA narozených mimo USA

1920	Německo	12,1 %
	Itálie	11,6
	Sovětský svaz	10,1
	Polsko	8,2
	Kanada	8,2
	Velká Británie	8,2
	Irsko	7,5
	Švédsko	4,5
1960	Itálie	12,9 %
	Německo	10,2
	Kanada	9,8
	Velká Británie	7,9
	Polsko	7,7
	Sovětský svaz	7,1
	Mexiko	5,9
	Irsko	3,5
2000	Mexiko	27,6 %
	Filipíny	4,3
	Čína a Hongkong	3,8
	Indie	3,5
	Kuba	3,4
	Vietnam	3,0
	El Salvador	2,7
	Jižní Korea	2,5

ÚNOR
2004

Události

1. února

Při dvou sebevražedných teroristických útocích v Irbílu v Kurdistánu, na severu Iráku, je zabito přes 100 lidí.

V Houstonu v Texasu se koná slavné Super Bowl, finále ligy amerického fotbalu, a v přestávce zápasu způsobuje zpěvačka Janet Jackson skandál, protože odhaluje své pravé ňadro.

3. února

Super úterý (primární volby v sedmi státech). John Kerry vítězí ve státech Arizona, Delaware, Severní Dakota, Nové Mexiko a Missouri, John Edwards v Jižní Karolíně, Wesley Clark v Oklahomě. Joe Lieberman kampaň opouští.

6. února

Richard Gephardt vyjadřuje podporu Johnu Kerrymu.

Prezident Bush jmenuje nezávislou komisi, aby vyšetřila práci zpravodajských služeb před válkou v Iráku.

7. února

John Kerry vítězí v primárkách ve státech Washington a Michigan.

8. února

John Kerry vítězí v primárkách ve státě Maine.

Interview s prezidentem Bushem na televizní stanici NBC.

10. února

John Kerry vyhrává ve státech Virginia a Tennessee. Wesley Clark vzdává kampaň.

Bomby v městě Iskandarija jižně od Bagdádu a v Bagdádu samém zabíjejí 10. a 11. února 80 Iráčanů.

12. února

Radnice v San Francisku vydává první povolení k sňatku mezi homosexuály a lesbičkami.

14. února

John Kerry vyhrává ve státě Nevada a v hlavním městě Washingtonu, D.C.

17. února

John Kerry vítězí v primárkách ve státě Wisconsin.

18. února

Howard Dean vzdává prezidentskou kampaň.

23. února

Ralph Nader oznamuje svou kandidaturu na prezidenta USA jako nezávislý.

24. února

Prezident Bush oznamuje, že podpoří ústavní dodatek zakazující manželství mezi osobami téhož pohlaví.

Na východním Slovensku začínají Romové rabovat obchody na protest proti snížení sociálních dávek

25. února, Popeleční středa

Česká sněmovna schvaluje misi 120 českých výsadkářů do Afghánistánu, kde se čeští vojáci zapojí do pátrání po teroristech.

V amerických kinech má premiéru film Mela Gibsona *Umučení Krista*.

Komentář

Měsíc začal bizarním incidentem v přestávce slavného fotbalového zápasu známého jako Super Bowl, v němž 72 000 přítomných diváků a asi 150 milionů televizních diváků po celé Americe na několik vteřin spatřilo odhalené ňadro zpěvačky Janet Jackson, sestry Michaela Jacksona. Tento „exhibicionimus“ vyvolal „skandál“, na nímž Evropané kroutili nevěřícně hlavou. Podle mého oblíbeného novináře Franka Riche byl však únorový „hysterický výbuch puritanismu“ především součástí americké kulturní války, která v letošním volebním roce zase každým měsícem nabývá na intenzitě.

Únor potvrdil nástup Johna Kerryho jako demokratického kandidáta na funkci prezidenta Spojených států. Kerry šel od vítězství k vítězství a během měsíce porazil ostatní demokratické uchazeče celkem ve třinácti amerických státech. Navzdory předpovědím o drsném nominačním zápolení byli koncem února demokraté semknutější než kdykoliv v nedávné minulosti. Předseda demokratické strany v Kalifornii, který se pohybuje v politice už déle než pětatřicet let, řekl, že nikdy nezažil tak sjednocenou stranu jako letos. Republikáni z toho radost nemají, doufali, že demokratičtí kandidáti si pěkně vzájemně pocuchají peří, než někoho vyberou.

Podzimní favorit Howard Dean vydržel až do primárek ve Wisconsinu. Když 18. února oznamoval svým příznivcům odstoupení z kampaně, zlomil se mu sice ke konci trochu hlas, ale jinak to byla konstruktivní řeč. Dean slíbil, že přemění svou databázi 318 884 dárců v politickou sílu na vyhoštění prezidenta Bushe z Bílého domu a zvolení demokratů v lokálních volbách. *Opouštíme jednu kolej, ale přecházíme na kolej jinou, která vrátí Ameriku obyčejným lidem. Toto je konec první fáze našeho boje, boj však pokračuje a my v něm půjdeme společně dál.*

Deník *The New York Times* se s Deanem rozloučil v pěkném úvodníku.

Howard Dean se nebál rizika – vynořil se odnikud, daleko vpředu před hlavním proudem demokratické strany, a nesmlouvavě napadl válečnou politiku prezidenta Bushe, zatímco jeho známější rivalové se jen opatrně vykrucovali. Tato jednoznačná kategorická výzva roznítila jeho kampaň a navíc odhalila vášnivou touhu řadových demokratů vyhrát na podzim bitvu o Bílý dům. Málokdy bylo směřování strany tak jasně pozměněno politikem, který pak ale každou další bitvu prohrál.

Dr. Dean, bývalý guvernér Vermontu, se určitě stejně jako my ostatní ptá, zda jeho kampaň nebyla jen jakýmsi zimním přeludem, škádlivým politickým zablesknutím podobajícím se kometě a sužovaným přeřeknutími a úlety – přeludem však především natolik burcujícím, že skoncoval se stranickým ochromením ze zpackaných voleb v roce 2000…

Ti však, kteří dr. Deana v primární kampani přežili, z jeho bojovného vůdcovství nesmírně získali. Dean vnesl do kampaně páteř. A šance svých protivníků nijak nezranil, když včera zakončil svou kampaň ne nářkem ani ne zařváním, ale pozitivní výzvou svým příznivcům, aby zůstali v demokratických řadách jako hnací síla změny.

Koncem měsíce vyjádřil Kerrymu podporu list *The New York Times*. V úvodníku 26. února mimo jiné bylo: *To, co jeho kritikové považují za neschopnost zaujmout jasné, vyhraněné postoje, odráží podle našeho názoru jeho přesvědčení, že život není jednoduchý. Kerry rozumí nuancím a šedým odstínům jak v zahraniční, tak v domácí politice. Pořád sice ještě neumí sypat ze sebe pádné stručné bonmoty, ale nedomníváme se, že by nedokázal jasně definovat zásadní linii. Jeho pohotovost v kampani není možná tak výrazná jako jeho intelektuální schopnosti, ale přitom není vůbec špatný a vylepšuje se.*

Jediný malý stín vrhla na únorovou demokratickou pohodu kandidatura Ralpha Nadera (narozen 1934). Tento právník a ochránce amerických spotřebitelů se poprvé proslavil v roce 1965 knihou *Unsafe at Any Speed* (Nebezpečné za každé rychlosti), v níž napadl výrobce automobilů za to, že vyrábějí vozidla bez dostatečného bezpečnostního vybavení. Naderova kniha a následné veřejné tažení za větší bezpečnost automobilů postupně zachránily tisíce životů. Poté se Nader začal zabývat potravinářským průmyslem, atomovou energií a dalšími oblastmi a inspiroval široké hnutí na ochranu spotřebitelů. Když jsem přijela do Ameriky, toto hnutí se už intenzivně rozjíždělo a pro člověka zvyklého na poměry v komunistickém Československu (kde zákazník byl spíš kmán než pán) to bylo ohromující.

Nader kandidoval v prezidentských volbách v roce 2000 jako kandidát Strany zelených a celkem získal 2,7 procenta hlasů – což mu dodatečně demokraté vyčítali, protože tyto hlasy většinou ubral Gorovi. Ve dvou státech, New Hampshire a Floridě, zvítězil Bush nad Gorem velmi malým počtem hlasů, v New Hampshire byl rozdíl 7211 hlasů, přičemž v tomto státě hlasovalo pro Nadera více než 22 000 voličů. Na Floridě byl rozdíl ještě menší, 537 hlasů, přičemž Nadera volilo téměř 100 000 Floriďanů. Al Sharpton, současný černošský kandidát, poskytl v roce 2000 Ralphu Naderovi platformu ve svém působišti v Harlemu, ale když teď Nader oznámil kandidaturu, řekl Sharpton, že je to buď extrémní egocentrik, anebo si ho najal Bush.

V prezidentských volbách v roce 2000 však byla docela jiná situace. Na mezinárodní scéně byl celkem klid, ve federální kase byly přebytky, tehdy jako by moc nezáleželo na tom, kdo se nakonec dostane do Bílého domu – a v takové situaci voliči někdy hlasují pro třetího kandidáta, aby vyslali jakýsi protestní signál. Albert Gore se i mnoha demokratům zdál až moc kožený a nekonsistentní, a přestože George W. plácal spousty nesmyslů, jinak se jevil jako celkem sympatický chlapík, který si s každým dobře porozumí a který Ameriku po jedovatém tažení proti prezidentu Clintonovi sjednotí svým „soucitným konzervatismem". Tehdy jsem byla dost pohlcena velkým knižním projektem v Praze a dění v Americe jsem sledovala vesměs jen prostřednictvím českého tisku, ale konečné vítězství Bushe jr. (jehož jsem nevolila) po patovém zádrhelu se sčítáním hlasů jsem uvítala, zdálo se mi tehdy, že on bude pro rozdělenou Ameriku lepší než Gore. To nebyl dobrý odhad.

Republikánům se únor nevydařil. Téma zbraní hromadného ničení, které byly jedním ze dvou hlavních proklamovaných důvodů tažení do Iráku, ale stále se po nich nenašla ani stopa, nemizelo z prvních stránek novin a z předního místa televizních zpravodajství. Zbraně hromadného ničení (Weapons of Mass Destruction, WMD) se tak proměnily v jakousi hlavní veřejnou záhadu a prezident Bush byl v důsledku tlaků ze všech stran víceméně přinucen ustavit komisi, která by práci zpravodajských služeb před válkou v Iráku důkladně vyšetřila. V pátek 6. února odpoledne se prezident objevil v tiskovém centru v Bílém domě, vypadal dosti nesvůj, a v krátkém pětiminutovém sdělení oznámil utvoření komise, představil její členy, připustil, že *některé zpravodajské odhady Spojených států a dalších zemí o zásobách zbraní v Iráku se nepotvrdily*, a pak rychle odešel, aniž by odpověděl na jedinou otázku.

Dva dny nato se prezident objevil na televizním kanálu NBC, v hodinovém pořadu *Setkání s tiskem* (*Meet the Press*), kde v interview natočeném v Oválné kanceláři odpovídal na otázky Tima Russerta. Jeden nejmenovaný prominentní republikán označil interview za „kolosální neúspěch", protože prezident nedokázal konsistentně a důrazně obhájit svou strategii a taktiku boje proti terorismu. Naznačoval sice, že Američané prostě před bojem necouvají, ale to se mnoha kritikům zdálo nedostačující. Svým poněkud kostrbatým stylem řekl: *Podle mého názoru, když Spojené státy řeknou, že budou vážné důsledky, a když pak nejsou vážné důsledky, tak to vytváří negativní důsledky.* Připomnělo mi to opakované manželovo tvrzení v týdnech před začátkem tažení na Irák, že se Bush svou protisaddámovskou rétorikou zahnal do kouta (anglicky to je „painted himself into a corner", což doslova znamená „zamaloval se do rohu"), takže mu opravdu nezbývá nic jiného než zaútočit. V rozhovoru George Bush také implicitně potvrdil svůj postoj, že v nebezpečném světě je nejdůležitější rozhodně jednat a detaily se můžou nechat na později.

Kromě iráckého problému čelil prezident ještě obviněním, že se coby mladík poněkud flákal, když místo ve Vietnamu sloužil začátkem sedmdesátých let v Národní gardě v Alabamě. Je obecně známo, že mladý George W. nebyl zrovna vzorem cílevědomého pracovitého člověka, a tak by nebylo divu, kdyby i tuhle službu trochu odbýval. Bílý dům však zveřejnil záznamy výplat v inkriminované době a problém se z hledáčku médií postupně vytratil.

Situace v Iráku se přiostřila, teroristické útoky začaly 1. února v Kurdistánu, pak došlo k dalším útokům poblíž Bagdádu. Hlavním terčem byli iráčtí policisté a obecně Iráčané spolupracující s Američany. Pokračující násilí zintenzivnilo protiamerickou náladu mezi obyvatelskem a někteří lidé dokonce vinili z útoků samy Američany, i když útočili teroristé. Mezitím ve Washingtonu pokračovala debata o plánovaném předání moci do iráckých rukou 30. června. Generální tajemník Spojených národů Kofi Annan potvrdil, na základě mise OSN do Iráku, že je nemyslitelné, aby se v Iráku konaly 30. června volby. Koncem února bylo už Bílému domu jasné, že spolupráce s OSN bude pro řešení situace v Iráku nepostradatelná.

Témata

Homosexuálové a lesbičky

12. února
Radnice v San Francisku vydává první povolení
k sňatku mezi osobami stejného pohlaví.

Sňatky mezi osobami téhož pohlaví jsou jedním z důležitých témat prezidentské volební kampaně roku 2004, i když je to v jistém smyslu uměle zdůrazňovaný problém, na kterém bazíruje hlavně extrémní pravice – většina Američanů je vůči homosexuálům čím dál tím tolerantnější, a téměř polovina lidí ve věku od 18 do 29 let nemá s manželstvím mezi homosexuály a lesbičkami žádný problém. V téže věkové skupině podporuje občanské svazky mezi těmito lidmi zhruba 30 procent.

Jeden můj známý Čechoameričan mě varoval, že „ty právní, ústavní komplikace s homosexuálními manželstvími přece nenapěchujete do krátké kapitolky". Přesto se o to pokusím, i když následující stránky nepředstavují žádné akademické vyčerpávající pojednání, nýbrž jen nastínění hlavních obrysů problému, s nímž se dnes potýká nejen Amerika, ale i celá řada evropských zemí.

Za mých časů ve Spojených státech se o soužití homosexuálních a lesbických dvojic ještě tolik nediskutovalo. V sedmdesátých letech totiž začali teprve homosexuálové veřejně mluvit o své sexuální orientaci neboli „vycházet ze skříní" (come out of the closet). V Princetonské univerzitní knihovně a v různých nakladatelstvích jsem poznala dost homosexuálů i lesbiček, ale to byla většinou generace, která svoje sexuální záležitosti pokládala za čistě soukromé a neměla potřebu zveřejňovat je. V knihovně Princetonské univerzity byl asi rok mým nadřízeným postarší distinguovaný pán, jehož určitě nikdy nenapadlo „vyjít ze skříně". Když jsem o pár let později začala pracovat jako externí redaktorka pro slavné nakladatelství Scribners, brzy jsem zjistila, že polovina redakce referenční literatury, včetně vedoucího, jsou homosexuálové, od „mého“ redaktora Davida (jehož jsem se nic netušíc jednou zeptala, jestli je ženatý) až po černovlasého krasavce středomořského italského typu Michaela, kterého naprosto uchvátila krása Prahy a který pak koncem osmdesátých let zemřel na AIDS.

Epidemie AIDS homosexuální komunitu sjednotila a ještě víc zviditelnila. Když v roce 1986 zemřel v devětapadesáti letech na tuto nemoc slavný hollywoodský milovník padesátých let Rock Hudson, byl to pro Ameriku šok – o jeho homosexualitě veřejnost neměla tušení. Podle jednoho průzkumu veřejného mínění tehdy jen pouhá čtvrtina lidí znala osobně nějakého gaye nebo lesbičku. Hudsonova smrt přispěla k širokému povědomí o tom, jak hrozná nemoc AIDS vlastně je. Epidemie na jednu stranu vyprovokovala nenávistné útoky extrémní pravice, pro niž je AIDS prokazatelným trestem božím za hřích homosexuality, ale na druhou stranu jasně demonstrovala, jak jsou homosexuálům stále upírána některá základní lidská práva – například když jeden z partnerů onemocněl AIDS, jeho druha k němu často vůbec nepustili.

Veřejné akceptování homosexuality, zvlášť u mladších generací, se v posledních desetiletích výrazně zvýšilo. Když v roce 1993 přišel do kin film *Filadelfie* (*Philadelphia*), jehož hlavní hrdina, kterého hrál Tom Hanks, onemocní AIDS, jen několik málo amerických společností poskytovalo homosexuálním dvojicím „rodinné“ zdravotní pojištění (jako jsem měla například já, pracující „na volné noze“, u manželova podniku). Dnes je tato praxe naprosto běžná a i takový kapitalistický gigant, jako je Wal-Mart, jehož vedení rozhodně nepatří mezi liberálně nebo dokonce levicově smýšlející část americké společnosti, nabízí homosexuálním dvojicím „partnerské“ pojištění.

Než jsem v průběhu roku 2004 přečetla desítky článků na toto téma, klonila jsem se k názoru, že manželství by snad opravdu mělo zůstat jen jako svazek muže a ženy a že by se soužití gayů a lesbiček mělo nazývat nějak jinak, partnerství, občanský svazek nebo podobně. Teď si však nejsem jistá. Uvádím výňatky z článků dvou profesorů, z nichž jeden manželství mezi gayi a lesbičkami podporuje, a druhý odmítá – oba jsou ale ve svých argumentech velice uvážliví a jejich názory stojí za přemýšlení.

Nathaniel Frank, profesor historie na New School University v New Yorku, se v článku z 29. února pro *NYT* rozepsal o společenském významu manželství a svou úvahu uvedl tím, že odpůrci manželství mezi homosexuály často argumentují, že tyto nepřirozené svazky by podkopaly tradiční heterosexuální manželství, aniž by však vysvětlili, v čem toto podkopávání spočívá. Dále píše:

Hlavní důvod, proč se manželství obecně pokládá za dobré pro společnost, spočívá v tom, že závazné vztahy pomáhají jednotlivcům, aby vytvořili stabilní domácnosti a rodiny. Manželství v tom hraje důležitou roli, protože vytváří kolektivní pravidla chování, která posilují odpovědnost vůči manželce či manželovi a vůči dětem.

Právě proto je toto označení tak důležité. Síla slova „manželství“ spočívá v jeho symbolické moci posílit monogamii a stabilitu ve chvílích pokušení. Existuje tedy jakási obecná víra, že když se lidé zaslíbili jeden druhému před příbuznými a přáteli, dvakrát si to rozmyslí, než toto zaslíbení poruší. Toto sdílené chápání manželství hraje tedy klíčovou roli ve zdárném fungování mnoha jednotlivých svazků.

Ale právě toto široce sdílené chápání manželství způsobuje obavy mnoha Američanů, že legalizace homosexuálních manželství by oslabila manželství mezi heterosexuály. Kdyby totiž tuto instituci sdíleli heterosexuálové s dvojicemi, jejichž spojení nedůvěřují anebo si ho neváží, mají strach, že by posvátnost jejich vlastních svazků byla ohrožena.

Nejde ani tolik o to, že by jednotlivé heterosexuální dvojice byly ohroženy homosexuálním manželstvím, ale že by byla podkopána kolektivní pravidla definující manželství. Místo aby tedy nadále považovali lidé manželství za obecný společenský svazek, který zasluhuje úcty, začali by porušení svých manželských slibů pokládat pouze za něco, co urazí jen jejich partnera, nikoli celou společnost. Když budou vědět, že jejich přátelé a sousedi už nechápou manželství za posvátné, bude pro ně snadnější manželskou věrnost porušovat...

A co gayové a lesbičky? I když manželství není univerzální občanské právo, je to společenská instituce, na níž by se měli gayové a lesbičky také podílet. Nejlepší argument pro manželství mezi osobami téhož pohlaví je ten, že i v tomto případě plní tutéž společenskou funkci jako v tradičních manželstvích.

Je pošetilé tvrdit, že rozšíření definice manželství nebude mít na instituci manželství žádný vliv; samozřejmě že bude mít. Ale žádná zobecnění o povaze a trvalosti svazků mezi osobami téhož pohlaví neospravedlňuje zákaz těchto svazků. Koneckonců, společnost také neupírá manželská práva rozvedeným lidem, neplodným či impotentním lidem, pokud ovšem jsou heterosexuální. Nabízíme toto právo proto, že společnost se obecně snaží povzbudit co možná nejvíc lidí k tomu, aby žili stabilní a produktivní život. Manželství, ať mezi mužem a ženou či mezi osobami téhož pohlaví, společnosti pomáhá tohoto cíle dosáhnout.

O deset dní později, 9. března 2004, se v *NYT* na téma homosexuálního manželství rozepsali profesor Don Browning z Chicagské univerzity a Elizabeth Marquandt z Institute for American Values. Podle nich měla historicky instituce manželství, chápaného jak sekulárně, tak nábožensky, komplexní cíle: „sexuální život, plození, vzájemnou pomoc a náklonnost, rodičovskou péči a odpovědnost." Autoři dále pokračují:

Legalizace manželství mezi osobami téhož pohlaví neznamená pouze rozšíření staré instituce na novou skupinu lidí. Mění to definici manželství a redukuje je na primárně sexuální vztah osob, které se mají rády a které vyjadřují odhodlání ve vztahu setrvat. Tento užší pohled na manželství pak dostává stejnou kulturní, zákonnou a veřejnou podporu jako tradiční manželství, jehož cílem však bylo podpořit a usměrnit komplexnější soubor cílů a motivací...

Spíše než nabídnout status a privilegia tradičního manželství dvojicím téhož pohlaví a potom postupně dalším citovým vztahům, jak by to brzy vyžadovala logika, by měla společnost najít alternativní způsoby, jak vyhovět potřebám nejen dvojic téhož pohlaví, ale i například přátelům či příbuzným, kteří spolu žijí a jsou na sobě vzájemně závislí. Měly by se poskytnout daňové úlevy, možnost legálních adopcí, právo na sociální dávky a další a další zákonné výhody, aby těmto potřebám bylo vyhověno – ale není třeba nazývat tyto svazky manželství.

Řada komentátorů však upozorňuje na to, že i když už dnes homosexuální dvojice mnohá práva získaly, ještě pořád jsou velice znevýhodněny. Frank Rich napsal v *NYT* 29. února: … *dvojicím homosexuálů jsou stále upírány stovky federálních výhod poskytovaných manželům, od práva na vdovský či vdovecký důchod po nárok partnera z ciziny na zelenou kartu… A proto v této zemi založené na principu rovnosti zůstane manželství, ať už má toto slovo jakýkoliv další význam v duchovním či náboženském slova smyslu, naléhavým konstitučním problémem. Ostatně, kdyby bylo manželské zákonodárství vytesáno do kamene, manželství partnerů stejné rasy by stále ještě bylo jediným legálním druhem.*

Paralely mezi legislativou zakazující mezirasová manželství a zákony nepovolující manželství osob téhož pohlaví se nabízejí téměř samy. V prosinci roku 1912 například navrhl kongresman Seaborn Roddenberry za stát Georgii ústavní dodatek, který by zakotvil svátost manželství tak, že by navždy zakázal sňatky mezi černochy a barevnými s bělochy. Kongresman byl totiž pobouřen tím, že některé státy dovolují tato „odpudivá a odporná" manželství, a varoval: *Když dovolíte, aby tyto způsoby pokračovaly, jednoho dne, možná vzdáleného, se pak budete ptát, jestli církevní požehnání manželství na severu je spojení dvou potomků našich anglosaských otců a matek anebo jestli jde o potomky smíšené krve pocházející z orangutanů, kteří běhají po březích daleké Afriky.* (Se zoologií byl pan Roddenberry trochu na štíru, protože orangutani žijí pouze v Asii.)

Zákony zakazující mezirasová manželství platily až do šedesátých let 20. století(!) v šestnácti amerických státech. Na základě virginského zákona o rasové integritě bylo takto odsouzeno jedno rasově smíšené manželství, přičemž se odsuzující soudce vyjádřil následovně: *Všemohoucí Bůh stvořil bílou, černou, žlutou, malajskou a rudou rasu a umístil je na různé kontinenty. Kdyby se do tohoto uspořádání nezasahovalo, nebyl by pro mezirasová manželství důvod. To, že Bůh rasy oddělil, jen dokazuje, že nechtěl, aby se míchaly.* Případ se dostal k Nejvyššímu soudu a ten v roce 1967 rozhodl, že zákony zakazující mezirasové manželství odporují americké ústavě. Od té doby množství mezirasových manželství prudce vzrostlo, jen jich sice velmi málo, ale už obecně nevzbuzují pohoršení.

Dnešní nejhlasitější odpůrci manželství mezi osobami téhož pohlaví často argumentují tím, že tento krok by logicky vedl k legalizaci incestu, polygamie a všech možných jiných zvráceností (neboli „prasečinek", jak by řekl jeden český poslanec). Republikánský senátor z Pensylvánie Rick Santorum prohlásil v jednom rozhovoru pro agenturu The Associated Press na jaře 2003: *A když Nejvyšší soud řekne, že ve svém soukromí máte právo na konsenzuální homosexuální styk, pak máte také právo na bigamii, máte právo na polygamii, máte právo na incest, máte právo na cizoložství. Máte právo na všechno.* Tito „sociální konzervativci" začali už v roce 2003 vyvíjet na prezidenta Bushe nátlak, aby podpořil návrh ústavního dodatku definujícího manželství pouze jako svazek muže a ženy, a události volebního roku 2004 – únorové homosexuální sňatky v Kalifornii a květnová legalizace homosexuálních sňatků v Massachusetts – jejich odhodlání jen posílily. Jenomže obecná podpora takového ústavního dodatku je mizivá, a to i na pravé straně politického spektra.

Hlavní důvody nepopularity tohoto kroku jsou tři.

Za prvé, americká ústava a jejích 27 dodatků jsou pro většinu Američanů téměř posvátné texty, s nimiž se zachází s úctou a ne lehkomyslně, v nějakém konkrétním politickém zájmu. Schvalování ústavních dodatků je navíc složitý a dlouhý proces, který často trvá léta.

Za druhé, všechny ústavní dodatky dosud práva rozšiřovaly, a tento by je omezoval. To se Američanům všech možných přesvědčení nelíbí – takže i mnozí odpůrci homosexuálních manželství (většina republikánů, ale i například John Kerry a John Edwards) jsou zároveň proti dodatku.

Za třetí, legislativa týkající se manželství je ve Spojených státech v pravomoci jednotlivých států, kdežto ústavní dodatek vymezující manželství by pak celou tuto velkou oblast přesunul do sféry federální, a to se taky nelíbí.

O pár měsíců později se ukáže, že ani mnozí republikáni v Senátu nejsou tomuto kroku nakloněni – 14. července 2004 totiž Senát odmítne ústavní dodatek, který by explicitně zakázal manželství mezi osobami téhož pohlaví.

Na závěr ještě jeden aspekt manželství mezi osobami téhož pohlaví, o kterém se prakticky nikdo nezmiňuje – totiž homosexuální rozvod. K této situaci už skutečně došlo, v kanadské provincii Ontario, kde se v červnu 2003 konal sňatek dvou lesbiček (oženily se spolu? provdaly se za sebe? čeština má s touto novotou i lingvistické potíže), které spolu předtím léta žily – některé zdroje uvádějí pět let, jiné deset. Byl to první sňatek osob téhož pohlaví v severní Americe, ale pět dní po ceremonii se svazek rozpadl a ženy (známé jen iniciálami) zažádaly o rozvod. Rozvod byl definitivně potvrzen začátkem září 2004, zřejmě první rozvod osob téhož pohlaví. Budou zde platit stejná pravidla jako u rozvodů heterosexuálních, nebo to bude trochu jiné?

Rasismus

24. února
Na východním Slovensku
začínají Romové rabovat obchody.

Když jsem koncem února viděla na televizních obrazovkách rabující slovenské Romy, připomnělo mi to všeobecné rabování v New

Yorku v červenci 1977, kdy téměř v celé metropolitní oblasti vypadl elektrický proud. Černoši v newyorském Harlemu se tehdy masově vrhli do obchodů a začali vynášet všechno možné, od jídla přes nábytek až po elektroniku, a vůbec jim nevadilo, že je ze všech stran filmovaly televizní štáby. Zdálo se, že tam panuje téměř karnevalová atmosféra (ta trochu pohasla v následných dnech, protože 3700 lidí bylo zatčeno). Slovenské romské děti taky měly z rabování legraci, mávaly a smály se do televizních kamer a vypadaly spokojeně.

Mezi českou (a slovenskou) romskou menšinou a americkými černochy existují jisté paralely – Romové i černoši se v mnohém vymykají spořádanosti a pracovitosti bílé většiny, je mezi nimi vyšší kriminalita, jsou často impulzivnější a citovější, což se u obou etnik výrazně projevuje obecnou hudební nadaností. Jsou tu ale také zásadní rozdíly, především v tom, že Romové k nám nebyli zavlečeni a nikdy nebyli otroky (do českých zemí přišli kolem 14. století a pak postupovali dál na západ a ve Francii se jim začalo říkat Bohemius, z čehož později vzniklo slovo „bohém"). Historicky tedy američtí černoši utrpěli od bělochů mnohem víc příkoří, než kdy utrpěli Romové od zdejší většinové populace, ale dnes panuje ve Spojených státech trochu větší rasová shoda než v České republice. Je to však výsledek dlouhého vývoje ve svobodné společnosti, a my jsme teprve na začátku cesty.

Velmi živě si vzpomínám na jeden rozhovor s Emilem Radokem, tvůrcem Laterny magiky, kterého jsem dobře znala z Prahy a s nímž jsme se několikrát v těch prvních letech emigrace sešli, jak v New Yorku, tak u Radoků v Montrealu. Jednou dokonce nás přijel Emil navštívit do našeho malého bytečku v Barrett Gardens, blízko Princetonu, a když jsme obhlíželi naše newjerseyské okolí z balkonu, začali jsme mluvit o amerických černoších a Emil mě překvapil prohlášením, že rasismus je vlastně úplně přirozený normální lidský postoj, je to obava z neznámého, strach z příslušníka jiného kmene, ostražitost před možným nepřítelem. Nikdy předtím jsem takhle rasismus nechápala. Civilizační proces nás však postupně vyprošťuje z kmenových instinktů, a tak se můžeme učit a možná i naučit nebýt rasisty. To však vyžaduje individuální i celospolečenské úsilí.

Od počátku kolonizace Severní Ameriky představovali černoši výjimku z hlavního směřování a hodnotového systému většinové společnosti – prvních 250 let byli otroci a dalších 100 let pak byli občané jasně podřadné kategorie a v jižních státech žili v jakési americké verzi apartheidu. Důraz na úspěch vyplývající z vlastního snažení, individualismus, rovné příležitosti pro všechny, to jako by se černochů až do šedesátých let dvacátého století netýkalo.

Thomas Jefferson, přestože měl na svém sídle v Monticellu mnoho černošských otroků, cítil diskrepanci mezi úvodní větou Prohlášení nezávislosti („všichni lidé jsou stvořeni sobě rovni") a institucí otroctví. I George Washington si byl vědom toho, že otroctví je jedním z nejvážnějších problémů vznikající republiky.

Alexis de Tocqueville viděl budoucnost černochů v Americe dosti pesimisticky, předpokládal, že otroctví bude jednou zrušeno (psal svou knihu v třicátých letech devatenáctého století), ale domníval se, že černoši a běloši zůstanou víceméně nepřátelsky oddělení. Asi by byl překvapen, kdyby zalistoval fotografickým albem současných amerických politiků a viděl, kolik je tam černošských tváří.

Tocqueville nicméně přesně vystihl rozdíl vztahů mezi bělochy a černochy na jihu a na severu – na jihu sice bylo otroctví, ale obě rasy žily blízko vedle sebe a důvěrně se znaly, kdežto na severu otroctví nikdy nebylo, ale propast mezi bílými a černými se zdála nepřekročitelná. Pokud jde o jih, řada studií z poslední doby dokládá, že rasové vztahy na americkém jihu byly mnohem komplexnější než jednoduše černobílé. Například Charleston v Severní Karolíně byl v 19. století městem míšenců, napůl bílý a napůl černý, přičemž černošská polovina v sobě měla víc bílé krve než černé. V městě také byli černošští otrokáři, kteří svými černými otroky pohrdali stejně jako otrokáři bílí. To, že američtí černoši mají spousty bílých předků, je jasně patrné na jejich barvě – když jsme začátkem sedmdesátých let vyjeli na Jamajku, hned na letišti jsme si všimli, jak jsou jamajští černoši proti americkým opravdu černí.

Otroctví bylo zrušeno třináctým ústavním dodatkem z roku 1865, ale trvalo to dalších sto let, než se rozjely snahy o skutečnou a plnou emancipaci černochů, a i když se od šedesátých let změnila Amerika k nepoznání, pořád ještě není dílo dokonáno.

Jedním z důležitých katalyzátorů černošského hnutí za rovná práva z šedesátých let byla druhá světová válka, vedená ve jménu boje s totalitním systémem za demokracii. Už tehdy řada bělochů začala upozorňovat na diskrepanci mezi cíli, za něž Spojené státy bojují v Evropě, Africe i Asii, a nedostatkem demokratických praktik doma v Americe. Mnoho mladých černochů, kteří sloužili v armádě, se později intenzivně zapojilo do hnutí za občanská práva – bylo to logické, stačila jednoduchá úvaha: když byli americké vládě dobří k tomu, aby v boji za demokracii nasazovali po celém světě své životy, mají přece nárok na demokratické zacházení ve své vlastní zemi. Jedním z těchto vojáků byl pozdější manhattanský trestní soudce Bruce Wright, který na jaře 1945 dorazil s generálem Pattonem až do Plzně a pak koncem května v roce 1970 mě oddal na 70. ulici v New Yorku s Ludvíkem Rybáčkem.

Velmi zajímavá úvaha se objevila v roce 1944 v knize švédského ekonoma a pozdějšího nositele Nobelovy ceny Gunnara Myrdala, *The American Dilemma* (*Americké dilema*). Seymour Martin Lipset shrnuje tento argument následujícím způsobem: *[Myrdal] konstatoval, že bílí Američané, včetně většiny Jižanů, podle vlastního mínění věří v americké krédo, přestože ho svým rasistickým jednáním porušují. Z tohoto předpokladu Myrdal usoudil, že pokud se černoši zorganizují, aby ostře hájili svá práva a jasně vyhlásili, že se s nimi zacházelo nečestně, běloši jim ustoupí. Jakmile budou nuceni uznat, že se s černochy nezachází rovnoprávně, budou muset změnit své chování – jinak by se museli vzdát své víry v americké krédo.*

Ve čtyřicátých letech se milion a půl černochů přestěhovalo z jihu na sever, kde nebyli vystaveni tak explicitnímu rasistickému ponižování jako v jižanských státech – mohli se například bez problémů účastnit voleb. Krátce po válce došlo k několika průlomovým změnám. V roce 1947 se v prvoligovém bělošském baseballu, národním americkém sportu, poprvé prosadil černoch – jmenoval se Jackie Robinson (do té doby byly baseballové týmy striktně rasově rozděleny). Následujícího roku desegregoval prezident Harry Truman federální vojenskou i civilní službu. Černoši v jižanských státech se začali víc zajímat o volby – zatímco v roce 1940 jich přišlo k volebním urnám jen 3 procenta, v roce 1950 už to bylo 20 procent. Další faktor v počínající emancipaci amerických černochů byla studená válka. Rétorika na obou stranách železné opony byla od konce čtyřicátých let vyhraněně černobílá a americká vláda označila rasovou diskriminaci za potenciální vážnou nevýhodu, protože „to je voda na mlýn komunistické propagandě".

Jedno z klíčových poválečných rozhodnutí Nejvyššího soudu, ve sporu *Brown vs. Školní správa Topeky* ze 17. května 1954, zakázalo segregaci ve školách. Často se uvádí, že tento výrok nastartoval hnutí za občanská práva, které se pak plně rozvinulo v šedesátých letech, ale ve skutečnosti bylo veřejné mínění v první půli padesátých let už na tento krok „zralé".

Dnes, padesát let po tomto datu, nejsou američtí černoši – kteří teď chtějí být nazývaní Afroameričané – stále ještě plně rovni bělochům, ale jsou jim mnohem rovnější než před půl stoletím. Mezi černochy je víc chudých a míň vzdělaných lidí. Průměrný bělošský týdenní plat je 633 dolarů, zatímco černoši vydělávají jen 509 dolarů (a Hispánci jsou na tom ještě hůř, ti mají jen 444 dolarů týdně). Černoši mají také menší majetek než jejich bílí spoluobčané. Navíc neproběhla hlubší integrace mezi oběma rasami, černoši a běloši vedle sebe žijí vcelku pokojně, ale většinou odděleně. K největšímu rasovému jiskření došlo v poslední době dvakrát, nejdřív v roce 1992, když bílí policisté v Los Angeles ztloukli černocha Rodney Kinga a náhodný svědek to nafilmoval. Tehdy jsem ještě žila v Americe a pamatuji si, jak se videopáska s mlácením přehrávala v televizi pořád a pořád dokola. Soud pak policisty osvobodil, načež vypukly velké nepokoje, části Los Angeles byly vypáleny (poněkud absurdně na tyto bouře doplatili nejvíc korejští obchodníci) a víc než padesát lidí přišlo o život. Černobílé napětí, tentokrát bez průvodního násilí, také demonstrativně vyplulo na povrch při procesu se slavným černošským fotbalistou O. J. Simpsonem, který byl souzen za vraždu své bílé manželky. Přestože si jak černoši, tak běloši většinou mysleli, že Simpson je vinen, dvanáctičlenná porota skládající se převážně z černochů ho na podzim 1995 osvobodila a černoši po celé zemi se kolektivně radovali z toho, že tentokrát se „jejich člověku" podařilo na systém vyzrát – tak jak se to daří spoustě bělochů. Tehdy jsem už žila v Praze, ale moje známá Rosemary mi pak při jarní návštěvě Spojených států následujícího roku líčila tehdejší atmosféru. V univerzitní knihovně, kde pracovala, jsou zaměstnaní lidé všech ras a už léta mezi nimi panují naprosto normální nekonfliktní kolegiální vztahy, ale když porota vynesla nad Simpsonem osvobozující rozsudek „Nevinen" („Not Guilty"), jako by v celé šestipodlažní knihovně najednou mezi bílými a černými vyrostla neprůchodná zeď.

Na druhou stranu však dnes opravdu snaživí mladí černoši mají nesrovnatelně větší šance než předchozí generace. My jsme zažili řadu černošských starostů měst, já jsem znala několik brilantních černošských studentů na Princetonské univerzitě a v našem sousedství žilo asi tucet černošských rodin, které člověk bral zcela „normálně" – měli podobné domy a podobná auta jako běloši, oblékali se podobně, byli vzdělaní. Náš soused na pravé straně domu se jmenoval James Carter a jeho první žena byla černoška, pak se ale rozvedli a James si přivedl vysokou elegantní bělošku, se kterou zplodili dvojčata, a když byly miminkám dva měsíce, přestěhovala se celá rodinka do Kalifornie, protože tam James dostal zajímavou pracovní nabídku. A ještě jedna nedávná statistika: od roku 1983 do roku 2001 se počet černošských milionářů ve Spojených státech zvýšil téměř o 80 procent.

Dva z nejviditelnějších amerických černochů současnosti jsou Condoleezza Rice, Bushova poradkyně pro národní bezpečnost, a Colin Powell, ministr zahraničí. Condoleezzu si dobře pamatuji z jejích dnů na Kalifornské univerzitě (byla tam proboštkou, což je druhá nejvyšší funkce), kdy občas v televizi komentovala rozpadání komunismu, což byl její původní obor. Její mentor byl Josef Korbel, otec Madeleine Albrightové. Byla pronikavě inteligentní, vyjadřovala se precizně, vždycky na mě udělala dobrý dojem. Colin Powell je na veřejném výsluní už déle, vyšlo o něm už víc než dvacet knih, a když v roce 1996 uvažoval o kandidatuře na prezidenta (proti Clintonovi, pak ale vycouval a republikánským kandidátem se stal Robert Dole, kterého Clinton hladce porazil), mnozí si mysleli, že by to mohl být první americký černošský prezident. V jednom interview v roce 2001 (pro týdeník *The New Yorker*) zcela přímočaře komentoval svoje černošství v bílém prostředí: *Za prvé, nikomu svou rasu nestrkám do obličeje, chápeš? Nepřicházím s žádnými stereotypy a nenasazuji si výhružnou vizáž jako někteří černoši. Za druhé, dokážu překonat jakékoli stereotypní vidění nebo výhrady na jejich straně, protože dělám dobrou práci. A za třetí, nejsem zas tak moc černej.*

Náboženství v Americe

25. února, Popeleční středa
V amerických kinech má premiéru
film Mela Gibsona *Umučení Krista.*

Už Tocqueville si všiml, že v Americe „si křesťanské náboženství zachovalo nejvíce opravdové moci nad lidskou duší". Dnes bychom z Tocquevillova tvrzení museli vynechat slovo „křesťanské", protože ve Spojených státech žije také kolem 6 milionů židů a 6 milionů muslimů, 2 až 3 miliony buddhistů, a dále vyznavači hinduismu, sikhové, bahaisté a mnoho dalších. Před několika lety jsme po naší cestě po Skalnatých horách zajeli na dva dny k jezeru Powell na hranicích Utahu a Arizony, a když jsme v městečku Page hledali motel, dostali jsme se do hlavní „kostelní" ulice, kde jsem napočítala přes patnáct kostelů, synagog a jiných náboženských stánků (mešita tam nebyla). Page je jedno z nejmladších amerických měst, vzniklo při budování přehrady v padesátých letech, ale dnes tam žije 7000 lidí, takže to je míň než 500 lidí na jedno náboženské shromaždiště.

Následující text se především soustřeďuje na křesťanské církve a je zakončen krátkým dovětkem o amerických muslimech. O amerických židech pojednává téma v kapitole BŘEZEN 2004. Buddhisté a vyznavači dalších náboženství nehrají v celoamerickém měřítku větší společenskou roli, a proto je pomíjím.

Obecně platí, že s pokračujícím hospodářským rozvojem náboženské cítění upadá, ale Spojené státy se tomuto pravidlu výrazně vymykají. Podle četných studií a dokladů je dnes dokonce náboženské povědomí v Americe mnohem silnější, než bylo v devatenáctém století. Seymour Martin Lipset píše v kapitole „Světské a náboženské sektářství": *V kontrastu s celou západní Evropou přisuzují Američané větší význam náboženství v osobním životě. Skoro čtyři pětiny dotázaných Američanů udávají, že náboženství v jejich životě hraje velmi významnou anebo poměrně významnou roli, zatímco mezi Evropany (Němci, Francouzi, Brity, Italy, Rakušany a Nizozemci) podobně odpoví jen 45 % respondentů.* V Česku je to číslo ještě mnohem nižší. Dost mě zarazilo, když jsem se nedávno dočetla, že jen necelá třetina lidí v této zemi ví, že Velikonoce jsou nejdůležitějším křesťanským svátkem, který připomíná ukřižování a zmrtvýchvstání Ježíše Krista. Evropané, a Češi zvlášť, se americkému náboženství vysmívají a většinou si zřejmě myslí, že všechno lidské jednání je stejně hnáno přízemními, materiálními pohnutkami – což ovšem především odráží jejich vlastní hodnotové stupnice.

V téže kapitole Lipset dále píše: *Američané jsou utopičtí moralisté a vynakládají značnou energii na institucionalizaci ctnosti, zničení jedinců propadlých zlu a odstranění zkažených institucí či praktik. Většina respondentů dokonce prohlašuje, že Bůh představuje vůdčí mravní sílu americké demokracie. Obyvatelé Spojených států mají sklon pohlížet na společenská a politická dramata jako na středověké morality, bitvy mezi Bohem a ďáblem, v nichž je kompromis takřka vyloučený. Ve shodě se svými sektářskými kořeny si Američané dodnes uchovávají silnější povědomí o absolutních mravních kritériích, než je tomu u Evropanů nebo Kanaďanů.*

Podle Lipseta je nejdůležitějším znakem amerického náboženského života sektářství, což znamená, že církve typicky nejsou hierarchické, že je v nich víc prostoru pro osobní iniciativu, víc rovnostářství. Hierarchická je katolická církev, a potom také do značné míry mormoni a svědkové Jehovovi, ale jinak jsou církve vesměs rozdrobené do tisíců menších, více či méně autonomních kongregací. V Americe malých měst a venkova jsou místní kostely stále středem téměř veškerého dění. Není proto divu, že náboženství je těsně propojeno s politikou, která ostatně začíná na lokální úrovni. Politikové se běžně dovolávají Boha, až to občas Evropanům připadá, že si snad s Pánem Bohem tykají. Říká se, že dosud se americkým prezidentem nemůže stát ani černoch, ani žena nebo třeba žid – ale všechny tyto tři eventuality mi připadají možnější (řekla bych, že se minimálně jedné z nich ještě dožiju), než aby se prezidentem stal člověk, který se jasně prohlásí za ateistu.

V průběhu historie Spojených států byla náboženská víra hnací silou mnoha klíčových společenských posunů, od zrušení otroctví přes volební právo žen až po úsilí o dosažení plných občanských práv pro všechny menšiny. Přestože však náboženství hraje v americké společnosti jednu z ústředních rolí, existuje naprostá odluka církve od státu, kterou si všichni velmi pečlivě hlídají. Když se v červnu 2004 pokusili republikáni zapojit do prezidentské kampaně „přátelsky nakloněné kongregace“ v Pensylvánii, strhl se okamžitě velký povyk a státní berní úřad dokonce pohrozil, že budou-li se kongregace explicitně podílet na volební kampani, mohou ztratit svůj nárok na osvobození od daní. Podle právních expertů mohou církve podporovat registraci voličů a jednotliví členové církve mohou přesvědčovat své souvěrce, aby volili toho či onoho kandidáta, avšak církev jako instituce se nesmí do žádné předvolební kampaně nijak zapojit, například ani nesmí nikde vystavit či nabízet volební tiskoviny jednotlivých kandidátů.

Příznačné je, že v klíčovém dokumentu Ameriky, v americké ústavě, není o Bohu ani zmínka. Tvůrci tohoto textu přitom pocházeli z prostředí, v němž bylo náboženství důležité, ale zároveň byli coby odchovanci osvícenství vášnivě přesvědčeni o tom, že lidé mají svobodu hlásit se k náboženství podle svého vlastního individuálního rozhodnutí, ale že mají zároveň také plné právo náboženství odmítnout. Vláda je tedy věcí pozemskou, jejím jediným, jasně vymezeným cílem je ochraňovat práva lidí zde na zemi. Do duchovní, spirituální sféry lidského života nemá vláda podle amerických „otců zakladatelů" vůbec co mluvit.

V současné Americe věří v Boha téměř 90 procent lidí. Asi 45 procent Američanů – včetně prezidenta Bushe – jsou takzvaně znovuzrození (born-again) evangelíci, to znamená lidé, kteří prošli autentickou náboženskou zkušeností, jejichž víra tedy není jen otázkou zděděných postojů po rodičích. Tito lidé jsou vesměs nábožensky konzervativní a více či méně fundamentalističtí a v politickém spektru představují pravici až extrémní pravici. Patří mezi ně především příslušníci baptistických církví, kterých je patnáct velkých skupin celkem s 30 miliony členů.

Politický a společenský význam náboženské pravice v posledních desetiletích roste, stejně jako její role v politickém životě. Mnozí příslušníci této významné části americké populace jsou ve svých politických názorech velmi vášniví a jejich postoj k liberálům je až nenávistný. Ptala jsem se svých amerických známých, jak si tento postoj vysvětlují, a dostala jsem několik zajímavých odpovědí. Jeden můj dosti vysoce postavený přítel, který žádal o anonymitu, mi napsal: *Náboženská pravice nenávidí liberály, protože si je jista tím, že Bůh nenávidí potraty, homosexuály a sexuální svobodu. Politická pravice nenávidí liberály, protože nenávidí chudé lidi, miluje americkou hegemonii a chce ovládat svět.* Washingtonský historik James Banner to vidí trochu jinak: *Člověk nemusí sympatizovat ani souhlasit s extrémní politickou a náboženskou pravicí, ale jejich názory a reakce jsou projevem toho, jak obtížně se lidé přizpůsobují změně. Historie je plná příkladů nesmiřitelných protikladů v politickém spektru: jakobíni, Bourboni, odpůrci imigrace v Evropě a tak dále. Moderní kultura je silná kyselina: rozežírá všechny staré způsoby a pravdy. Lidé se těžko přizpůsobují změnám a přisuzují důvody změn zlovolnému lidskému působení, které může být zastaveno buď násilím, nebo vírou. A proto má mnoho lidí strach a proto nenávidí síly změny, síly, které označují za „liberální". Tyto síly však nejsou liberální, nemají žádný politický náboj. Jsou to síly změny a modernizace. Vždycky budou lidé – my je nazýváme Pravicí – kteří budou stát proti těmto silám.*

Pro Evropany je jedním z nejbizarnější rysů amerického fundamentalismu odmítání evoluce a hlásání kreacionismu. Tento výklad vzniku světa a života se víceméně striktně drží bible, takže trvá na tom, že Země je maximálně několik tisíc let stará a že živočichové a lidé byli stvořeni Bohem v podstatě v dnešní podobě, tak jak to líčí Genesis. Charles Darwin je pro kreacionisty téměř ztělesněný ďábel.

Spory o evoluční teorii poznamenávají americké školství už skoro sto let. Ve slavném „opičím procesu" z roku 1925 byl obžalován učitel na střední škole v městě Daytonu ve státě Tennessee John Thomas Scopes z toho, že porušuje zákony státu, protože vyučuje evoluční teorii. Scopese obhajoval renomovaný chicagský právník Clarence Darrow, který fundamentalistického žalobce Williama Jenningse Bryana v průběhu soudu krutě zesměšnil. Scopes byl přesto odsouzen, ale rozsudek byl později zrušen. Proces vzbudil obrovskou pozornost a později byl zfilmován pod názvem *Kdo seje vítr* (*Inherit the Wind*) s vynikajícím Spencerem Tracym v hlavní roli.

Přes bezprecedentní vědecký pokrok od doby tohoto procesu (asi 90 procent všech vědců v celé historii lidstva je našimi současníky) však odmítání evoluce na mnoha místech Ameriky trvá dodnes. Kent Hovin, bývalý učitel středoškolské vědy a dnes duchovní kreacionistické sekty, otevřel v roce 2001 na Floridě dinosauří park zvaný Dinosaur Adventure Land (Dobrodružná dinosauří země), kde se návštěvníci dozví, že dinosauři byli stvořeni šestý den po stvoření světa asi před 6000 lety. Ve státě Kentucky vzniká rozsáhlý kreacionistický komplex zvaný Answers in Genesis (Odpovědi v Genesis), který bude dokončen asi v roce 2007 a kde bude muzeum, planetárium, kino promítající takové filmy jako Potopa, a učebny, v nichž budou kreacionisté vysvětlovat vznik světa dětem. V roce 1999 odstranila Školní rada ve státě Kansasu Darwinovu teorii z celostátních školních testů, ale v roce 2001 bylo toto rozhodnutí zrušeno. Začátkem roku 2004 také vzbudily rozruch státní instrukce v Georgii pro střední školy, adaptované z celonárodních vzdělávacích materiálů, z nichž bylo vyškrtnuto slovo „evoluce" a byly odstraněny celé stati týkající se stáří Země a spřízněnosti všech živých organismů.

Někteří sofistikovanější zastánci kreacionismu razí termín *intelligent-design theory* (teorie inteligentního designu), která odmítá primární roli evoluční teorie ve vývoji druhů, ale etablovaný vědecký svět tyto snahy nebere vážně. Jak řekl jeden profesor v Kalifornii: *Taky přece neučíme astrologii místo astronomie anebo čarodějnictví místo medicíny.*

Rostoucí význam náboženské pravice je potvrzován relativně novým fenoménem, totiž domácím vyučováním. Ještě před dvaceti lety nebylo ve většině amerických států možné, aby děti nechodily do školy a vyučovali je rodiče. Dnes je to legální ve všech padesáti státech a zhruba 2 miliony amerických dětí, 4 procenta celkové dětské populace, do školy nechodí – a podle pravidel různících se v jednotlivých státech musí tyto děti buď skládat zkoušky, nebo předložit nějaký stanovený soubor prací. Znali jsme několik rodin, které neposílaly děti do škol, a všichni nebyli motivováni náboženskými důvody, ale asi dvě třetiny těchto rodičů se sami identifikují jako evangeličtí křesťané. Jsou velmi dobře zorganizovaní a těší se podpoře několika významných bohatých mecenášů. Jejich důvody, proč odmítají posílat děti do státních škol, zahrnují obvinění, že školy jsou čím dál tím světštější, relativistické a nenáboženské, že byla ve školách zrušena povinná modlitba (k tomu došlo začátkem šedesátých let, po dvou výrocích Nejvyššího soudu), že se ve školách učí o evoluci, že se propaguje antikoncepce.

Před několika lety byla v městě Purcellville ve Virginii, necelých 100 kilometrů severozápadně od Washingtonu, založena první vyšší škola (college) pro děti školené doma – jmenuje se Patrick Henry College a dnes je v ní zapsáno 240 studentů. Školné je 15 000 dolarů ročně. Tato nová instituce představuje jakousi předsunutou základnu pro kulturní válku, jejímž cílem je, aby doma školení křesťanští muži a ženy „vedli náš národ a formovali naši kulturu v duchu nadčasových biblických hodnot". Mnozí studenti z Patrick Henry College dnes pracují jako stážisté v Bílém domě a v Kongresu a angažují se jako dobrovolníci v Bushově prezidentské kampani.

Fundamentalistický proud v katolické církvi na sebe v poslední době upozornil v souvislosti s filmem Mela Gibsona. O Gibsonově *Umučení Krista* (*The Passion of the Christ*) jsem četla poprvé v létě 2003, kdy jsem se dozvěděla, že film začal být kontroverzní vlastně už v lednu 2003, víc než rok před plánovaným uvedením do kin. I když tehdy ještě nikdo film nekritizoval, Mel Gibson se v pravicovém televizním diskusním pořadu Billa O'Reillyho preventivně bránil před možnými útoky „některých židů". Řada teologů, jak katolických, tak židovských, pak žádala o povolení podívat se na scénář. Byli totiž znepokojeni tím, že tento de fakto pašijový film by v sobě mohl obsahovat značnou dávku antisemitismu, tak jak to bývalo ve středověku v pašijových hrách běžné. Jejich obavy vycházely ze známého faktu, že Mel Gibson a jeho otec jsou činní v extrémní fundamentalistické katolické církvi v Kalifornii, patřící do takzvaného katolického tradicionalismu. Tato církev koná mše v latině, odmítá Druhý vatikánský koncil – který, mimo jiné, zprostil židy obvinění z bohovraždy – a neuznává žádného papeže z let po tomto koncilu. Gibsonův otec navíc patří k „odmítačům holocaustu".

Na podzim 2003 prohlásil Mel Gibson, že dva důležité americké deníky, *The New York Times* na východním pobřeží a *Los Angeles Times* na západním pobřeží, jsou „protikřesťanské", protože jsou v nich články kritizující jeho film, a dále se nechal slyšet, že „moderní sekulární judaismus" svaluje holocaust na katolickou církev. Gibson se také velmi rozčílil na reportéra Franka Riche (žida) z *NYT* a řekl, že by ho nejraději viděl zabitého, se střevy na klacku, a že taky chce zabít Richova psa. Kdoví ale, jestli celé to napětí před uvedením filmu nebylo jen reklamním trikem. *Umučení Krista* mělo fenomenální finanční úspěch a antisemitské nálady vyprovokovány nebyly – jen bylo mnoho diváků znechuceno explicitním násilím filmu. Mel Gibson dokonce velkoryse Franku Richovi odpustil a pár měsíců po uvedení filmu už celá kontroverze vyšuměla.

Metodistické, presbyteriánské a episkopální církve, které mají celkem přes 12 milionů členů, tvořily po desetiletí jednu z hlavních teologických opor liberálním snahám o právo na interrupce, rasovou a ekonomickou spravedlnost, omezení nukleárního zbrojení, ekologickou politiku, snahy o kontrolu držení zbraní atd. Dnes však dochází v mnoha z těchto církví k rozporům mezi liberálním vedením a konzervativnějšími členy. Hlavním bodem sváru je homosexualita.

Když byl 2. listopadu 2003 v New Hampshire slavnostně vysvěcen biskup episkopální církve Gene Robinson, který se otevřeně hlásí k homosexualitě, vyvolalo to bouři. Přímo při ceremonii vystoupili odpůrci tohoto vysvěcení, dva duchovní a jedna řadová členka církve z městečka Ashland v New Hampshire, která řekla: *V této hrozné nebiblické chybě, která nejenom vnese rozkol do anglikánské církve, ale Bohu zlomí srdce, nesmíme v žádném případě pokračovat.*

Většina přítomných, asi 4000 věřících, však nového biskupa přivítala potleskem a pochvalnými výkřiky. Vysvěcení mělo nicméně celosvětový ohlas, protože američtí episkopalisté patří do anglikánské církve, k níž se celkem hlásí 77 milionů věřících. Největší národní anglikánská církev, se 17 miliony členů, je v africké Nigérii. Téměř 40 národních církví a mnoho amerických a kanadských biskupů vysvěcení Gena Robinsona striktně odmítlo, a celý spor je zatím v jakémsi vágním stavu nedořešenosti. (V polovině srpna 2004 se tři kongregace v Kalifornii odtrhly od episkopální církve v USA a připojily se k anglikánské církvi v Ugandě, a v říjnu 2004 vyzvala speciální komise ustavená britskou anglikánskou církví, aby se episkopální církev v USA omluvila za to, že jedna její kongregace vysvěcením otevřeně homosexuálního biskupa způsobila v církvi rozpor.)

Podobný svár se vyhrotil na jaře 2004 v metodistické církvi, když se jedna z duchovních otevřeně přihlásila k tomu, že žije v lesbickém vztahu. Na generální konferenci Spojených metodistů, která se koná vždy jednou za čtyři roky, se začátkem května několik konzervativců pokusilo prosadit „přátelský rozchod" mezi těmi, kteří homosexualitu duchovních schvalují, a těmi, kteří ji neschvalují. Pro návrh konzervativců však hlasovalo jen 41 účastníků konference, kdežto 869 hlasů bylo pro zachování církevní jednoty. Téma nicméně zůstává živé.

Velká část liberálů se také tradičně rekrutovala z katolické církve. I mezi katolíky však propukla na jaře 2004 veřejná debata mezi zastánci starých pořádků a přívrženců pořádků nových, vyvolaná kandidaturou Johna Kerryho, který je od Johna Kennedyho první katolík ucházející se o prezidentství. Kerry jako senátor hlasoval pro zákony potvrzující právo na potrat a také podporuje civilní svazky (nikoli manželství) mezi osobami téhož pohlaví. Začátkem května zveřejnil římskokatolický biskup ve městě Colorado Springs (ve státě Colorado) pastorální dopis, v němž napsal, že ti američtí katolíci, kteří volí politiky podporující v rozporu s učením církve právo na potraty, manželství mezi osobami téhož pohlaví, eutanazii či výzkum kmenových buněk, by neměli být připuštěni k svátosti oltářní. Většina katolických biskupů však s tímto postojem nesouhlasí. Na setkání amerických biskupů poblíž Denveru 18. června 2004 bylo vydáno prohlášení o „Katolících v politickém životě", které jaksi šalamounsky sice potraty označuje za zlo, ale nechává rozhodnutí, zda udělit či neudělit svátost oltářní, na jednotlivých biskupech, a navíc nabádá všechny katolíky, aby před přijímáním zkoumali své svědomí a svou „věrnost morálnímu učení církve v osobním i veřejném životě".

Rozpory mezi liberály a konzervativci vyvolávají náboženské třenice, ale řekla bych, že stejně typická pro Ameriku je velká náboženská tolerance a široce sdílená zkušenost mnoha Američanů, kteří v průběhu života mění církve a náboženskou příslušnost. Podívejme se například na letošní prezidentské kandidáty: George W. Bush se narodil do rodiny hlásící se k episkopální církvi, byl vychován jako presbyterián, ale nyní je metodista. Howard Dean byl pokřtěn jako katolík a vychován jako episkopalista, ale dnes patří do kongregacionalistické církve. Jeho manželka je židovka a děti jsou vychovávany také jako židé. Otec Wesleyho Clarka byl žid, Clark byl v mládí metodista, a pak se rozhodl přestoupit k baptistům. V dospělosti konvertoval ke katolicismu, ale nyní je členem presbyteriánské církve.

Moje kamarádka Kitty Druck v New Jersey byla pražská židovka, za muže si vzala kongregacionalistu, jedna jejich dcera se pak stala metodistickou farářkou, druhá se provdala za žida a přestoupila k židovství.

Zatímco v Česku mnozí lidé téměř hrdě prohlašují, že jsou ateisté, v Americe je ateismus spíš jistou aberací, rozhodně to není příliš „politicky korektní". Manželka jednoho našeho známého byla takovou bojovnou ateistkou, psávala do novin a angažovala se v několika případech, kdy došla k názoru, že je porušován princip odluky církve od státu. Zajímavá kauza se v březnu 2004 dostala před Nejvyšší soud: právník Michael A. Newdow, který sám sebe označil za ateistu, žádal od kalifornského soudu, aby výraz „under God" („pod vedením Boha") byl odstraněn z amerického Slibu loajality (nebo také Slibu věrnosti, anglicky Pledge of Allegiance), který děti odříkávají každý den ve škole. Newdown prohlásil, že slova „under God" – která byla začleněna do Slibu teprve v roce 1954, kdy se tak Amerika chtěla ještě výrazněji odlišit od bezbožného komunismu – jsou protiústavní, protože porušují princip odluky státu od církve. Přesvědčivě argumentoval také tím, že když jeho devítiletá dcera toto prohlášení každý den recituje, tvrdí tím vlastně, že její otec nemá pravdu. Nakonec však, podle očekávání, Newdow nevyhrál, ale výrok Nejvyššího soudu ze 14. června 2004 se netýkal meritu věci, nýbrž procedurálních nedostatků, takže je možné, že se podobný případ dostane k projednání nejvyšší soudní instancí v brzké budoucnosti.

K islámu se ve Spojených státech hlásí pět až šest milionů vyznavačů, to však nejsou všichni Arabové – většina Američanů arabského původu se hlásí ke křesťanství. Podle odhadů arabsko--amerických organizací žije ve Spojených státech více než 3 miliony Arabů (některé dokonce uvádějí až 7 milionů, v tom počtu jsou už však zahrnuti i lidé, kteří mají třeba jen jednoho arabského prarodiče), ale při sčítání lidí v roce 2000 se jako Arabové identifikovalo jen 1,2 milionu lidí.

Po 11. září 2001 je pozice muslimů, a zvlášť arabských muslimů, nepochybně ztížená. Mezi tisíci zatčených osob podezřelých z terorismu, jak ve Spojených státech, tak mimo Ameriku, jich bylo mnoho zcela nevinných, byli zatčeni jen proto, že „vypadali" podezřele. Téměř všichni politikové, komentátoři, novináři a veřejné osobnosti se předhánějí v prohlášeních, že nelze klást rovnítko mezi islám a terorismus, a dosud jsem se nikde nedočetla o nějakých explicitních protiarabských či protiislámských vášních. Vycházejí sice evangelické thrillery, například nedávný román *Glorious Appearing* (*Slavné zjevení*), v němž se Ježíš vrací na zem a všechny nekřesťany nemilosrdně smete do pekel, ale jejich vliv na většinu společnosti je zanedbatelný.

Na veřejných prostranstvích a v dopravních prostředcích Arabové však často budí všeobecnou obezřetnost. Člověk si nemůže pomoct. Když jsme se vraceli z Ameriky v říjnu 2001, v letadle z Frankfurtu do Prahy seděli v řadě před námi čtyři arabští mladíci, tak něco přes dvacet, dva měli velmi napjaté, soustředěné výrazy, jeden demonstrativně spal, a v nás všech nearabech kolem adrenalin přímo vířil. Normálně bych byla pospávala, tělo mi ještě fungovalo v americkém čase (na východním pobřeží o šest hodin méně než v Praze), takže pro mě byly tři hodiny ráno, ale místo toho jsem byla naprosto probuzená. Manžel třímal v ruce prázdnou láhev od piva, aby měl zbraň, kdyby se něco semlelo. Za hodinku jsme bez problémů přistáli v Praze a jedna bodrá, kyprá Američanka z řady před arabskou čtveřicí se s úlevou na mladíky doširoka rozesmála a zahlaholila na celé letadlo: „Ale vždyť já to věděla, že vy nejste teroristi…“ Mladíci měli na tvářích kamenné výrazy a mně jich bylo líto.

Přehledy

Svazky osob téhož pohlaví

Situace v jednotlivých státech USA v listopadu 2004

Massachusetts	Toto je první americký stát, v němž se sňatky mezi osobami téhož pohlaví staly legální – bylo to 17. května 2004. V roce 2006 budou voliči hlasovat o ústavním dodatku (k ústavě státu Massachusetts), který by zakázal sňatky mezi osobami téhož pohlaví, ale umožnil by občanská partnerství. Okamžitě po 17. květnu začaly do Massachusetts přijíždět dvojice z jiných států a v některých místech jim byly licence vydávány, i když republikánský guvernér státu mnohokrát argumentoval, že homosexuálové z jiných států nemohou být v Massachusetts oddáni na základě zákona z roku 1913.
Kalifornie	V Kalifornii platí zákaz svateb homosexuálů, ale (heterosexuální) starosta města San Francisco Gavin Newsome prohlásil, že tento zákaz je formou diskriminace a začal 12. února 2004 vydávat svatební povolení. Nejvyšší soud Kalifornie však nařídil 11. března sanfranciským úředníkům, aby tato povolení přestali vydávat. Od 12. února do 11. března bylo vydáno víc než 4100 povolení a dalších 2600 dvojic bylo objednáno. Kalifornie uznává civilní partnerství. Nejvyšší soud Kalifornie prohlásil 12. srpna 2004, že manželství mezi

	osobami téhož pohlaví uzavřená v San Francisku mezi 12. únorem a 11. březnem 2004 nejsou legální.
Vermont	Ve Vermontu existují od roku 2000 občanské svazky – byl to první stát, který tyto svazky povolil. Dvojice požívají všech státních výhod manželství.
New Jersey	V lednu 2004 podepsal guvernér zákon o domácím partnerství osob téhož pohlaví, který jim zaručuje důležitá práva, včetně finančních dávek a práva navštěvovat partnera v nemocnici.
Havajské ostrovy	Stát uznává partnerství osob téhož pohlaví, mají nárok na jisté státní výhody.
Ohio	V březnu 2004 schválila legislativa jeden z nejradikálnějších zákazů svazků osob téhož pohlaví.
Missouri	3. srpna 2004 souhlasilo 70 procent voličů s ústavním dodatkem ke státní ústavě, který zakazuje manželství mezi osobami téhož pohlaví.
Ohio, Georgia, Kentucky, Mississippi, Michigan, Severní Dakota, Arkansas, Montana, Utah, Oklahoma a Oregon	Voliči v těchto státech schvalují 2. listopadu 2004 ústavní dodatky ke státním ústavám, v nichž se zakazují manželství mezi osobami téhož pohlaví.

Náboženská sdružení v Americe

Statistiky z roku 2003
Zdroj: *The World Almanach and Book of Facts 2004*

Sdružení s méně než 50 000 členů nejsou uvedena.

Denominace	Počet kongregací	Počet členů
Adventistické církve	4 897	927 249
Bahaisté (íránské náboženství)	1 183	149 222
Baptistické církve	73 772	30 002 430
Bratři (Němečtí baptisté)	1 504	181 785
Buddhisté	–	2 000 000 až 3 000 000
Křesťanští bratři (Plymouthští bratři)	1 125	95 000
Křesťanská církev (Kristovi učedníci)	3 717	804 842
Křesťanská kongregace	1 439	119 391
Křesťanská a misionářská aliance	–	381 677
Scientistická Kristova církev	2 200	neudáno
Kristovy sbory	15 000	1 500 000
Církve Boží	3 249	319 276
Církev Nazaretského	5 070	636 564
Mezinárodní rada komunálních církví	192	115 812
Národní asociace kongregačních křesťanských církví	432	65 392
Východní pravoslavné církve	2 245	4 218 710
Episkopální církev	7 364	2 333 327
Evangelikální církev smlouvy	800	101 003
Evangelická svobodná církev Ameriky	1 224	242 619
Přátelé (kvakeři)	2 564	206 354
Mezinárodní společenství církví a duchovních plného evangelia	902	326 900
Společenství evangelia milosti	128	60 000

Hinduismus	678	1 285 000
Mezinárodní nezávislé fundamentalistické církve Ameriky	659	61 655
Svědkové Jehovovi	11 706	989 403
Židé	2 758	6 150 000
Mormoni (Kristova církev svatých posledních dnů)	12 967	5 447 636
Luteránské církve	18 978	8 153 718
Menonitské církve	2 968	345 979
Metodistické církve	38 333	12 266 394
Muslimové	–	5 000 000 až 6 000 000
Svatodušní církve	47 050	11 362 815
Presbyteriánské církve	14 641	4 048 169
Reformované církve	7 111	1 749 231
Římskokatolická církev	19 496	65 270 444
Armáda spásy	1 369	454 982
Sikhové	216	250 000
Asociace kongregací unitářských univerzalistů	1 051	220 000

BŘEZEN
2004

Události

1. března

Irácká vládní rada souhlasí s prozatímní ústavou, která zaručuje svobodu slova, tisku a shromažďování, a svobodu náboženského vyznání. Ústava předpokládá, že čtvrtina poslanců v Národním shromáždění budou ženy.

2. března – Super úterý

John Kerry vyhrává v primárkách v devíti státech (Massachusetts, Connecticut, Rhode Island, New York, Maryland, Ohio, Georgia, Minnesota, Kalifornie) a tím se de fakto stává demokratickým kandidátem na prezidenta. Ve státě Vermont vítězí Howard Dean, který však z prezidentské kampaně odstoupil už 18. února.

Sebevražedné útoky v Iráku, v mešitách v Bagdádu a Karbale, zabíjejí víc než 170 lidí.

3. března

Prezident Bush začíná televizní prezidentskou kampaň.

8. března

Irácká vládní rada jednomyslně podepisuje prozatímní ústavu.

9. března

Primárky ve státech Texas, Mississippi, Louisiana a Florida, vítězí John Kerry.

11. března

Teroristické útoky v Madridu ve Španělsku zabíjejí téměř 200 lidí.

Nejvyšší soud v Kalifornii zakazuje s okamžitou platností vydávat osobám téhož pohlaví povolení k sňatku.

14. března
V parlamentních volbách ve Španělsku vítězí socialisté a jejich vůdce Luis Rodriguez Zapatero oznamuje, že Španělsko stáhne z Iráku svých 1500 vojáků.

20. března
První výročí útoku na Irák. Polský prezident Alexander Kwaśniewski prohlašuje, že Polsko možná stáhne svých 2500 vojáků z Iráku dřív, než bylo původně plánováno, a naznačuje, že se Polsko cítí oklamáno zřejmě nepravdivými informacemi o zbraních hromadného ničení v Iráku. V evropských i amerických městech se konají protiválečné demonstrace, největší je v Římě (250 000 až 300 000 lidí). V Praze protestuje proti válce asi 350 demonstrantů, v Brně asi 40.

Asi 20. března
Z Prostějova odjíždí do Afghánistánu 108 příslušníků speciálních sil, kteří se zapojí do protiteroristické operace Trvalá svoboda.

22. března
Vychází kniha bývalého protiteroristického poradce Bílého domu Richarda Clarka *Against All Enemies* (Proti všem nepřátelům).

24. března
Richard Clarke svědčí před Komisí pro 11. září.

25. března
Ve Washingtonu se koná slavnostní večeře vysoce postavených demokratů.

29. března
NATO přijímá sedm nových členů: Slovensko, Slovinsko, Bulharsko, Rumunsko, Litvu, Lotyšsko, Estonsko.

31. března
Čtyři Američané jsou zlynčováni davem v sunnitském městě Fallúdža a ohořelá těla dvou z nich jsou pověšena na most.

Komentář

John F. Kerry má koncem března nominaci jistou a liberální novináři si libují, jaký je to kultivovaný člověk. Demokratický uchazeč o Bílý dům cituje básně T. S. Eliota (zatímco pro Bushe je největším kulturním zážitkem baseball), byl ovlivněn Hemingwayem, poslouchal Beetles, ale taky má rád operu a lidové písně a rád tančí tango. Není to však jen milovník „vysokého" umění – za srdce ho berou i takové dojáky, jako *Zázrak na 34. ulici* či muzikály *Camelot, Bídníci* a *My Fair Lady*. Na letištích si často a rád kupuje detektivky. Když jsem tento článek četla, měla jsem pocit, že jsem s Kerrym na stejné vlnové délce, neznám sice nazpaměť Eliotovy básně, ale zato čtu celý život Dostojevského, a taky se s radostí znovu a znovu dívám na *Bídníky* a *My Fair Lady*. Na rozdíl od Johna Kerryho si kupuju ráda detektivky nejen na letištích, ale desítky jsem si jich koupila i na autobusovém nádraží v New Yorku, mém oblíbeném výchozím a příchozím bodu do tohoto šíleného města.

Z Kerryho postupu se rovněž radovala Evropa, kde jen pouhých 6 procent obyvatel – podle týdeníku *The Economist* – kladně oceňuje Bushovu zahraniční politiku. Evropany, zvlášť ty západní, hluboce zlobí to, že Bush o Evropě nic moc neví a ani vědět nechce. Považují ho za svatouškovského pokrytce, kulturního omezence a do sebe zahleděného moralizátora, který posuzuje svět černobíle. To Kerry je z jiného soudku. Mluví plynně francouzsky a trochu německy, čte *Le Monde*, cituje André Gida, ví, kdo byl Pablo Neruda, miluje Shakespeara.

Pět zemí si na Kerryho dělá menší či větší nárok – na prvním místě Česká republika, protože jeho dědeček, německy mluvící žid, který konvertoval ke křesťanství, pocházel z Horního Benešova ve Slezsku. Další předkové údajně žili v Polsku, Německu, Rakousku a Maďarsku, jeden jeho bratranec byl starostou ve Francii.

V polovině března začali Kerrymu pomáhat manželé Clintonovi a další demokratická esa ve vybírání financí – cílem je vybrat do nominačního sjezdu koncem července 80 milionů dolarů. Slavnostní večeře demokratické smetánky ve Washingtonu 25. března se účastnili dva bývalí demokratičtí prezidenti, Jimmy Carter a Bill Clinton (kteří se jinak moc spolu nekamarádí), bývalý viceprezident Al Gore, letošní kandidáti John Edwards a Howard Dean a další prominenti. Přestože jeden lístek na večeři stál 1000 dolarů, barbecue se servírovalo na papírových talířích s plastickými příbory, aby se ušetřilo. Zřejmě nejen díky těmto úsporným opatřením byla večeře výnosná – do pokladny volební kampaně senátora Kerryho přinesla 11 milionů dolarů.

Začátkem března začala televizní kampaň prezidenta Bushe naostro – jen od 8. do 14. března utratil Bushův volební tým na televizní reklamy víc než 6 milionů dolarů. Strategie Bushova týmu počítá s devadesátidenním soustředěným útokem, v němž bude senátor Kerry napadán jako nerozhodný člověk bez pevných zásad, který jednou volí tak, podruhé onak, příliš nestálý na to, aby vedl zemi v době boje proti mezinárodnímu teroru. Navíc se republikáni chystají voliče varovat, že Kerry hodlá oslabit důležitý protiteroristický zákon (PATRIOT Act) a k tomu ještě plánuje zvýšení daní. Republikáni doufají, že do začátku června, kdy se pomalu začnou lidé rozjíždět na dovolené a přestanou se zajímat o politiku, vylíčí Kerryho v tak negativním světle, že si o něm voliči utvoří silný dojem, který přetrvá až do voleb 2. listopadu.

Po teroristických útocích v Madridu a následném překvapivém vítězství socialistů se na obou stranách Atlantiku rozpoutala diskuse o tom, zda se španělští voliči nechali zastrašit teroristy. Jedni naši českoameričtí známí, jejichž dcera žije ve Španělsku, zcela jasně označili jednání španělských voličů za zbabělé, jiný můj přítel řekl, že to „Španělé u něj prohráli". Deník *The New York Times* ve svém úvodníku s osočováním Španělska nesouhlasil a hlasování španělských voličů charakterizoval jako *projev zdravé demokracie, v níž změna vlády je prostě změnou vlády, a ne změnou národní povahy.* Zato pravidelný komentátor deníku, umírněný konzervativec David Brooks, byl ostře kritický:

Pro Al-Kaídu je Španělsko nádherný triumf. Copak vrahové dokáží tak často ovlivnit demokratické volby? A když to udělali jednou, proč nejít dál? Proč by teď nemohli zmasakrovat Italy, Poláky, Američany a Brity?... Opravdu se zdá, že Američané jsou z Marsu a Evropané z Venuše. Kdyby nějaká teroristická skupina napadla Spojené státy tři dny před volbami, pochybuje snad někdo o tom, že by se američtí voliči jasně postavili za prezidenta anebo přinejmenším za stranu, která je nejagresivněji proti teroru? Pochybuje snad někdo o tom, že Američané a Evropané se vyznačují odlišnou morální a politickou kulturou?

Pár dní před prvním výročím útoku na Irák, 15. března, vyrazil bývalý zbrojní inspektor Hans Blix na desetidenní propagační túru po Americe, aby prezentoval svou knihu *Disarming Iraq* (Odzbrojování Iráku). Tento pětasedmdesátiletý švédský právník, který byl v letech 1981 až 1997 ředitelem Mezinárodní agentury pro atomovou energii, v roce 2001 přerušil svůj důchodový odpočinek a stal se šéfem inspekčního týmu OSN v Iráku. Ve své knize, která oficiálně vyšla začátkem dubna, iráckou misi pečlivě dokumentuje. Bushova administrativa byla podle Blixe skálopevně a nezvratně přesvědčena o tom, že zbraně hromadného ničení v Iráku jsou a po inspektorech pouze požadovala, aby toto skálopevné přesvědčení doložili důkazy. Při zahájení túry Blix prohlásil, že jak Američané, tak Britové příliš spoléhali na výpovědi iráckých utečenců a k jejich informacím přistupovali nedostatečně kriticky. Blix sice sám dlouho věřil, že tyto zbraně někde v Iráku jsou, ale časem došel k názoru, že v důsledku inspekcí a sankcí v průběhu devadesátých let začal být irácký režim oslabený a zbrojní programy byly postupně zastaveny. Podle Blixe to Iráčané veřejně neoznámili z národní hrdosti, aby to nevypadalo, že před Američany kapitulují, a také z potřeby i nadále zastrašovat své sousedy (*asi jako když si někdo vyvěsí tabuli POZOR ZLÝ PES, aniž by měl psa*). Z knihy dále vyplývá, že Bushův Bílý dům prostě diplomacii začátkem roku 2003 vzdal. Přitom by podle Blixe pravděpodobně Rada bezpečnosti OSN nakonec válce zelenou dala, protože Iráčané by nejspíš mezinárodním požadavkům nevyhověli – takže Husajn by stejně asi byl sesazen, ale šlo by o mezinárodní akci, do níž by se například zapojily i takové země jako Indie a Pákistán, které mají k dispozici desítky tisíc vojáků. I poválečná rekonstrukce by v takovém případě byla samozřejmě mezinárodním projektem.

Potud tedy historická „kdyby". Nemám obvykle tato uvažování moc ráda, ale Hans Blix je jeden z lidí, kteří do celé problematiky zbraní hromadného ničení viděli nejvíc, a přitom je to umírněný, uvážlivý úředník, nikoli vášnivě zaujatý politik – a proto jeho interpretace stojí za zmínku.

Zároveň s Blixovou knihou se do popředí zájmu v druhé polovině března dostala Komise pro 11. září (Commission 9/11, přesný název je National Commission on Terrorist Attacks Upon the United States neboli Národní komise provyšetření teroristických útoků na Spojené státy), která po měsících studia materiálů začala povolávat svědky. Desetičlennou komisi složenou z pěti demokratů a pěti republikánů jmenoval prezident Bush koncem listopadu 2002, ne s velkým nadšením a po roce zdržování, ale nátlak veřejného mínění, demokratů a hlavně pozůstalých po obětech útoků 11. září 2001 byl příliš silný. Předsedou byl nejprve jmenován Henry Kissinger, ale ten na funkci do měsíce rezignoval, protože v jeho případě hrozil možný střet zájmů – Kissinger už léta působí jako konzultant a existovala možnost, že někteří z jeho klientů by mohli být komisí vyšetřováni (on sám odmítl jména svých klientů zveřejnit). Tři dny po této rezignaci, 16. prosince 2002, jmenoval prezident Bush předsedou komise bývalého republikánského guvernéra státu New Jersey Thomase H. Keana (vyslovuje se „kejn"). Byl to jeden z nejpopulárnějších newjerseyských guvernérů, kterého si dobře pamatuji z našich časů, zdá se mi, že ani moc nezestárl. Nejdůležitější svědci povolaní před komisi v březnu byli bývalý prezident Bill Clinton (který svědčil neveřejně), Madeleine Albrightová, ministryně zahraničí v jeho administrativě, George Tenet, ředitel CIA, a Richard Clarke, protiteroristický expert Bílého domu, který pracoval jak pro prezidenta Clintona, tak pro prezidenta Bushe mladšího a na svou funkci rezignoval v březnu 2003.

Svědectví Clarka bylo synchronizováno s vydáním jeho knihy v pondělí 22. března, *Against All Enemies* (Proti všem nepřátelům), a ve Washingtonu se celý následující týden nemluvilo o ničem jiném. V internetovém knihkupectví Amazon se dokonce Clarkova kniha prodávala víc než současná nejpopulárnější kniha o hubnutí, *The South Beach Diet* (Dieta jižní pláže). Během tří týdnů se prodalo 300 000 výtisků. Jak ve své knize, tak ve své výpovědi před komisí kritizoval Clarke Bushovu administrativu za to, že *začala nepotřebnou a nákladnou válku v Iráku, která jen posílila radikální světové fundamentalistické islámské hnutí.* O atmosféře v Bílém domě bezprostředně po teroristických útocích 11. září 2001 je v Clarkově knize následující pasáž:

Počítal jsem s tím, že se teď zúčastním řady schůzí, na nichž budeme zkoumat, kde by mohly přijít další útoky, kde jsme zranitelní, co bychom mohli co nejrychleji udělat. Místo toho se pořád diskutovalo o Iráku. Nejdřív jsem ani nechtěl věřit, že snad budeme diskutovat o něčem jiném než jak dostat Al-Kaídu, a pak jsem si uvědomil s téměř ostrou fyzickou bolestí, že Rumsfeld a Wolfowitz se pokusí využít této národní tragédie, aby podpořili svůj plán s Irákem. Už od začátku této administrativy, a vlastně ještě dřív, tlačili na válku s Irákem. Podle mých přátel v Pentagonu se tam mluvilo o tom, že uděláme invazi do Iráku někdy v roce 2002.

Ve svém svědectví před komisí byl Clarke ještě ostřejší a prohlásil, že před 11. zářím nebyl pro Bushovu administrativu mezinárodní terorismus prioritou, což vyvolalo ostré reakce republikánských členů komise, kteří na oplátku osočili Clarka, že si protiřečí, protože naopak dřív Bushovu protiteroristickou politiku chválil. Z Bílého domu se také ozvala podrážděná kritika, hlavně v tom smyslu, že Clarke chce v podstatě vzbudit pozornost, aby se jeho právě vydaná kniha prodávala co nejlépe. Nejvíc komentované bylo ovšem Clarkovo prohlášení, v němž se omluvil pozůstalým obětí z 11. září: *Vaše vláda selhala ... a selhal jsem i já. Snažili jsme se, ale na tom nezáleží, protože jsme selhali... Chtěl bych vás poprosit o pochopení a odpuštění.*

Zatímco v Americe se o Iráku diskutovalo v milionech situací – od veřejných politických slyšení ve Washingtonu přes články v národním i regionálním tisku až po vášnivé hádky politicky spolu nesouhlasících přátel a příbuzných – v Iráku samém začal březen sebevražednými útoky v Bagdádu a Karbale a skončil lynčováním a upálením čtyř Američanů ve městě Fallúdže. Byla to předehra mnohem horších měsíců. Zároveň však – o tom média tolik nepsala, protože to nebylo nic dramatického – v tuto dobu začala v zemi znovu růst ekonomika, a elektřina, zásobování vodou a produkce ropy fungovaly už téměř jako před válkou.

Na závěr březnového komentáře cituji dopis čtenáře Václava Novotného z Opatovic, který vyšel v *Lidových novinách* 23. března 2004.

Čerti mě berou, když téměř z každé strany vyskakují dogmatické fráze, že za všechno může Amerika! Za záplavy támhle, za sucho jinde, za hlad, za přesycenost, za teroristy a nenávist, za globalisty i hippies. Za to, že někde pomůže, že se v jiném místě do pomoci nehrne. Hodnocení založená převážně na závisti, výčitkách a nepochopení, že Spojené státy, třebaže v celku bohaté a silné, tvoří většinou tisíce tisíců pracovitých lidí, jejichž majetek se vejde do pár kufrů (takže jsou schopni rychlého stěhování za prací), jejichž politikou je praktičnost (včerejší pomeranče z jihu chtějí mít dnes odpoledne na severu) a jejichž životním mottem je: pánbůh pomůže, ale veslovat si musíš, člověče, sám.

A v rámci těchto zásad žijí ve světadílu, kde také nelétají pečení holubi do úst, zmáhají přírodní i hospodářské nepřízně. Všimněte si: Kdy bylo někde k přečtení, že někdo pomáhá Americe? Ale opačnost bereme jako samozřejmost.

Pan Novotný se mýlí pouze v jedné maličkosti: majetek Američanů se obvykle nevejde do pár kufrů, ale rychlé stěhování je umožněno dvěma okolnostmi: jednak širokou nabídkou stěhováků, kteří vám všechno superpečlivě zabalí (i třeba koš s odpadky, když ho včas nevysypete), naloží do náklaďáků a v novém místě bydliště zas vybalí – a za druhé tím, že Američané se rádi neustále věcí zbavují, aby mohli nakupovat věci nové, a tak před každým stěhováním obvykle spoustu svého majetku prodají.

Témata

Američané a svět

1. března 2004
Irácká vládní rada souhlasí s prozatímní ústavou,
která zaručuje svobodu slova, tisku a shromažďování,
a svobodu náboženského vyznání.

V posledních letech se i v českých novinách občas píše o amerických neokonzervativcích. Tato skupina, většinou židovských intelektuálů, se před třemi čtyřmi desetiletími hlásila k liberalismu, tedy vlevo od politického středu, ale zároveň to byli antikomunisté, kteří se ve válce ve Vietnamu posunuli napravo a dnes jsou obvykle definováni jako lidé přesvědčení o tom, že americká vojenská síla musí být ve světě používána k „exportu demokracie", jak to už začátkem devadesátých let napsal jeden z předních neokozervativců Joshua Muravchik. Už před zářím 2001 neokonzervativci usilovně prosazovali názor, že je třeba svrhnout Saddáma Husajna a šířit demokracii na Blízkém východě. V současné administrativě Bílého domu je za nejradikálnějšího neokonzervativce pokládán náměstek amerického ministra obrany Paul Wolfowitz. Je ale americký vývoz demokracie opravdu možný? A je žádoucí? Při diskusích o budování demokracie na Blízkém východě se často uvádí případ Japonska a Německa po druhé světové válce, kdy se v obou případech Spojené státy neoddiskutovatelně zasloužily o přeměny těchto svých nepřátel z druhé světové války v prosperující demokratické státy. Dá se však muslimský svět srovnávat s Japonskem či Německem? Navíc, v obou těchto zemích byla americká armáda přítomna desetiletí, v Německu je ostatně dodnes. Koncem května shrnula Madeleine Albrightová kritiku neokonzervativního postoje v několika krátkých větách: „*Nastolení demokracie" je oxymóron. Tak to nejde. Nemůže to tak jít. Demokracie musí probublat zdola.*

Podívejme se na vztah Američanů k ostatnímu světu trochu obecněji. Do ciziny Američané moc necestují, je jich sice osmadvacetkrát víc než obyvatel České republiky, ale zahraničních výjezdů je zhruba tolik jako v Česku. Znamená to, že v průměru každý člověk v této zemi překročí hranice čtyřikrát nebo pětkrát do roka, zatímco ze Spojených států vyrazí do ciziny jen asi jeden člověk ze sedmi. Na Princetonu a mezi lidmi „naší Ameriky" bylo dost velkých cestovatelů – i když bych řekla, že současní Češi v cestování trumfují i Princetoňany – ale to nebyla typická Amerika. Do ní jsme se ponořili po pár hodinách jízdy z newyorské metropolitní oblasti. Několik let jsme jezdili do místa zvaného East Branch, na řece Delaware v jihovýchodním cípu státu New York, kde jsme si najímali rekreační domek. Bylo to zcela neturistické místo, a největší městečko v okolí, Hancock, kdysi významný železniční uzel a dřevařské středisko, byla taková ta pravá nefalšovaná obyčejná Amerika. O Československu tam neměli ani páru, a když jsem jednou od majitelky domku volala kvůli nemocné sestře do Prahy, trochu jsem ji vyvedla z míry. Myslím, že z jejího telefonu nikdy nikdo do Evropy nevolal, ani přede mnou, ani po mně.

Při našem častém cestování, jak po celém východním pobřeží, tak i dál na jih a na západ, patřila mezi standardní úvody náhodných konverzací otázka, jakouže to vlastně řečí mluvíme. Většinou o Československu nic nevěděli, ale sem tam někdo znal jméno Dubčeka (to bylo ještě před Havlovou érou). Při nedávném putování po Skalnatých horách jsme v Novém Mexiku nadchli jednu recepční v motelu, která sbírala známky, a když jsme jí řekli, že jsme přijeli z Prahy, začala se rozplývat nad tím, jak jsou ty československé známky ze všech nejhezčí. Také jsme se seznámili s jednou pravou americkou zálesačkou a zároveň novinářkou, která měla doktorát politických věd z Columbijské univerzity, a ta nám řekla, že před několika lety skoro jela do Prahy vést nějaké semináře pro žurnalisty. Ta paní se jmenovala Charlotta, podobala se Katherine Hepburn, a byla to majitelka asi deseti velkých a romanticky staroamericky vybavených srubů v naprosté divočině blízko horního toku Rio Grande. Strávili jsme tam čtyři dny, a zatímco můj manžel a švagr usilovně rybařili v pstruhových potocích, já jsem několikrát seděla s Charlottou, ona čistila nádherné žluťoučké lišky, a povídaly jsme si, a jak už to bývá, objevily jsme pár společných známých z Princetonu. Takovouhle globalizaci mám ráda!

Od svého vzniku až do konce 19. století byly Spojené státy do té míry pohlceny svým vlastním překotným a v historii bezprecedentním růstem, že se o ostatní svět příliš nestaraly. V roce 1823, po vzniku nezávislých republik v Jižní a Střední Americe, sice varoval pátý americký prezident James Monroe evropské státy před intervencí na americkém kontinentě v tzv. Monroeově doktríně, ale dalších sedmdesát pět let byly USA v podstatě do sebe uzavřenou zemí. Termín izolacionismus se tehdy ještě nepoužíval. V roce 1898 však Amerika vyhlásila válku Španělsku kvůli Kubě, a pak pařížskou smlouvou z 10. prosince 1898 získala Kuba nezávislost a Španělsko postoupilo Americe Puerto Rico, Guam a Filipíny. Tím se Spojené státy staly jedním z hráčů světové politiky. Americký spisovatel Gore Vidal pojednává o klíčových dějinných obdobích Ameriky v sérii historických románů, v nichž vystupují kromě desítek historických postav i jeho postavy smyšlené, a obdobím konce 19. století – kdy se Amerika rozkročila do světa – se zabývá v knize *Empire* (1987, Impérium). Je to zajímavé čtení, jak má Vidal ve zvyku, velmi ikonoklastické, ale román zatím ještě nebyl přeložen do češtiny.

Do první světové války vstoupili Američané neradi a neochotně. Prezident Woodrow Wilson, který má zvlášť v našich krajích dobrou pověst, velmi podporoval vznik Společnosti národů, ale pak ji nebyl schopen v americkém Kongresu prosadit. Po válce, v níž zahynulo přes 116 000 Američanů, se Spojené státy opět stáhly do sebe. V jistém smyslu tento odklon předznamenalo přijetí 18. ústavního dodatku, zavádějícího prohibici, v roce 1919, ale pak hlavně stvrdilo hlasování v Senátu v následujícím roce, v němž senátoři odmítli ratifikovat vstup USA do Společnosti národů. Tehdy se začal používat termín izolacionismus.

Americká zahraniční politika v následujících dvou desetiletích se dá shrnout do několika bodů:

V roce 1921 omezuje Kongres imigraci.

Na přelomu roku 1921 a 1922 se koná ve Washingtonu mezinárodní odzbrojovací konference.

V roce 1928 je podepsán Briand-Kellogův pakt (původně mezi Amerikou a Francií), jehož signatáři se zavazují nepoužívat válku jako nástroje národní politiky. Pakt postupně podepsalo 60 zemí.

V roce 1933 souhlasí americký Kongres s tím, aby Filipíny získaly nezávislost, a Spojené státy diplomaticky uznávají Sovětský svaz.

V roce 1937 podepisuje F. D. Roosevelt zákon o neutralitě.

V roce 1938 posílá Roosevelt naléhavou výzvu Adolfu Hitlerovi a Benitu Mussolinimu, aby řešili evropské problémy mírovým způsobem.

V roce 1939 žádá Roosevelt Kongres o 552 milionů dolarů na obranu. Po vypuknutí války v Evropě mezi Německem na jedné straně a Polskem, Velkou Británií a Francií na straně druhé začátkem září vyhlašuje prezident Roosevelt neutralitu USA.

V září 1940 schvaluje americký Kongres vojenskou registraci všech mužů mezi 21 a 35 lety.

Začátkem roku 1941 podepisuje prezident Roosevelt „zákon o půjčce a pronájmu" (Lend-Lease), který umožnil materiálně pomáhat Spojencům, hlavně Velké Británii. V červnu až červenci „zmrazuje" prezident konta mocností Osy a Japonska ve Spojených státech. V srpnu podepisují Churchill a Roosevelt Atlantickou chartu.

A pak přichází 7. prosinec 1941 a Japonci překvapivě útočí na Pearl Harbor v Honolulu na Havajských ostrovech. Při útoku zahynulo asi 2400 Američanů a bylo zničeno 18 amerických lodí a 200 letadel. Následujícího dne, 8. prosince 1941, vyhlásily Spojené státy Japonsku válku. Od té chvíle začala Amerika hrát důležitou mezinárodní roli.

Ve druhé světové válce bojovali američtí vojáci v Evropě, Africe i Pacifiku a celkem jich zahynulo přes 400 000. Mohutné oslavy šedesátého výročí vylodění v Normandii v červnu 2004 potvrdily, že tato konflagrace je pořád ještě součástí našeho dnešního světa, jakýmsi přelomovým, výchozím bodem, od něhož se počíná naše epocha. Až všichni přímí účastníci budou po smrti, za dvacet či třicet let, budoucí současná epocha se možná začne počítat od jiného momentu. Od prvního osobního počítače? Od pádu komunismu? Od teroristického útoku 11. září 2001?

Mezinárodní politika Spojených států od 8. prosince 1941 se už do několika bodů shrnout nedá. Studená válka, kterou někteří nazývají třetí světovou válkou, se na mezinárodním poli projevovala hlavně zástupnými konflikty, od korejské války přes Vietnam a konflikty v Africe až po takové bizarnosti jako americkou invazi minuskulního ostrova Grenady v Karibském moři v roce 1983, kde se v převratu čtyři roky předtím zmocnil vlády komunistický vůdce Maurice Bishop a kde pak američtí mariňáci intervenovali po puči, zřejmě podporovaném z Kuby, během něhož byl Bishop sesazen a popraven.

Když se na přelomu osmdesátých a devadesátých let ve většině zemí „socialistického tábora“ (jak už znějí tato dvě slova starodávně!) sesypal komunistický režim jako domeček z karet, v první euforické době se zdálo, že všichni jsme vyhráli a americký politolog Francis Fukuyama oznámil, že liberální demokracie zvítězila a historie je u konce. (Fukuyamova kniha *The End of History and the Last Man*, 1992, vyšla česky v roce 2002 jako *Konec dějin a poslední člověk.*) Boje v Jugoslávii však brzy euforii trochu přibrzdily. V polovině devadesátých let se mnozí Američané (včetně mých přátel a známých) pozastavovali nad neschopností Evropy krveprolití na Balkáně zastavit. Teprve když se do konfliktu opět vložila Amerika, boje v Bosně a Hercegovině byly ukončeny, což stvrdily dohody uzavřené v Daytonu v Ohiu koncem roku 1995. Pak zasáhly Spojené státy na Balkáně ještě jednou, v roce 1999, pár dní poté, co se novým členy NATO staly Polsko, Česká republika a Maďarsko. Řada Čechů tehdy americké bombardování Jugoslávie kritizovala, ale jsem přesvědčena, že bez tohoto zásahu by Slobodan Milošević byl u moci mnohem déle.

Už před Irákem byly slyšet hlasy, jak v Americe, tak i v jiných zemích, že by Američané měli zůstat doma a nesnažit se dělat světového policajta. Tyto názory jsou však v naprosté menšině a nikdo je nebere vážně. Američané dnes mají vojenské báze v sedmdesáti zemích (dokonce i na území bývalého Sovětského svazu – od roku 2001 v Uzbekistánu a od roku 2003 v Kyrgyzstánu, jediné zemi, kde jsou kousek vedle sebe americká a ruská vojenská základna), Spojené státy jsou klíčovým členem desítek mezinárodních organizací, korporace vlastněné Američany obepínají svět. Když je někde na světě problém, jaksi automaticky se počítá s tím, že Amerika to pomůže vyřešit. Něco jako předválečný izolacionismus tedy vůbec není ve hře.

Přestože historicky, kulturně a civilizačně jsou Evropa a Izrael jakýmisi nejpřirozenějšími partnery a spojenci Ameriky, Američany přitahují a fascinují velké a potenciálně mocné země, což je dnes především Čína a také Rusko. Jakýsi jízlivý Čech poznamenal, že Američani jsou vlastně jen umytí Rusové, v čemž je kousek pravdy – příslušníci velkých národů mají přirozeně velmocenskou mentalitu, což se sice příslušníkům malých národů často nelíbí, ale těžko to může být jinak. Už před rozpadem Sovětského svazu začala Amerika pronikat do Ruska, v roce 1990 byl například v Moskvě otevřen první McDonald, a po roce 1991 se průnik zmnohonásobil – i když investory dlouho odrazovala politická nestabilita. V posledních letech je ale největším magnetem Čína a američtí podnikatelé, od gigantů, jako je Wal-Mart, Motorola, General Motors a Intel, až po drobné obchodníky jsou fascinováni obrovitostí čínského trhu. Samozřejmě nejsou Čína a Spojené státy úplně srovnatelné – americká ekonomika je osmkrát větší než celá ekonomika Číny, Američané vydělávají na hlavu 36krát víc než Číňané. Ale těch možností! Dnes je Čína třetí nejaktivnější země v zahraničním obchodu, po Spojených státech a Německu (už předehnala Japonsko). Je to také třetí země, která dává nejvíc peněz na výzkum a rozvoj – v roce 2003 dali Američané na výzkum a rozvoj 282 miliard dolarů, Japonci 104 miliard a Číňané 60 miliard. V Číně je také 17 milionů vysokoškolských studentů. Ve více než 100 městech s více než milionem obyvatel žije podle nedávných odhadů už zhruba 100 milionů Číňanů, kteří mohou být klasifikováni jako střední třída. Mluví se tedy o nadcházejícím „čínském století" a objevily se i předpovědi, že za několik desetiletí se bude Amerika jevit Číňanům podobně, jako se teď Američanům jeví Evropa.

Ve světě zasahuje nejen americká vláda a americké korporace. Do všech možných zemí vyrážejí podnikavci a odvážlivci, ale místo aby osidlovali krajinu, jako to dělali Američané při dobývání Západu v 19. století, přicházejí si vydělat, pomáhat, objevovat. V roce 1961 vznikly z iniciativy prezidenta Kennedyho Mírové sbory (Peace Corps), které od té doby vyslaly víc než 170 000 dobrovolníků do chudších a rozvojových zemí. Většinou to jsou mladší lidé, plní idealismu a altruismu, potkala jsem jich za svá léta v Americe několik. Někdy ovšem dobře míněná touha být potřebný nepřinese žádoucí výsledky. Po pádu komunismu začalo být v Americe módní jezdit do střední a východní Evropy a radit místním domorodcům, jak budovat demokracii, ale často ty rady k ničemu nebyly. Do Československa například jednou přijel tým mladíků s tituly MBA (Master of Business Administration neboli Magister podnikového řízení), kterým se brzy začalo říkat Moc blbí Američani.

Dnes pracují desítky tisíc amerických civilistů v Iráku, a ani boje a nebezpečí je neodrazují. Přijdou si často na velké peníze, roční šesticiferné dolarové platy jsou běžné, ale mnozí jsou také motivováni touhou pomáhat a vlastenectvím. A nejsou to jen mladíci, do Iráku odjíždějí i lidé přes padesát a otcové rodin, jako například jistý pan Larry Plummer z Missouri, který má osm dětí a doufá, že za peníze vydělané v Iráku bude moct svým dětem zaplatit vzdělání.

Boj proti terorismu

2. března 2004
Sebevražedné útoky v Iráku,
v mešitách v Bagdádu a Karbale,
zabíjejí víc než 170 lidí.

Hlavní otázka současného mezinárodního boje proti terorismu zní: jde o střet mezi Západem a islámem, anebo o boj mezi početně malými skupinkami teroristů a ostatním světem?

V článku „Střet civilizací?", který harvardský profesor Samuel P. Huntington vydal v prestižním americkém měsíčníku *Foreign Affairs* v roce 1993, je následující prorocká věta: *Někde na Blízkém východě právě možná půl tuctu mladých mužů oblečených v džínsech popíjí kolu, poslouchá rap a mezi úklonami k Mekce dává dohromady bombu, aby s ní vyhodili do vzduchu americké dopravní letadlo.* Tehdy ještě doznívala euforie z pádu komunismu a dokonce se objevila i naděje, že se konečně opravdu nastartuje urovnání mezi Izraelem a Palestinci, a tak Huntingtonova úvaha o možném konfliktu mezi civilizacemi vyvolala širokou diskusi, podle redaktorů časopisu rozsáhlejší než kterákoli jiná stať vydaná v tomto časopise od čtyřicátých let. Huntington poté svůj článek rozšířil do knihy *The Clash of Civilizations* (už bez otazníku), která vyšla v roce 1997. Překladatel *Střetu civilizací* (2001) Michael Žantovský shrnuje ve své předmluvě hlavní Huntingtonovu tezi následovně:

[Podle Huntingtona] střet civilizací není nevyhnutelným vyústěním budoucího vývoje, ale jen jedním z možných scénářů, jehož naplnění by přineslo katastrofické důsledky. Civilizace mohou žít vedle sebe... pokud se dokáží vyhnout pokušení univerzalismu a nebudou si násilně vnucovat svoje hodnoty a způsob života. Západ se může vyhnout střetu s jinými civilizacemi, pokud nebude zasahovat do řešení jejich problémů a vyvážet k nim své „západní" chápání světa.

Přes tento opatrný optimismus Huntington na řadě míst dokládá, že v naprosté většině mezicivilizačních střetů počátku devadesátých let hrají roli muslimové. Boj mudžáhidů proti sovětské okupaci Afghánistánu v letech 1979 až 1989 považuje Huntington za první novodobou civilizační válku, v níž islám uspěl proti Západu a která *značně posílila islámské sebevědomí a moc – její praktický důsledek pro islámský svět je srovnatelný s tím, jaký měla japonská porážka Rusů v roce 1905 na svět orientální. To, co Západ vnímá jako vítězství svobodného světa, vnímají muslimové jako vítězství islámu.* Spojené státy tehdy protisovětské mudžáhidy podporovaly a údajně na jejich výcvik a vyzbrojení poskytly kolem 20 miliard dolarů (přibližně stejnou sumu poskytla i Saúdská Arábie). Jedním z hlavních spolupracovníků americké CIA v Afghánistánu byl saúdskoarabský milionář Usáma bin Ládin.

Sovětský svaz byl z Afghánistánu v roce 1989 vyhnán a pak přišla první válka v Perském zálivu v roce 1991, která na Západě spíš vzbudila jisté potěšení z toho, jak se celá mezinárodní komunita (včetně bývalých nepřátel ze studené války) dala dohromady, aby potrestala krutovládce Saddáma Husajna za přepadení Kuvajtu, kdežto prakticky v celém muslimském světě byla chápána jako tažení Západu proti islámu.

Na vstupní otázku toho tématu tedy odpovídá Huntington jednoznačně:

Zásadním problémem Západu není islámský fundamentalismus. Je to islám, odlišná civilizace, jejíž příslušníci jsou přesvědčeni o nadřazenosti své kultury a posedlí slabostí své moci. Problémem islámu není

CIA ani americké ministerstvo obrany – je jím Západ, odlišná civilizace, jejíž příslušníci jsou přesvědčeni o univerzalitě své kultury a domnívají se, že jejich nadřazená, byť upadající moc jim ukládá tuto kulturu šířit po celém světě. Toto jsou základní ingredience, které živí konflikt mezi islámem a Západem.

Každý ví, že tři velká monoteistická „náboženství knihy" jsou úzce spřízněná, a nejmladší z nich, islám, uznává jak židovské praotce Abrahama, Mojžíše a další osobnosti židovské historie, tak i proroka Ježíše (jehož učení však bylo podle islámu zfalšováno apoštolem Pavlem). Možná už není tak obecně známá skutečnost, že v dobách svého největšího rozkvětu byl islámský svět často nábožensky tolerantnější než svět křesťanský – na mnoha dvorech islámských vládců působili židovští učenci a křesťanští administrátoři. Nemuslimové v islámských zemích platili zvláštní daň zvanou *džizja*, ale jinak měli řadu práv a nebyli nějak systematicky pronásledovaní.

Proč tedy je teď mezi islámským a křesťansko-židovským světem takové napětí? Jedním z hlavních důvodů novodobých konfliktů je zřejmě obrovská diskrepance mezi civilizační úrovní těchto dvou kultur. S výjimkou sekulárního Turecka, které je navzdory své poloze více evropskou než asijskou zemí, zaostává muslimský svět za ostatním světem (kromě Afriky) v míře osobní svobody, v tom, že ženy jsou vůči mužům v naprosto podřadném postavení, v nedostatečné vzdělanosti, v téměř všeobecné neexistenci demokratické dělby moci, a v důsledku předchozího v celkovém sociálním a hospodářském vývoji. Ve středověku byl přitom islám civilizačně daleko před křesťanstvím, díky islámským překladatelům se například zachovala značná část antické tradice. Potom však křesťanský Západ prudce nastartoval svou cestu k modernitě v renesanci, která postupně oddělila věci světské od věcí náboženských. V tu dobu začal islám cestu sestupnou. Možná právě neexistence islámské renesance (stejně jako neexistence pravoslavné renesance) byla tím klíčovým momentem.

Důležitá je samozřejmě ropa – o kterou má Západ, a dnes i čím dál tím víc Čína, životní zájem. Podle některých pozorovatelů je ale ropné bohatství arabského světa vlastně prokletím, protože arabští vládci se už desetiletí spoléhají na tento přírodní zdroj víceméně samovolně tryskající ze země, místo aby se snažili rozvinout tvůrčí potenciál a podnikavost svých obyvatel. A tak viní ze své zaostalosti Západ, kolonialismus, židy, Ameriku.

V osmdesátých letech, v době války v Afghánistánu, se začala muslimským světem šířit vlna politického extremismu, která byla založena na několika pilířích. Hlavní z nich je paranoidní přesvědčení o celosvětové konspiraci, v níž zlovolní židé, křižáci a vůbec lidé západního světa usilují o zničení islámu a porobení Arabů. Druhý pilíř je přesvědčení o nutnosti vést proti této planetární konspiraci apokalyptickou válku. Třetí pilíř je víra v znovuobnovení islámského kalifátu (*chalífátu*)a ustavení jakési utopické nové společnosti, která nebude tak zkažená, jako je západní svět, a konečně čtvrtý pilíř je přesvědčení, že mučednická smrt v této svaté válce je dobrá a chvályhodná. V létě 1988 byla v Afghánistánu formálně založena Al-Kaída, která si dala za cíl vyhnat všechny nevěřící z muslimských států. Usáma bin Ládin stál v jejím čele.

První válka v Perském zálivu, v roce 1991, tento extremismus výrazně posílila a v příštích letech vznikly desítky výcvikových teroristických táborů, hlavně v Afghánistánu, kde se v roce 1996 zmocnilo vlády radikální hnutí Tálibán. Peníze na financování táborů poskytovali hlavně bohatí stoupenci a také muslimské charitativní organizace – všichni muslimové jsou podle koránu povinni odevzdávat peníze na charitu. Do začátku září 2001 údajně prošlo výcvikem v těchto táborech 70 000 až 100 000 mladých mužů.

Od té doby islámský fundamentalistický extremismus nijak nepolevuje, spíš se zdá, jako by byl ještě virulentnější. Po útoku na New York a Washington bylo zabito několik tisíc příslušníků Al-Kaídy, řada čelných vůdců byla dopadena a tábory v Afghánistánu zmizely po pádu Tálibánu koncem roku 2001. Podle jednoho odhadu se však kolem 20 000 mužů vycvičených v těchto táborech vrátilo do svých zemí a dnes tyto kádry představují jakési metastázy Al-Kaídy, organizačně jsou na ni napojeny jen velice volně, ale ideologicky pokračují v boji proti nevěřícím. Společenské podhoubí, z něhož extremismus vyrůstá, vůbec neuvadá. Během několika měsíců po americké invazi do Iráku v březnu 2003 se údajně v západní Evropě vytvořila rozsáhlá verbířská síť, která poskytuje rekrutovaným radikálům finance, falešné dokumenty i základní teroristický výcvik. Když jsem koncem dubna 2004 četla v *NYT* článek o evropských muslimských militantech, naskakovala mi husí kůže. V městě Lutonu, severně od Londýna, se například schází skupinka mladých Britů, synů pákistánských imigrantů, kteří přísahají věrnost Usámovi bin Ládinovi, nazývají únosce z 11. září „Devatenáct statečných" a radují se z toho, že bombový útok na madridské vlaky vrazil do Evropy klín. Islámský duchovní v ženevské mešitě vyzývá své posluchače, aby „vnutili bezbožné západní společnosti vůli islámu" a protiteroritičtí odborníci upozorňují na to, že se velmi zintenzivňuje internetová a e-mailová komunikace mezi verbíři a mladistvými dobrovolníky, nabízejícími své životy pro svatou válku. A protože v Evropě (mimo Ruska) žije muslimů kolem 20 milionů, nejvíc ve Francii (4,1 milionu) a v Německu (3,6 milionu), jsou zde pro verbíře obrovské lidské zdroje.

Vzestup terorismu je tedy podle mnoha (řekla bych většiny) pozorovatelů úzce spjat s islámskou kulturou, podle jiných je však tento jev důsledkem změněné mezinárodní scény, kdy po skončení studené války už zmizela jednoznačná černobílá a celosvětová konfrontace mezi dvěma bloky. Zajímavý názor zazněl z Columbijské univerzity v New Yorku. Podle Mahmooda Mamdaniho, politologa a antropologa narozeného v Ugandě, je současný terorismus důsledkem americké zahraniční politiky po Vietnamu, kdy americká vláda přešla od přímé intervence proti globálnímu komunismu k podpoře guerilových výpadů malých ozbrojených skupin proti komunistickým vládám v Indočíně, Latinské Americe,

Africe, ale především v Afghánistánu. Toto soukromé, nestátní násilí časem nabylo vlastní dynamiku a setrvačnost a dnes se stalo globálním jevem.

Někteří komentátoři se však domnívají, že v současné době jde především o válku uvnitř islámu. Mezi ně patří i brilantní liberální novinář z *NYT* Thomas L. Friedman, který zprvu irácké tažení podporoval, protože doufal, že povede k ustavení demokratického režimu. V článku 22. ledna 2004 napsal:

Za prvé, názor…, že válka v Iráku nás odchýlila od té pravé války proti „teroristům", je prostě chybný. Každá válka proti „terorismu" se musí zaměřit na špatnou vládu a všudypřítomný pocit pokoření v muslimském světě… Vybudování slušných poměrů v Iráku je důležitou součástí války proti terorismu.

Za druhé, dát někomu prudce do zubů je někdy zapotřebí, aby ti další dostali signál, že budou hnáni k odpovědnosti za netoleranci, kterou podporují a šíří. Odstranění Tálibánu a Saddáma vyslalo tento vzkaz každé vládě v oblasti.

Za třetí, válka v Iráku vedla sice ke zvýšené nenávisti vůči Spojeným státům, ale zároveň podnítila obrovsky důležitý dialog uvnitř arabské a muslimské komunity o nutnosti reforem.

Postupně se však Friedman stával k americkému vedení války víc a víc kritičtější. V článku 11. dubna 2004, když se v Iráku rozhořely boje mezi povstalci a Američany, naléhavě vyzval prezidenta, aby do budování postsaddámovského Iráku zapojil Spojené národy, arabské a muslimské státy a samozřejmě Evropu, protože *když bude s iráckou ulicí bojovat Amerika sama, prohrajeme, ale když se irácké ulici postaví celý svět, je tu šance.* Pak si vypůjčil Dubčekův termín z roku 1968 a napsal, že válka v Iráku není střet mezi Západem a islámem, ale válka mezi muslimy, kteří chtějí islám s lidskou a pokrokovou tváří, souznějící se světem, a těmi, kteří chtějí islám exkluzivní a vůči světu nepřátelský. *Takže ano, potřebujeme veškerou arabskou a muslimskou podporu, aby to v Iráku dopadlo dobře. Ale arabsko-muslimský svět potřebuje dobrý konec v Iráku taky, a možná ještě víc.*

Mezinárodní terorismus nastoluje další otázky. Pomohlo sesazení Saddáma Husajna v boji proti terorismu? Prezident Bush a jeho příznivci tvrdí, že ano, že svět je bezpečnější, kdežto odpůrci šermují čísly a argumentují, že naopak, protože po invazi do Iráku se tato země stala přímo líhní nových teroristů. Na odpověď si budeme muset aspoň jedno desetiletí počkat, teď jsme příliš uprostřed dění. Krátkodobě mají bezpochyby pravdu kritikové invaze, ale pokud se v příštích několika letech situace v Iráku stabilizuje, bude se pak možná operace „Irácká svoboda" jevit mnohem pozitivněji.

Další otázka se týká zbraní hromadného ničení, které Irák prokazatelně měl. Jsou opravdu zničeny, jak se například domnívá zbrojní inspektor Hans Blix, anebo jsou ukryty někde v sousední zemi, v Sýrii nebo v Jordánsku? Blixův závěr o likvidaci iráckých zbrojních programů byl v říjnu 2004 významně podpořen obsáhlou zprávou zbrojního inspektora CIA Charlese A. Duelfera.

Velký otazník také visí nad nukleárním materiálem. V minulých desetiletích rozeslali Američané i Sověti do více než 40 zemí vysoce obohacený uran „pro výzkumné účely", a podle nedávné zprávy z Harvardovy univerzity není zdaleka všechen tento materiál pod striktní kontrolou. Dá se předpokládat, že ve zmatcích po rozpadu Sovětského svazu mohlo v obrovských sovětských skladech nukleárních zbraní docházet ke krádežím. Někteří kritikové prezidenta Bushe jsou přesvědčeni, že zajištění toho, aby se nukleární zbraně nedostaly do nepovolaných rukou, bylo pro bezpečnost Spojených států a celého západního světa naléhavější než sesazení Saddáma Husajna.

Taky se skoro každý den ptám, kdy zase a kde nějací sebevrazi udeří – a vždycky si oddechnu, když nějaké velké mezinárodní setkání skončí v poklidu. Z amerického velvyslanectví dostávám pravidelně e-mailové varování o „zvýšeném nebezpečí", a i když se necítím osobně příliš ohrožena, domnívám se, že jsme v konfliktu s terorismem teprve na začátku.

Češi si vesměs myslí, že se jich tento problém netýká, a proto zřejmě pouze 17 procent občanů souhlasilo s vysláním protiteroristické jednotky do Afghánistánu začátkem března 2004. Já jsem na to naopak byla pyšná a těšilo mě, že začínáme být spoluodpovědní i za dění, které přesahuje českou kotlinu. Ať už člověk vysvětluje mezinárodní terorismus jakýmkoli způsobem, je snad zcela nabíledni, že nejde o nějakou malou krátkodobou bezvýznamnou záležitost. Jsou dokonce tací, kteří současnou mezinárodní situaci označují za čtvrtou světovou válku, přičemž studená válka byla ta třetí. Představa, že se toto globální dění zastaví na Šumavě, v Krušných horách či Krkonoších, je iluzorní.

Vytváření elit

2. března – Super úterý
John Kerry vyhrává v primárkách
v devíti státech, a tím se de fakto stává
demokratickým kandidátem na prezidenta.

John Forbes Kerry je perfektním ztělesněním americké politické a společenské elity. Je to příslušník bohaté novoanglické smetánky, které se říká (s jistou přezíravostí) „brahmíni". Jeho předek z matčiny strany John Winthrop, který přijel do Ameriky z Anglie v roce 1630, byl prvním guvernérem státu Massachusetts. Kerry studoval na Yalské univerzitě, jedné z institucí „břečťanové ligy", a od roku 1985 je senátorem. Kerry a jeho manželka dnes vlastní dům v Bostonu, dům ve Washingtonu, letní dům v Nantucketu, jedno sídlo v Pittsburghu a lyžařskou chatu v Idahu. Všechno to jsou milionové nemovitosti. Přitom ovšem jako správný prezidentský kandidát přesvědčuje voliče o tom, že je vlastně jeden z nich, že jim rozumí líp než současný prezident, který hlavně hájí zájmy bohatých korporací. Při kampani pojídá téměř výhradně sendviče z bílého toastového chleba s arašídovou pomazánkou a jahodovým džemem – ony proslulé a pro Neameričany zhusta nepojídatelné „peanut butter and jelly sandwich" – a ve svých projevech slibuje, že střední třída, těch zhruba 80 až 85 procent „normálních" Američanů, se za jeho prezidentování budou mít líp než dnes.

To mě přivádí k přemýšlení o elitách a o tom, jak je v tomto smyslu Amerika úplně jiná než Česko. V diskusích o české národní povaze (nebo české otázce či údělu) obvykle dřív či později přijde na přetřes známá skutečnost, že jsme plebejský národ, že od Bílé Hory nemáme vlastní aristokracii, a že proto jsme tak náchylní k rovnostářství (a tím i ke komunismu). Podle mnohých navíc z našeho plebejství pramení česká závistivost a neschopnost a nechota vážit si kohokoli, kdo nějak vynikne z průměrnosti. Slovo elita bylo ještě donedávna spíš pejorativní. Amerika je také v mnohém plebejská země, aristokracii neměla vůbec nikdy (to my jsme aspoň měli Přemyslovce a Lucemburky), ale ke komunismu, závisti a neochotě ocenit elity jejich plebejství vůbec nevedlo, spíš naopak. Pár let po příjezdu do Ameriky mi na toto téma řekl jeden profesor, původem z Prahy, že v Americe není tolik závisti, protože možností je tam mnohem víc – když se člověk neuplatní v New Yorku, může to zkusit ve Washingtonu nebo v Los Angeles, když to nějak nejde na jedné univerzitě, může to jít na jiné, když neuspějete v politice, založíte si nějaký podnik. Trochu později jsem pochopila, že pro relativní nedostatek závisti jsou také důležité základní pilíře americké výchovy – že totiž člověk má svůj osud v rukou, když bude pilný, může to dotáhnout daleko, a navíc že jsme každý jiný a to je dobře a v pořádku.

Američané obdivují lidi, kteří se vypracovali od píky, a ti, kteří začínali téměř z ničeho – *self-made men* – o tom rádi mluví. Prezident Nixon se například často zmiňoval o svém nuzném dětství a Bill Clinton také velmi otevřeně připomínal své rodinné poměry, a za svou matku se ani trochu nestyděl, i když na první pohled vypadala poněkud dryáčnicky. Příběh Billa Gatese, který nedostudoval vysokou a pak začal cestu k bohatství v garáži, je rovněž naplněním amerického snu. Miliony mladíků už desetiletí sní o sportovní kariéře v národním sportu baseballu nebo v americkém fotbalu. Do New Yorku, kde je na pár kilometrech čtverečních největší světová koncentrace nakladatelství, přitéká nevysychající proud literárních adeptů. Ti jednak bombardují redaktory tlustými rukopisy, anebo žádostivě hledají zaměstnání v redakcích, která jsou sice obvykle mizerně placená, ale ulpívá na nich jakýsi matný odlesk slávy. Na západním pobřeží proudí davy filmových nadšenců do Hollywoodu, mnozí s přesvědčením, že se jim podaří dostat se až nahoru – stejně jako se to podařilo trochu přitloustlé, bezvýrazné Normě Jean Mortenson, která si pokořila Ameriku jako Marilyn Monroe.

Naprostá většina Američanů vidí hlavní sílu země v podnikatelském duchu a individuálních podnikatelích, ale lidé spojení s velkými korporacemi v posledních letech spíš vzbuzují nedůvěru – ne proto, že jsou bohatí (být bohatý je suverénní právo každého Američana), ale proto, že na nich ulpívá podezření z nepoctivosti. To souvisí s velkými finančními skandály spojenými s mamutími firmami Enron a Worldcom. Když energetická společnost Enron vyhlásila 2. prosince 2001 bankrot, byl to do té doby největší podnik v americké historii, který zkrachoval, ale 21. července 2002 ho předstihla telekomunikační firma WorldCom. Finanční list *The Wall Street Journal* začátkem roku 2004 přinesl zprávu o tom, že až 75 procent Američanů se na velké korporace dívá negativně. To je jeden z důvodu nepopularity viceprezidenta Cheneyho, který byl před svým působením v Bílém domě několik let ve vedení nechvalně proslulé firmy Halliburton. Dvě třetiny Američanů se také domnívají, že Bushův Bílý dům má blíž ke korporačnímu světu než k obyčejnému „průměrnému chlapíkovi“.

Američané tedy milují „selfmademany“, ale zároveň si americké publikum považuje svou nativní modrou krev. Nejnóblovější jsou potomci Poutníků, kteří přistáli na lodi Mayflower v listopadu 1620 blízko budoucího přístavu Plymouth ve státě Massachusetts. V roce 1909 si založili společnost zvanou Národní asociace synů a dcer Poutníků (National Association of Sons and Daughters of Pilgrims). Velmi prestižní je také rodokmen sahající k americké revoluci, který sdružuje tyto potomky do dvou velkých organizací, Národní společnost dcer americké revoluce (National Society of Daughters of the American Revolution), z roku 1890, a Národní společnost synů americké revoluce (National Society of Sons of the American Revolution), z roku 1889. V jižních státech patří zase mezi smetánku lidé sdružení ve dvou organizacích navazujících na jižanskou konfederaci – Sdružené dcery konfederace (United Daughters of the Confederacy), z roku 1894, a Synové konfederačních veteránů (Sons of Confederate Veterans), z roku 1896. Členové těchto organizací nebývají nutně bohatí ani slavní – znala jsem například řadovou knihovnici v Princetonu, jejíž maminka byla členkou Dcer revoluce – ale představují jakousi společenskou elitu.

Zajímavá situace vznikla na jaře 2004, když se o členství ve Sdružených dcerách konfederace začala zajímat Essie Mae Washington-Williams, učitelka v důchodu, která pár měsíců předtím veřejně odhalila, že je nemanželskou dcerou nedávno zesnulého senátora Stroma Thurmonda z Jižní Karolíny a černé služebné, která v domě Thurmondů pracovala ve dvacátých letech. Pan senátor, jeden z nejvýraznějších členů amerického Kongresu druhé poloviny 20. století, se asi obrací v hrobě, protože byl celý život ohnivým zastáncem segregace. Černošské komunity po celých Spojených státech přijaly odhalení senátorovy licoměrnosti se zadostiučiněním a pobavením, ale pak je trochu překvapilo, když se paní Washington-Williams přihlásila ke svému bílému dědictví. Ona však doufá, že její velmi poučný životní příběh přispěje k hlubšímu přemýšlení o rasových vztazích v Americe.

Mezi ekonomické elity patří členové velkých podnikatelských a obchodnických rodinných klanů, které se začaly vzmáhat koncem 19. a začátkem 20. století, jako například Carnegie, Ford, Rockefeller,

Forbes, Getty, Mellon a mnohé další. Dnes jsou tyto rodiny široce rozvětvené a většina jejich příslušníků patří do vyšších společenských vrstev. Všechny tyto rodiny také mají obrovské nadace (někdy třeba i víc než jednu), které ročně rozdělují miliony dolarů na různé vzdělávací, humanitární a jinak bohulibé účely.

Mezi první a druhou světovou válkou se finančně zmohla další garnitura. Do ní patří například rodina Hiltonů, která vlastní síť luxusních hotelů po celém světě. Jedinými dědičkami tohoto rodinného impéria jsou mladé, dosti divoké dámy Paris a Nicky Hilton, kolem nichž neustále krouží hordy novinářů jako můry kolem světla. Mé první setkání s Hiltonem se odehrálo v Havaně na Kubě, hotel už byl po sedmi letech Castrovy vlády poněkud omšelý, ale pořád ještě pro studentku z komunistického Československa ohromující. V Česku je známý Ronald S. Lauder, dědic světoznámé kosmetické firmy Estée Lauder, která měla svůj původ někdy ve dvacátých letech dvacátého století v jedné newyorské kuchyni, kde si mladá Estée vařila na plotně pleťové krémy. Lauderova nadace dnes podporuje hlavně židovské vzdělávání.

Relativně nedávno zbohatlí podnikatelé, jako například George Soros (původem maďarský žid, který přišel do Ameriky po válce), už také mají následovníky – Sorosův třiatřicetiletý syn, právník s titulem z Harvardu, začíná hrát aktivní roli v demokratické politice. Bill Gates, nejbohatší muž planety, je navíc jedním z největších mecenášů v historii vůbec. Mezi významné podnikatele dále patří rodina Waltonů, majitelů obchodního řetězce Wal-Mart – na seznamu nejbohatších Američanů v roce 2004 bylo dokonce Waltonů pět, na čtvrtém až osmém místě.

Dvě významné politické rodiny hrají v Americe roli od 60. let – Kennedyové a Bushové, ostatní poválečních prezidenti dynastie nezaložili. Uvidíme, jak si povede ctižádostivá Hilary Clintonová, a jestli se třeba časem v politice neobjeví Chelsey Clintonová. Kongresmani a guvernéři jednotlivých států představují politickou smetánku země, důležití jsou také starostové velkých měst. Za jednu z nejprestižnějších politických funkcí je považováno místo starosty New Yorku. A pak tu jsou desetitisíce dalších volených míst, ve státních a lokálních vládách, v místních školních radách, a v mnoha státech i v justici. Celkem je ve Spojených státech přes půl milionu volených úřadů, což je víc než v kterékoli jiné zemi na světě (i v poměru k počtu obyvatel). V každém čtyřletém volebním cyklu se koná zhruba milion volebních soutěží. I to svědčí o vitalitě americké demokracie.

O intelektuálních elitách se píší dlouhé knihy, takže v několika krátkých odstavcích mohu uvést jen pár bodů. Na rozdíl od českých poměrů mají mnohem menší celospolečenský vliv spisovatelé. Je to zřejmě proto, že nikdy nepotřebovali působit jako národní obrozenci – a tak třeba světově uznávaní autoři, jako John Updike či Saul Bellow, na kolektivní duši Ameriky působí asi míň, než by se dalo odvozovat z jejich literární slávy. Kurt Vonnegut byl mezi americkými spisovateli výjimečný tím, že se stal v šedesátých letech kultovním autorem, takže se spisovatelstvím dokonce mohl uživit (což normálně mohou jen autoři nejslavnějších populárních bestsellerů, jako například Stephen King).

V osmdesátých letech doznívala éra vlivných rozhlasových a televizních novinářů, z nichž já jsem zažila Waltera Cronkita z televizní stanice CBS. Dnes už téměř devadesátiletý Cronkite (narozen v roce 1916) se ještě občas objeví na veřejnosti, ale od roku 1962 do roku 1981, kdy byl hlavním zpravodajem večerních zpráv CBS, mu naslouchala a důvěřovala velká část Ameriky. Politikové analyzovali jeho komentáře slovo po slovu a traduje se, že když Cronkite zaujal negativní postoj k válce ve Vietnamu, prezident Lyndon B. Johnson se v březnu roku 1968 rozhodl do úřadu prezidenta znovu nekandidovat. Při dnešní roztříštěnosti televizní nabídky (kanálů jsou v Americe stovky) a vzrůstající poptávce po zábavných zprávách už nikdo Cronkitova formátu nedosahuje. Z televizních osobností má možná největší vliv Larry King, který od roku 1985 vede na stanici CNN rozhovory se slavnými, důležitými a zajímavými hosty.

Vyšší patra veřejného mínění také ovlivňují novináři a komentátoři, kteří píší do renomovaného váženého tisku, ať deníků či týdeníků nebo měsíčníků, a kteří jsou označovaní jako „pundits", což je odvozeno z hindského slova pandit neboli mudřec. V češtině by se nejspíš řeklo „znalec" či „autorita", také jsem narazila na výraz „veřejný intelektuál". Politickou a společenskou debatu na té nejvyšší úrovni také ovlivňují akademikové (jako například Lipset či Huntington a další autoři citovaní v této knížce) a členové různých odborných koncepčních center, kterým se říká „think-tanks", doslova nejspíš „nádrže myšlenek".

Asi největším zdrojem amerických elit jsou prestižní univerzity, kam chodí studovat synové a dcery již existující smetánky, ale i řada „obyčejných" mladých lidí, jimž se na těchto univerzitách otvírá cesta k vysoce placeným a významným místům. Mezi nejlepšími univerzitami hraje přední roli skupina známá jako „břečťanová liga", která zahrnuje sedm univerzit (které udělují jak bakalářské, tak doktorské tituly) a jednu kolej (college, uděluje jenom bakalářské tituly) – Brown v Rhode Islandu, Columbia na Manhattanu v New Yorku, Cornell v New Yorku, Dartmouth College v New Hampshire, Harvard v Massachusetts, University of Pennsylvania ve Filadelfii, Princeton v New Jersey a Yale v Connecticutu. Tyto instituce, kromě Cornellu založené už před americkou revolucí, produkují americké elity už po generace. Například oba uchazeči o prezidentský úřad v tomto roce, George W. Bush a John F. Kerry, vystudovali Yalskou univerzitu, a ze sedmnácti prezidentů dvacátého století jich na univerzitách „břečťanové ligy" vystudovalo šest. Woodrow Wilson byl dokonce osm let prezidentem Princetonu, než se stal guvernérem státu New Jersey a prezidentem Spojených států.

Univerzit a čtyřletých kolejí (které udělují pouze bakalářské tituly) je v Americe přes tisíc, a dále je tam několik tisíc dvouletých kolejí a místních „community colleges", ale opravdu prvotřídní vzdělání poskytuje pouze několik desítek institucí. Kromě „břečťanové ligy" patří mezi špičkové univerzity například systém texaských univerzit, Stanford University v Kalifornii, University of California v Berkeley, California Institute of Technology v Pasadeně, Massachusetts Institute of Technology (MIT) v Cambridge, New York University v New Yorku, Washington University v hlavním městě, Michigan University v Ann Arbor, University of Chicago v Chicagu, Northwestern University v Evanstonu, Illinois, Emory University v Atlantě a další. Pokud získáte bakalářský titul nebo doktorát (PhD, „pí ejč dý") na některé z těchto institucí, máte ve velké většině případů do života vyhráno, svět vám tak říkajíc leží u nohou.

Přehledy

Zahraniční intervence USA po vietnamské válce

25. října 1983	Invaze do Grenady, po puči, při němž byl svržen a popraven marxistický premiér Maurice Bishop. USA a šest dalších latinskomerických zemí.
20. prosince 1989	Invaze do Panamy, 24 000 amerických vojáků obsazuje během několika dnů hlavní město, panamský diktátor Manuel Noriega svržen.
17. ledna až 27. února 1991	První válka v Perském zálivu, operace Pouštní štít/Pouštní bouře (Desert Shield/Desert Storm) jako odveta za napadení Kuvajtu Irákem v srpnu 1990. Pod hlavičkou OSN se operace účastnilo 34 zemí, Spojené státy vyslaly téměř 470 000 vojáků, zahynulo asi 380 Američanů.
Prosinec 1992	Humanitární operace Nastolení naděje (Operation Restore Hope) v Mogadišu, Somálsko, pod hlavičkou OSN. Po zlynčování 18 amerických vojáků v říjnu 1993 se v březnu 1994 Američané stahují ze země.

15. září 1994	Pod hlavičkou OSN se v Haiti vyloďují američtí vojáci na podporu návratu prezidenta Aristida, svrženého ve vojenském převratu v roce 1991. Vylodění se obešlo bez násilí.
Koncem prosince 1995	Do Bosny a Hercegoviny začínají přicházet první z 20 000 amerických mírových sborů.
24. března až 20. června 1999	V rámci NATO bombardují americká letadla Jugoslávii, aby zastavily etnickou čistku v provincii Kosovo, bombardování končí po 78 dnech a pak přicházejí mírové sbory OSN.
7. října až 20. prosince 2001	Američané útočí na Afghánistán, porážka Tálibánu, který se vzdává 7. prosince, 20. prosince 2001 přicházejí mírové sbory OSN. Zahynulo přibližně 100 Američanů.
19. března 2003	Začíná válka v Iráku.

Největší teroristické útoky po 11. září 2001 (kromě Iráku a Izraele)

12. října 2002	Bombové útoky na noční klub na ostrově Bali, Indonésie, 202 mrtvých, za útok odpovědná islámská skupina napojená na Al-Kaídu.
23. října 2002	Asi 50 čečenských gueril „unáší“ víc než 800 rukojmí v moskevském divadle Dubrovka, při osvobozovací akci jsou zabiti všichni Čečenci a 129 rukojmí.
12.–13. května 2003	Saúdská Arábie, čtyři sebevražedné noční útoky v hlavním městě Rijádu na ubytovací komplexy západních cizinců, 35 mrtvých (včetně 8 Američanů a 9 útočníků), útok údajně provedla Al-Kaída.
16. května 2003	Maroko, pět sebevražedných teroristických útoků v Casablance, 45 mrtvých včetně 10 útočníků, víc než 100 zraněných, extremistická skupina spojená s Al-Kaídou.
8. listopadu 2003	Saúdská Arábie, sebevražedný útok zabíjí 17 lidí a zraňuje 122 v komplexu pro cizí pracovníky v Rijádu.
15. a 20. listopadu 2003	Auta s bombami explodují v Istanbulu u britské banky, u britského konzulátu a u dvou synagog, celkem 62 mrtvých včetně útočníků, téměř 500 zraněných.

6. února 2004	Teroristický útok v moskevském metru, zabito 40 lidí, ruská vláda obvinila čečenské separatisty, kteří však obvinění odmítají.
11. března 2004	Teroristické útoky na nádraží v Madridu ve Španělsku, 191 mrtvých, k útoku se přihlásili maročtí teroristé napojení na Al-Kaídu.
29. května 2004	Teroristický útok v Chubáru v Saúdské Arábii, zahynulo 16 lidí.
1. září 2004	Útok na školu v Beslanu v Severní Osetii, víc než 1200 rukojmí, o život přišlo 365 lidí včetně 156 dětí, k útoku se přihlásil čečenský terorista Šamil Basajev.
7. října 2004	Pumové atentáty v egyptských letoviscích Taba a Nuvajbá, o život přišlo nejméně 34 lidí. Je podezření, že za útoky stála Al-Kaída.

DUBEN
2004

Události

3. dubna

Americké ministerstvo práce oznamuje, že v březnu přibylo 308 000 pracovních míst a nezaměstnanost se snížila z 5,7 na 5,6 %.

4. dubna

V iráckém městě Nadžáf začíná povstání radikálního šíitského klerika Muktady Sadra.

5. dubna

Američané začínají obléhat město Fallúdžu, následujícího dne začínají boje a ztráty na životech.

8. dubna

Poradkyně pro národní bezpečnost Condoleezza Rice svědčí pod přísahou před Komisí pro 11. září.

Prezident Bush končí shromažďování financí, celkem vybral 180 milionů dolarů, což je dvakrát víc, než utratil za kampaň v roce 2000.

11. dubna

V Iráku jsou uneseni tři čeští novináři. Na svobodu jsou propuštěni 16. dubna.

13. dubna

Prezident Bush pořádá tiskovou konferenci.

14. dubna

Prezident Bush vyjadřuje podporu plánu izraelského premiéra Ariela Šárona ponechat na západním břehu Jordánu některé větší židovské osady, stáhnout se z pásma Gazy a odmítnout právo palestinských uprchlíků na návrat.

Teroristé v Iráku zabíjejí ranou z revolveru do týla prvního uneseného rukojmího, je to Ital Fabrizio Quatrocchi, který pracoval jako člen ochranky pro plynovod americké společnosti.

15. dubna

Usáma bin Ládin nabízí evropským zemím usmíření: pokud během tří měsíců stáhnou své vojáky z muslimských zemí, zastaví Al-Kaída proti těmto zemím teroristické akce.

16. dubna

Prezident Bush a britský premiér Tony Blair oznamují v Růžové zahradě u Bílého domu, že souhlasí s tím, aby OSN jmenovaly prozatímní iráckou vládu, která se ujme v Iráku moci 30. června.

19. dubna

Vláda Hondurasu oznamuje, že stáhne z Iráku svých 370 vojáků.

20. dubna

Vychází kniha Boba Woodwarda *Plan of Attack* (Plán útoku).

21. dubna

John Kerry se po dvou měsících shánění financí opět objevuje na scéně.

25. dubna

Ve Washingtonu se koná velká demonstrace na podporu práva na potraty. Podle organizátorů dosáhl počet účastníků milion.

26. dubna

Na Westminster College ve Fultonu, Missouri, napadá viceprezident Dick Cheney Johna Kerryho tak ostře, že ho za to kritizuje prezident školy ve veřejném prohlášení.

Koncem dubna

OSN začíná prověřovat zneužití humanitárního programu „ropa za potraviny", na němž se údajně obohatila kromě Iráčanů i řada prominentních Evropanů.

28. dubna

Al Gore oznamuje, že víc než 6 milionů dolarů, které mu zbyly z neúspěšné prezidentské kampaně v roce 2000, věnuje na podporu demokratické strany a kandidatury Johna Kerryho.

V programu televizní stanice CBS *60 minut* se objevují první fotografie týrání iráckých vězňů Američany v bagdádské věznici Abú Ghraíb.

29. dubna

Více než tři hodiny odpovídají v Oválné pracovně v Bílém domě Prezident Bush a viceprezident Cheney na otázky členů Komise pro 11. září.

Komentář

Začátkem měsíce se objevily odhady, že pouze 10 procent voličů je dosud nerozhodnutých, kterého z prezidentských kandidátů budou volit, což je neobvyklé – sedm měsíců před volbami většinou váhá víc lidí. Letošní prezidentské zápolení je intenzivnější než všechny kampaně v minulých desetiletích, obě strany bojují o každého jednotlivce. Jeden z koordinátorů prezidentova týmu prohlásil: *Najdeme každého Bushova voliče, budeme jim volat, budeme jim psát, přijdeme jim zaklepat na dveře, a až přijde den voleb, vezmeme je za ruku a dovedeme je do volebních místností.* Republikáni tradičně vždycky spíš spoléhali ve svých volebních kampaních na velké korporační dárce, ale tentokrát se šéfové Bushova volebního týmu v přípravě na tuhý zápas rozhodli pro takzvané Mnohoúrovňové marketingové schéma (Multilevel Marketing Scheme, MLM), což je strategie typická pro pyramidové podniky, jako například Amway nebo Mary Kay Cosmetics. V tomto systému je povinností každého distributora nejen prodávat výrobky firmy, ale zároveň získávat další distributory. Amway, která se dostala už i do České republiky, je z těchto společností nejúspěšnější a má dnes 3,6 milionu prodejců po celém světě. Nejde však jen o prodávání výrobků, MLM také znamená, že všichni účastníci jsou vtaženi do společnosti téměř jako členové sekty či kultu, absolvují všelijaká inspirativní setkání, kde jsou povinni cítit se jako ve vlastní rodině. Bílý dům by tedy letos rád podchytil co nejvíc voličů podobným způsobem.

Prezident doufal, že v tuto dobu už bude situace v Iráku uklidněná a on se bude moci soustředit na to, aby americkým voličům dnes a denně zdůrazňoval, že jeho vyzyvatel nezajistí bezpečnost Ameriky tak dobře jako on. Už začátkem roku se označil za „válečného prezidenta“ (war president) a téma George W. Bushe jako rozhodného vůdce v čase ohrožení se vine jako červená niť všemi republikánskými předvolebními projevy. V Iráku se však situace neuklidňuje, právě naopak.

V neděli 28. března nařídil americký správce Iráku L. Paul Bremer III., aby bylo na 60 dní pozastaveno vydávání populárních bagdádských novin *Al-Hawza*, které podle Bremera nabádají k násilí. Toto periodikum se totiž stalo jakousi hlásnou troubou radikálně protiamerického šíitského duchovního Muktady Sadra, třicetiletého syna kdysi mocného šíitského duchovního (ajatoláha), kterého zavraždili Husajnovi agenti v roce 1999. Sadr má podporu u mladých lidí, ale jeho extrémní rétorika vzbuzuje u starších šíitských duchovních vesměs nelibost.

V odpovědi na uzavření *Al-Hawzy* se v sobotu 3. dubna vyrojily do ulic Bagdádu protestující Sadrovi přívrženci, tzv. „Mahdího armáda", která byla vytvořena v létě 2003. Následujícího dne, v neděli 4. dubna, vyzval Sadr své následovníky, aby terorizovali nepřátele, a během několika hodin nato zaplavily desítky tisíc Sadrových milicí ulice pěti měst – Bagdádu, Sadr City, Nadžáfu, Kufy a Amary. Mladíci, ozbrojení granáty, „kalašnikovy", pistolemi a puškami, se zmocnili policejních stanovišť a stanic hlídaných Iráčany (spolupracujícími s americkou správou) a už první den zahynulo 7 amerických vojáků. Do konce dubna jich bylo 135, zatím nejvyšší počet amerických ztrát na životech v jednom měsíci (v listopadu přišlo o život 82 vojáků) od začátku května 2003, kdy prezident Bush hrdě prohlásil na palubě letadlové lodi *Lincoln*, že „Mise byla splněna".

Místo aby se počet amerických vojáků začal postupně snižovat, je jich v Iráku stále 134 000. Boje s šíitskými i sunnitskými vzbouřenci pokračují celý měsíc a navíc teroristé přicházejí s novým trikem – začínají unášet civilisty ze zemí, které tvoří „koalici ochotných" – mezi nimi jsou i tři čeští novináři. Ti vyváznou dobře, za pět dní se bez úhony vracejí, ale jeden italský novinář je zavražděn (ne „popraven", jak píší některá česká periodika – poprava je výsledek soudního procesu) . Boje v Iráku znepokojují i pravicové komentátory a politiky, jako například komentátora televizní stanice Fox

News Billa O'Reillyho, který dokonce začátkem dubna přirovnává situaci v Iráku k situaci v jižním Vietnamu. Obavy z „nového Vietnamu" zaznívají i od jiných republikánů. Navíc se objevují zprávy o vojenských rodinách, které sledují vývoj v Iráku s velkými obavami a začínají váhat, zda budou znovu volit George W. Bushe. Výtky, že prezident neřekl pravdu, jsou už slyšet i z těchto tradičně pevných republikánských bašt. Srovnání s Vietnamem však pokulhává – podpora pro tehdejší válku klesla na 40 procent teprve v roce 1968, kdy už ve Vietnamu zahynulo 20 000 vojáků. V Iráku zahynulo do konce dubna „teprve" něco přes 700 vojáků. Válku koncem měsíce stále ještě podporuje 47 procent Američanů – což je ale velký pokles od prosince 2003, kdy ji podporovalo 63 procent.

Novinářka Maureen Dowd vypadá na fotografii jako křehké stvoření, ale píše se zcela nekřehkou vervou. V článku v *NYT* 8. dubna shrnuje situaci následovně:

Pan Rumsfeld si myslel, že když podnikneme invazi do Iráku, vyženeme z amerického povědomí syndrom Vietnamu, neochotu používat násilí. Místo toho přinesla invaze strašidlo nového Vietnamu, kde naši stateční vojáci nerozumějí místní kultuře, nedokážou rozeznat nepřítele a nemají žádnou strategii odchodu...

Dick Cheney si myslel, že strach je lepší než slabošská diplomacie a že když Amerika srazí jednoho nepřítele, všichni ostatní se zaleknou. Opak je pravda. V důsledku invaze do Iráku nepřátel Ameriky přibylo a dostali větší kuráž.

Pan Cheney a pan Rumsfeld si mysleli, že Amerika musí zacvičit svými velmocenskými svaly, vykastrovat Spojené národy a vykašlat se na multilaterální dohody. Jenomže teď se Bílý dům asi bude plazit zpátky a žádat o pomoc.

Jestřábi si mysleli, že ustaví v Iráku demokracii a ostatní arabské státy se přidají jako domino. Opak je pravda. Domina padají v mnohem děsivějším směru.

Když si pročítám v záplavě článků texty z protilehlých politických táborů, mám někdy pocit, že jak odpůrci, tak příznivci prezidenta

Bushe stále opakují totéž, ať se děje cokoliv. Prezidentovi kritikové například nepřiznávají, že George W. Bush je značně flexibilní. I když na začátku války v Iráku sebejistě prohlašoval, že Spojené státy se nebudou nikoho ptát na dovolení, co smí dělat, tlaky ze všech stran nakonec vedou k tomu, že souhlasí s plánem OSN připravit formální předání moci Iráčanům koncem června 2004.

Zatímco se v Iráku rozhořívá povstání, prezidentova poradkyně pro národní bezpečnost Condoleezza Rice se objevuje 8. dubna před Komisí pro 11. září, aby pod přísahou veřejně svědčila o protiteroristické politice Bílého domu a vyvrátila nařčení z toho, že před 11. zářím 2001 prezident Bush ignoroval hrozbu teroristických útoků Al-Kaidy. I její svědectví dokládá prezidentovu povolnost – George Bush dlouho trval na tom, aby jeho oblíbená poradkyně svědčila za zavřenými dveřmi (což je historicky mnohem běžnější, lidé z prezidentova nejbližšího okruhu obvykle mají tzv. exekutivní privilegia), ale nakonec pod tlakem svolil. Devětačtyřicetiletá „princezna bojovnice“ (Warrior Princess) patří mezi nejefektivnější zastánce prezidentovy politiky a i velcí kritikové Bílého domu se o ní většinou vyjadřují s respektem. Pochází ze zámožné vzdělané rodiny a je to nadaná pianistka, dokonce se v mládí rozhodovala mezi studiem politiky a studiem hudby, ale především je to výrazně inteligentní žena, schopná precizních formulací a přesvědčivého projevu. Není provdaná ani nemá děti a po roce 2000 se tak trochu stala členkou Bushovy rodiny.

Condoleezza Rice ve výpovědi obstála dobře, ale titulky CNN dole na obrazovce s mnoha jejími tvrzeními poněkud kontrastovaly. Zatímco například prohlašovala, že invaze do Iráku nejenom odstranila zdroj „násilí a strachu a nestability v nejnebezpečnějším místě světa“, ale také „zajistí bezpečnost naší země v následujících desetiletích“, diváci se zároveň dozvídali o dalším násilí a dalších mrtvých v Iráku.

Následující týden v úterý, 13. dubna, uspořádal prezident Bush svou třetí velkou tiskovou konferenci (v hlavním vysílacím večerním čase) od doby, kdy nastoupil do úřadu – první svolal měsíc po útocích 11. září a druhou těsně před invazí do Iráku. Ve svém úvodním sedmnáctiminutovém prohlášení prezident znovu zdůraznil, že operace v Iráku byla správná, že to je nedělitelná součást boje proti terorismu a že v Iráku bude do konce roku 2005 fungovat demokracie. Hlavní cíl tiskové konference bylo přesvědčit Američany, že i když se v Iráku situace zhoršila, prezident je stále pevně v sedle. Své příznivce Bush nezklamal, odpůrci ho samozřejmě zkritizovali (že nepředložil jasný plán, jak situaci v Iráku řešit) a váhavci dále váhají.

Následující týden vyšla kniha slavného investigativního novináře Boba Woodwarda, který se svým kolegou Carlem Bernsteinem v sedmdesátých letech odhalil aféru Watergate. Jeho nejnovější reportáž, *Plan of Attack* (Plán útoku), je založena hlavně na rozhovorech s ministrem obrany Colinem Powellem (ale také s více než 75 dalšími politickými aktéry) a detailně dokumentuje přípravy tažení na Irák. Woodward se snaží být co nejférovější, prezidenta nijak nenapadá, ale jeho kniha potvrzuje, že Bushův Bílý dům byl Irákem posedlý od samých začátků. Nejvíc na vypořádání s Irákem tlačil Dick Cheney, který byl ministrem obrany v kabinetu Bushe seniora a intenzivně ho trápilo, že první válka v Perském zálivu v roce 1991 s Husajnem neskoncovala. Woodward také dokumentuje napětí mezi Cheneym a Powellem, které se před válkou vyhrotilo do té míry, že si svoje rozdílné názory nebyli schopni vyříkat.

Ještě se zmíním o jedné knize, z docela jiného soudku. Napsal ji filozof Peter Singer, jmenuje se *The President of Good and Evil* (Prezident dobra a zla), její vázané vydání se objevilo už v březnu a 17. dubna pak vyšla kniha v paperbacku. V úvodu ke knize autor píše:

Když jsem řekl přátelům a kolegům, že budu psát knihu o „Bushově morálce", někteří z nich vtipkovali, že to je oxymóron, protiklad, anebo že to musí být hrozně krátká kniha. Copak si neuvědomuju, ptají se mě nevěřícím tónem, že Bush je prostě jen další politik, který říká hlavně to, co si myslí, že přispěje k jeho zvolení nebo znovuzvolení? Vždyť on se ani nedokáže dostatečně dlouho soustředit, říkají mi, nemluvě o tom, že nemá dost inteligence, aby vůbec přemýšlel o nějakém koherentním filozofickém postoji. Místo abych plýtval časem tím, že budu jeho poznámky o morálce brát vážně, navrhují mi, abych odhalil pokrytectví všech těch jeho řečí. Měl bych prý ukázat, že to, co ve skutečnosti dělá, je vždycky v zájmu jeho texaských naftařských kamarádů, anebo v zájmu velkých korporací a bohatých individuálních dárců, kteří tak tučně přispívají na jeho kampaň…

Myslím si však, že pravda je složitější, než se domnívají moji skeptičtí přátelé. Ale i kdyby měli pravdu o prezidentových motivech, nepřestala by jeho morální filozofie být zajímavá. Desítky miliony Američanů věří, že prezident je upřímný, a sdílejí jeho názory na širokou škálu etických problémů. Tito Američané také bez ptaní přijímají zářivý, pozitivní obraz Ameriky a její unikátní výbornosti, který prezident prezentuje ve svých projevech. Ti, kteří se domnívají, že naivně věřím v Bushovy názory, mohou tedy chápat mou knihu jako zkoumání a analýzu souboru přesvědčení, které je široce sdíleno americkým publikem, ať už hlavní mluvčí, formulující tato přesvědčení, opravdu věří tomu, co říká, nebo ne.

Jak ukáže můj „soukromý výzkum veřejného mínění“, v kapitole ČERVEN 2004, prezidentovi obhájci na něj opravdu nedají dopustit.

John Kerry se v prvních třech dubnových týdnech moc neprojevoval, asi si potřeboval trochu oddechnout po svém překvapivě mohutném vítězném tažení v primárkách. Také ale soustředil pozornost na sbírání financí, protože za prezidentem pořád pokulhává. V kampani mu však významně pomáhají tzv. „advocacy groups“, jinak také známé jako „pět set dvacet sedmičky“ (527s, podle čísla paragrafu daňového zákona), což jsou formálně nestranické politické organizace, které vybírají peníze, zajišťují politické reklamy a mobilizují voličskou základnu. Tyto organizace nepodléhají tak striktním finančním pravidlům jako vlastní volební kampaně a letos toho plně využívají. Pravděpodobně nejvlivnější z nich je na jaře 2004 America Coming Together (česky přibližně „Amerika se spojuje“ nebo „Amerika se dává dohromady“), kterou do značné míry financuje George Soros.

Na závěr dubnového komentáře pár vět o šestiletém programu „Ropa za potraviny“, který v devadesátých letech organizovaly Spojené národy na pomoc Iráku. Ten mohl vyvézt omezené množství ropy, za niž se pak nakupovaly potraviny, léky a další humanitární potřeby, údajně proto, aby irácké obyvatelstvo tolik netrpělo mezinárodními sankcemi uvalenými na Husajnův režim. Už krátce po invazi do Iráku na jaře 2003 se objevily první zprávy, že s programem nebylo všechno v pořádku. Postupně začalo vycházet najevo, že tam byla spousta korupce a „provizí“, na nichž se obohatili jak Saddám Husajn, tak evropští a ruští výrobci a arabští prostředníci, a navíc i byrokrati Spojených národů. Údajně šlo až o pět miliard dolarů úplatků, což by z této aféry udělalo největší úplatkářský skandál v historii. Kauzy se v březnu 2004 energicky ujal můj oblíbený konzervativní komentátor William Safire (mockrát s ním nesouhlasím a při čtení jeho článků mi někdy příjemně stoupá v krvi adrenalin, ale je tak chytrý, že jeho sloupky velmi stojí za čtení), a v dubnu generální tajemník OSN Kofi Annan oznámil, že OSN zahájí vyšetření celé záležitosti. Věc také zkoumají americké instituce a Safire předvídá, že vyšetřovací komise vydají zprávy někdy na jaře 2005 a že to budou skandální závěry.

Témata

Izrael a židé v Americe

14. dubna 2004

Prezident Bush vyjadřuje podporu plánu Ariela Šárona ponechat na západním břehu Jordánu některé větší židovské osady, stáhnout se z pásma Gazy a odmítnout právo palestinských uprchlíků na návrat.

Když pomineme japonské kamikadze z druhé světové války, začali v moderní době sebevražedné teroristické útoky na civilisty používat Palestinci. V období od dubna 1993 do dubna 2003 došlo k více než 250 sebevražedným útokům Palestinců, z nichž se ovšem některé nezdařily. Terorismus v Izraeli byl tedy jakousi předehrou dnešních útoků Al-Kaídy a organizací s ní spojených. Střet mezi Izraelem a Palestinci je však stále ústředním bodem mezinárodního boje proti terorismu, a jedním z hlavních protiamerických argumentů islámských teroristů je materiální i politická záštita, kterou Spojené státy poskytují Izraeli. Někteří arabští demokraté tvrdí, že arabské represivní režimy někdy používají Izrael jako omluvu pro útlak. Americká podpora židovskému státu od jedné administrativy k druhé trochu kolísá, leč přesto představuje konsistentní červenou linii americké zahraniční politiky od založení Izraele až do současnosti. Podle cyniků je exkluzivní americký vztah k židovskému státu dán především tím, že si Spojené státy chtějí udržet vliv v ropném „středu světa“, ale ve skutečnosti jde samozřejmě o komplexnější vztah. Ani ti největší kritikové Izraele nemohou upřít, že to je jediná funkční demokracie v celé oblasti, a tedy přirozený spojenec Ameriky. Toto přirozené spojenectví pak utvrzují vazby mezi Izraelem a americkou židovskou komunitou, která je skoro stejně početná jako obyvatelstvo Izraele.

Americká rozvojová zahraniční pomoc Izraeli v letech 2001 a 2002 byla sice menší než pomoc Rusku a Egyptu (Rusko dostalo 834 miliony dolarů, Egypt 808 milionů a Izrael 568 milionů), ale ve skutečnosti dostává Izrael z Ameriky mnohem víc, jde tam také vojenská zahraniční pomoc a dále peníze od židovských organizací, celkem téměř 3 miliardy dolarů.

Hlavní proizraelská lobbistická organizace je Americko-izraelský výbor pro veřejné záležitosti (AIPAC – American Israel Public Affairs Committee), o němž detailně píše Miloš Calda ve svém článku „Etnické lobby a jejich vliv na zahraniční politiku Spojených států" v dubnovém čísle (2004) měsíčníku *Mezinárodní politika*. Členy AIPAC nejsou jen židé. Nejdůležitější židovská organizace je Americký židovský výbor (AJC, American Jewish Committee), který vznikl v roce 1906. Sídlí v New Yorku a dnes má asi 110 000 členů.

Židů je ve Spojených státech něco přes 6 milionů, což znamená zhruba 2,13 procenta celkové populace. Dvě třetiny z nich přísluší k jedné ze tří hlavních náboženských skupin – nejliberálnější jsou reformní židé (1,5 milionu), v politickém středu je konzervativní judaismus (1,5 milionu; do této skupiny patří i Joseph E. Liebermann, jeden z letošních uchazečů o demokratickou prezidentskou nominaci) a napravo jsou ortodoxní židé (1 milion). Zbývající třetina jsou židé sekulární, i když ne třeba explicitně atheističtí.

Izrael je však pro americkou židovskou komunitu největším trápením – troufám si odhadnout, že většina amerických židů je minimálně občas rozpolcena mezi silnou loajalitou vůči prvnímu modernímu židovskému státu v dějinách a nesouhlasem s politikou izraelských vlád. Měla jsem mnoho židovských přátel, na univerzitách a v redakcích je židů nepoměrně hodně, a s několika z nich jsem byla natolik spřátelená, že se mnou mluvili zcela otevřeně, jako bych patřila mezi ně. Mockrát jsem slyšela stížnosti na to, jak ultraortodoxní židovské sekty neblaze ovlivňují dění v Izraeli.

Když v září 1993 podepsali Jicchak Rabin a Jásir Arafat izraelsko-palestinskou smlouvu o částečné autonomii pásma Gazy a Západního břehu Jordánu, nějakou dobu se zdálo, že se snad tento šílený konflikt, který mnohonásobně přesahuje maličké území Izraele, pomalu urovná. Koncem roku 1995 byl však Rabin zavražděn židovským extremistou a brzy nato se zase rozjelo násilí. Došlo sice ještě k jedné dočasné dohodě, v roce 1998, ale v roce 2000 začalo druhé palestinské povstání zvané *intifada*. Od té doby přicházejí z Izraele většinou jen špatné zprávy. Thomas L. Friedman z *NYT* napsal v tomto deníku 18. ledna 2004: ... *tyto dva národy jsou uvězněny v naprosto sebedestruktivním bludném kruhu násilí, který ohrožuje dlouhodobou udržitelnost Izraele, hluboce poškozuje pověst Ameriky na Středním východě, podrývá naději na palestinský stát a oslabuje umírněné proamerické Araby.*

Myslím bohužel, že dokud se gordický uzel izraelsko-palestinských vztahů nerozetne, bude protiamerický islámský terorismus tak či onak pokračovat. Když se koncem července 2004, na své cestě po Blízkém východě, setkal americký ministr zahraničí Colin L. Powell se skupinou egyptských intelektuálů a představitelů občanských skupin, jasně mu řekli, že dokud Amerika neprosadí spravedlivé urovnání mezi Izraelci a Palestinci, bude americké úsilí o demokratickou reformu arabského světa neúspěšné. Osama el-Ghazaly Harb, významný egyptský politický komentátor, řekl Powellovi: *Chtějí-li být Američané v reformním procesu efektivnější, musí se víc snažit vyřešit arabsko-izraelský konflikt. To pak usnadní atmosféru pro reformu. Zatím je vnímání Ameriky arabsko-izraelským konfliktem naprosto zamořeno.*

A nyní trochu historie. První žid, který vstoupil na území nově objeveného kontinentu, byl Joachim Gans (nebo také Gaunse), chemik a metalurg původně z Prahy, který v roce 1585 přijel s výpravou sira Richarda Grenvilla na ostrov Roanoke u pobřeží dnešní Severní Karolíny. Tam vybudoval metalurgickou dílnu, v níž analyzoval horniny a snažil se najít v nich drahé kovy. Po necelém roce se však vrátil do Anglie.

Pak možná přijelo pár jednotlivých židů, ale záznamy o nich nejsou. V roce 1654 dorazila do dnešního New Yorku (tehdy Nového Amsterdamu) skupina 23 židů z Brazílie, kteří prchali před náboženským pronásledováním, a tato skupina ustavila první židovskou komunitu Severní Ameriky.

V době války za nezávislost, koncem 18. století, čítala už židovská komunita téměř 2500 členů, kteří byli sdružení v kongregacích a vedli intenzivní náboženský život. Obyvatelstvo tehdejší Ameriky žilo vesměs na venkově, ale židé byli především úspěšní obchodníci, osvědčili se v průmyslové výrobě a lodní dopravě. Většina židů v třinácti koloniích podporovala úsilí o nezávislost a mnozí bojovali v revoluční armádě. Když byla ratifikována americká ústava v roce 1789, na veřejných oslavách ve Filadelfii byly mezi nabízeným občerstvením i košer lahůdky.

V průběhu 19. století se pak židovská imigrace do Spojených států, hlavně z Německa, postupně zvyšovala. V roce 1860 bylo v Americe už 150 000 židů a hodně z nich hrálo důležitou roli v obchodním a ekonomickém životě. Koncem 19. století kontrolovaly dvě židovsko-německé firmy – Hart, Schaffner a Marx, a Kuppeheimer a Sonnenborn – devadesát procent velkoobchodu a osmdesát procent maloobchodu s oděvy. Reformní judaismus, liberálnější než tradiční náboženská praxe, se vyvinul od poloviny 19. století.

Největší proud židovských imigrantů však přišel v letech 1881 až 1924, kdy z východní Evropy, především z Ruska, dorazilo ke břehům Ameriky zhruba 2,5 milionu lidí. Mezi nově příchozími a dřívějšími usedlíky docházelo občas k třenicím, jak to bývá typické v případě následných imigračních vln – českoslovenští emigranti ve Spojených státech z doby po roce 1948 se také na posrpnové emigranty někdy dívali s nedůvěrou.

Po první světové válce příliv imigrantů zeslábl a po roce 1924, kdy byla imigrace zákonem výrazně omezena, vyschl téměř docela.

Dvě desetiletí mezi válkami byla poznamenána asi nejsilnějšími antisemitskými náladami v celé americké historii – projevilo se to například tím, že mnohé elitní univerzity na východním pobřeží omezily počty židovských studentů. Na druhou stranu se ale v tuto dobu také plně rozvinul hollywoodský filmový průmysl, jehož šéfové byli vesměs sekulární židé druhé generace.

Už před druhou světovou válkou začali do Spojených států přicházet židovští uprchlíci před nacismem. Spolu s těmi, kteří přežili holocaust, jich do Ameriky emigrovalo kolem 250 000. Nejslavnější z nich byl Albert Einstein, který se usadil v Princetonu. V sedmdesátých letech pak přišla židovská imigrace ze Sovětského svazu, kde tehdy mohli třeba jen etnicky čtvrtinoví židé dostat povolení k emigraci do Izraele. Většina z nich však dala přednost Spojeným státům. Američtí usedlí židé tento přísun podporovali, navzdory námitkám izraelských úřadů. Od konce osmdesátých let je však americká přistěhovalecká legislativa zase restriktivnější, takže imigrační proud z Ruska zeslábl.

Největší města s židovským obyvatelstvem jsou dnes New York, Los Angeles, Miami a Chicago. Na Floridu se už několik desetiletí stěhují bohatší důchodci ze severních států, a protože židé patří k majetnějším vrstvám, představují v některých floridských komunitách víc než polovinu obyvatel.

Židé ve Spojených státech zdaleka nevlastní nejvíc peněz, ale obecně patří mezi vyšší střední třídu. Jsou velmi silně zastoupeni v akademických profesích, v žurnalistice, v medicíně a ve vedoucích manažerských pozicích. Židé také neovládají politiku, zatím ještě nebyl v čele Spojených států nikdy žid, a nejvyšší politické úřady v naprosté většině obsazují křesťané. V devatenáctém století působilo několik židů v Kongresu a v místních vládách, a také v armádě bylo několik generálů.

Nejvýznamnější americký židovský politik moderní doby je bezpochyby sekulární Henry Kissinger, americký ministr zahraničí v letech 1973 až 1977 a stále ještě aktivní coby komentátor politického dění a konzultant. Madeleine Albrightová je sice etnická židovka, ale její rodiče konvertovali ke katolicismu a ona o svém židovském původu až do dospělosti nevěděla.

Zastoupení židů v celkové populaci se však postupně snižuje – v roce 1937 to bylo 3,7 procenta, kdežto dnes je to pouhých 2,31 procenta. Jedním z důvodů tohoto úbytku je bezpochyby asimilace: zatímco před druhou světovou válkou uzavírala manželství s nežidy 3 procenta židů, v roce 1980 to už bylo víc než 30 procent.

Na závěr ještě dva citáty. Seymour Martin Lipset napsal o amerických židech řadu prací a ve svém zde již několikrát citovaném díle o americké výjimečnosti věnuje této důležité minoritě jednu kapitolu. Své úvahy o úspěšnosti židů ve Spojených státech shrnuje následujícím způsobem:

Uveďme pouze hlavní motivy, které odborníci na tuto problematiku zdůrazňují. V prvé řadě je to důraz na vzdělání, jehož původní inspirace je náboženská a který v sekularizované podobě přispíval už od raného středověku k výjimečnému intelektuálnímu vlivu židů. Důležitou roli hraje rovněž skutečnost, že židé jsou spjati s městským prostředím, díky čemuž se snadněji prosadí v centrech obchodního a intelektuálního života. Židé se lehce ztotožní se středostavovskými normami a zvyky, lépe než jakákoli jiná společensky znevýhodněná skupina. Touží po dosažení úspěchu, vyznačují se „opatrností a předvídavostí" i schopností odložit uspokojení z plodů své práce na pozdější dobu. A rovněž určitá vykořeněnost židům usnadňuje navazování nových společenských vztahů bez ohledu na rozmanitost přírodního a třídního prostředí. I v tomto ohledu jsou židé daleko zdatnější než ostatní americké etnické skupiny.

Lipset také cituje z práce sociologa Edwarda Tiryakina z roku 1993, kde se praví:

Americká výjimečnost ve vztahu k židům vyplývá ze skutečnosti, že Spojené státy sice pro židy ontologicky ani existenciálně nepředstavují – a ani nemohou představovat – „jejich vlast" – v tom smyslu, v jakém to platí o Izraeli, nicméně nabídly jim mnohem vlídnější a vstřícnější domov než jakékoli jiné místo na světě, nepočítáme-li sám Izrael... V čem je Amerika tak odlišná?

Američtí židé nebyli na základě odlišnosti svého náboženství vytlačeni na okraj společnosti jakožto „cizinci", neprošli historickou zkušeností života v ghettu, nečelili pogromům. Díky hluboké strukturní spřízněnosti kalvínského puritánství a judaismu získali židé v Americe velký a stále rostoucí vliv na společenský a kulturní život.

Umělé přerušení těhotenství

25. dubna
Ve Washingtonu se koná
velká demonstrace na podporu práva na potraty.
Podle organizátorů dosáhl počet účastníků milion.

Pochod ve Washingtonu 25. dubna 2004 opět veřejně připomněl téma, které hýbe Amerikou už třicet let. Byla to největší manifestace na podporu práva na interrupce po 12 letech, která se připravovala zhruba rok. Demonstraci organizovalo sedm ženských a občanských společností a podpořilo ji dalších 1400 skupin, včetně odborů a různých náboženských a zdravotnických asociací. Organizátoři odhadovali, že se jí zúčastnilo víc než milion lidí, přijeli nejen z východního pobřeží, ale až z Kalifornie, z Maine, minimálně 300 lidí z Nebrasky, kteří cestovali autobusem do Washingtonu přes 30 hodin, a z Louisiany dorazily po 20 hodinách tři autobusy demonstrantů, o které se mateřsky starala jistá paní Christina Kucera, která musí mít něco společného s Čechami (přinejmenším manžela). Jeden řečník za druhým (přesněji by bylo „řečnice") dokládali, jak republikáni ve vládě a v Kongresu postupně ukrajují práva, která si ženy vydobyly za poslední desetiletí.

Ze současných politických špiček se demonstrace zúčastnila Hillary Clintonová, neúspěšný demokratický prezidentský uchazeč

Howard Dean, předseda demokratické strany Terry McAuliffe, šéfka demokratů v Kongresu reprezentantka Nancy Pelosi z Kalifornie. Bylo tam také pár hereček včetně prostořeké Whoopi Goldberg. Jedna z hvězd byla dnes už sedmdesátiletá Gloria Steinem, slavná feministka a zakladatelka časopisu *Ms*, podle jejíhož odhadu byla víc než třetina demonstrujících žen mladší než 25 let, což kvitovala jako potěšující potvrzení toho, že feministickou agendu přebírá mladší generace.

Umělé potraty byly jedním z nejžhavějších společenských témat v sedmdesátých a osmdesátých letech, poté, co v roce 1973 rozhodl Nejvyšší soud v kauze *Roe versus Wade*, že umělé přerušení těhotenství není v rozporu s ústavou. Od té doby do dneška podstoupilo tuto proceduru přes 40 milionů Američanek, většinou z ekonomických a společenských důvodů, nikoli kvůli vážnému zdravotnímu ohrožení. Neexistují data o tom, kolik žen mělo potraty proto, že plod byl defektní. Dnes už je genetické testování těhotných žen známé jako amniocentéza běžné (může odhalit víc než 450 genetických abnormalit), ale když jsem já přišla koncem sedmdesátých let do jiného stavu, byly tyto testy teprve v začátcích, a jako trochu starší budoucí matka jsem je uvítala. Naštěstí v mém případě všechno dobře dopadlo a dozvěděla jsem se, že budu mít syna, a když jsem pak v šestém měsíci přijela poprvé do Prahy a říkala známým, že budu mít kluka, nevěřili mi a jen se pochichtávali a říkali, jo, jen abys nebyla překvapená. O amniocentéze se tehdy ještě v Československu obecně nevědělo.

Rozhodnutí Nejvyššího soudu v kauze *Roe versus Wade* okamžitě vzbudilo silnou odezvu a nejprve to byla katolická církev, od poloviny sedmdesátých do začátku osmdesátých let, která proti legalizaci potratů vedla kampaň. V polovině osmdesátých let se do tohoto tažení zapojili radikální protestantští fundamentalisté, kteří bojkotovali potratové kliniky a útočili verbálně i fyzicky na lékaře provádějící potraty. Tito militanti byli přesvědčeni, že jejich boj proti legalizaci potratů je posvátný a nazývali se „pro-life" (pro život), zatímco přívrženci legálních potratů si říkali „pro-choice"(pro volbu).

Já sama jsem se nikdy do žádné vášnivé debaty na téma interrupcí nedostala, ale setkala jsem se s několika lidmi, kteří byli zapáleně bojovní. Byl mezi nimi jistý velice slušný a zdvořilý mladý muž jménem William, s doktorátem z hudby (který se však živil malováním pokojů, aby uživil svých pět dětí), který jezdil pravidelně na protipotratové manifestace, a jedna mladá žena z Wisconsinu, s tichým, mírným hlasem, který však nabýval na ostrosti, jakmile jsme se párkrát spíš okrajově dotkli tematiky potratů.

V devadesátých letech téma interrupcí trochu ustoupilo do pozadí, veřejnost byla zaměstnaná aférou prezidenta Clintona s Monikou Lewinskou a navíc se po šokujícím rozmachu AIDS začalo víc mluvit o svazcích homosexuálů a lesbiček. Náboženská pravice však v tlaku na změnu nepolevovala, a když se v roce 2000 po mnoha desetiletích dostala výkonná i legislativní moc do rukou republikánů, tlak zesílil. Odpůrci interrupcí se v poslední době zaměřují spíš na dílčí omezení interrupcí než na frontální útok, a už zaznamenali několik vítězství.

V prosinci 2003 podepsal prezident Bush zákon zakazující interrupce v druhém trimestru těhotenství, což ovšem vyvolalo legislativní bitvu, která v průběhu roku 2004 přinesla pár lokálních soudních rozhodnutí prohlašujících tento zákon za protiústavní. V březnu 2004 pak Senát schválil takzvaný zákon o nenarozených obětech, podle něhož zločin na federální úrovni (tj. teroristický útok, vraždy spojené s obchodem s drogami, útoky na federální území a další) spáchaný na těhotné ženě bude mít dvě oběti, matku i plod v jejím těle. Podobný zákon, podle něhož je nenarozený plod samostatnou obětí trestného činu, má také asi 30 amerických států. Tento zákon může mít dalekosáhlé legislativní důsledky, protože přiznává nenarozenému plodu lidskou identitu.

Na demonstraci ve Washingtonu také řada lidí upozorňovala na to, že pod tlakem náboženské pravice snižuje Bushova administrativa podporu mezinárodním organizacím zabývajícím se plánovaným rodičovstvím v nejchudších částech světa.

Jde hlavně o Populační fond OSN (United Nations Population Fund) a další agentury, které s tímto fondem spolupracují. Populační fond pomáhá chudým ženám v reproduktivním věku zhruba ve 140 zemích a usiluje o snižování kojenecké úmrtnosti, o omezení sexuálního obchodu se ženami a o prevenci AIDS.

O snaze některých katolických biskupů na jaře 2004 odepřít svátost oltářní katolíkům, kteří schvalují potraty anebo volí politiky schvalující potraty, je více v tématu NÁBOŽENSTVÍ v kapitole ÚNOR 2004, na tomto místě však chci ocitovat poněkud neobvyklý názor profesora historie na Northwestern University Gary Willse, který 27. června 2004 napsal v *NYT*:

Heslo „právo na život" provokuje otázky. Příkaz nezabíjet se týká zabíjení lidí a otázka potratů tedy je: Kdy se plod stává člověkem? Církevní učení na tuto otázku odpověď neposkytuje. Dokonce i svatý Tomáš Akvinský, který se domníval, že duše je vdechnuta do těla, se jen dohadoval, kdy k tomu vdechnutí dochází (ale nedomníval se, že to je při oplodnění). Svatý Augustin přiznal, že pokud jde o lidský status plodu, nezná odpověď.

Při řešení této otázky musí přirozený rozum používat přirozené nástroje – filozofii, neurobiologii, psychologii, medicínu. Odkdy je plod životaschopný a životaschopný jako co? Přichází osobnost teprve s odpovědností, s osobní komunikací? V žádné z těchto disciplín nemají biskupové speciální expertizu…

Důkazy z přirozených zdrojů vědění byly interpretovány různými způsoby, lidmi s dobrými úmysly a s dobrými informacemi. Kdyby bylo učení přirozeného zákona v této věci jasné, už by se byl mezi lidmi přijímajícími přirozený rozum vytvořil konsensus. Fakt, že tito lidé tento problém nevyřešili, neznamená, že se můžeme odvolat na teologickou autoritu. Nenáležitá autorita (teologie) nezačne platit jen proto, že jiná není k dispozici.

Církevní představitelé však na základě svých postulátů nejednají. Utracené plody, pokud jsou to lidské bytosti, by měly být pokřtěné, stejně jako narozené děti, a pochované v posvěcené půdě. Ale církevní praxe to takto pravidelně nedělá. Pokud je při potratu zabita lidská bytost, měla by být žena, která úmyslně potratí, potrestána jako vražedkyně, a to jako nejhorší druh vražedkyně, protože zabila svoje dítě. Církevní představitelé však takovéto potrestání nevyžadují.

Tam, kde Písmo mlčí, tradice také odpověď nedává. Svatý Augustin odsuzoval potraty ne kvůli statutu plodu, ale protože to znamenalo, že v tom případě měli lidé sexuální styk z jiného důvodu, než aby zplodili dítě, a takový sex pokládal vždycky za špatný. Z toho důvodu odsuzoval také sexuální styk po přechodu, v měsíčním údobí neplodných dnů a v těhotenství. Tyto zákazy církev zrušila už dávno...

Nic, co jsem řekl, není obrana potratů... Chci pouze říci, že biskupové nemají žádný speciální mandát plynoucí z jejich postavení k tomu, aby nahrazovali osobní svědomí nějakým božským imperativem.

Vlastenectví

26. dubna
Na Westminster College ve Fultonu,
Missouri, napadá viceprezident Dick Cheney
Johna Kerryho tak ostře, že ho za to
prezident školy kritizuje ve veřejném prohlášení.

V každé prezidentské kampani se hraje na vlasteneckou notu, a kampaň roku 2004 není výjimka. Koncem dubna se začalo halasně přetřásat Kerryho vlastenectví v souvislosti s jeho aktivní účastí v hnutí proti válce ve Vietnamu. Kerry strávil ve Vietnamu pět měsíců na přelomu roku 1968 a 1969, byl pětkrát vyznamenán za hrdinství (obdržel tři medaile Purpurová srdce, jednu Bronzovou hvězdu za statečnost a jednu Stříbrnou hvězdu za chrabrost), ale po návratu z války se postupně stal jedním z jejích hlavních odpůrců. V jistém smyslu jeho veřejná politická kariéra začala 22. dubna 1971, kdy jako sedmadvacetiletý mladík vystoupil před senátní komisí, kde se ostře vyslovil proti válce. Při protiválečné demonstraci následujícího dne hodil některé stužky od svých vyznamenání na protest přes plot u Kongresu.

Přestože Kerryho osobní hrdinství bylo dosvědčeno řadou lidí, včetně těch, kteří byli na místě činu, republikáni začali jeho statečnost zpochybňovat a dokonce se ozval jeden bývalý medik, který údajně Kerryho ošetřoval, a ten prohlásil, že ho asi nejvíc bolelo, když se mu strhávala náplast a že zranění nebylo způsobeno v boji. Nějaký chytráček také vyrobil falešnou fotografii, na níž se Kerry objevuje vedle herečky Jane Fondové, která si vysloužila přezdívku „Hanojská Jana“ a která je pro mnoho pravičáků zosobněním zrádkyně. Falzifikace byla okamžitě odhalena, ale zapáleným republikánům to nevadilo – prostě překřtili Kerryho na „Hanojského Johna“.

Liberálové obvykle nekritizují pravici za nedostatek vlastenectví, kdežto pravice tímto osočením mává pravidelně, jakákoli kritika americké politiky připadá mnoha lidem v pravé části názorového spektra jako nevlastenecká. Řekla bych však, že liberální postoj – kritizovat, ale přitom být intenzivně loajální – je historicky „američtější“. Nesouhlas s konkrétními politiky, například s prezidentem, který zrovna v tu chvíli kraluje v Bílém domě, vlastenectví nijak neovlivňuje. Moje kamarádka Doris na Princetonské univerzitě například hrozně nesnášela Richarda Nixona, od ní jsem asi trochu pochytila ten téměř fyzický odpor k třicátému sedmému americkému prezidentovi – ale pak mě jednou překvapila tím, že řekla, že Amerika je stejně nejlepší země na světě – nějak jsem si to v tom druhém či třetím roce ve Spojených státech, kdy jsem ještě byla plná zažitého českého negativismu vůči systému, nedovedla srovnat. Až teprve postupně mi to i trochu přešlo do krve a sama jsem začala cítit podobně – obrovská loajalita k Americe vůbec neznamená nekritičnost. Myslím si dokonce, že Američané se proti Evropanům vyznačují nejen větší mírou vlastenectví, ale zároveň i mnohem větší mírou sebekritiky.

Na rozdíl od Evropy, kde je jedním z ústředních pilířů vlastenectví pohled do historie, americké vlastenectví je víc upřeno do budoucnosti – budoucnost je obecně pro Američany mnohem zajímavější než minulost, a dívají se do ní typicky mnohem optimističtěji než příslušníci jiných národů. Obecný optimismus samozřejmě vlastenectví podporuje. K americkému vlastenectví přispívá i to, že už víc než dvě stě let si tolik lidí Ameriku svobodně volí jako svůj domov, nejenom že se tam náhodou osudu narodili. Dnes získává americké občanství zhruba půl milionu lidí každý rok. Imigrantské generace lidí narozených mimo Ameriku však obvykle ještě zápolí s jistým rozpolcením mezi vztahem k nové zemi a steskem po zemi staré, ale první generace narozené už na americké půdě tradičně patří mezi nejctižádostivější, nejprůbojnější a nejameričtější vrstvy. A protože imigranti stále přicházejí, je americká společnost jaksi permanentně nabíjena touto novou energií.

Zatímco vlastenectví v Evropě je spíš otázka kultury, historie, společného jazyka, zvyků, společného referenčního rámce, ale také vymezení vůči jiným národům (často negativní, my jsme lepší než Poláci, Maďaři, Němci atd.), americké vlastenectví je především intenzivní souhlas s americkým krédem – že všichni lidé jsou si před zákonem rovni a všichni mají mít stejné příležitosti, a když je člověk pilný, může to dotáhnout daleko. V 19. století vtělil toto krédo do svých knížek pro mládež spisovatel Horatio Alger, jehož hrdinové se trochu podobají hochům od Bobří řeky (nemluví sprostě, pomáhají starším lidem), ale místo aby příběhy popisovaly nějaké letní radovánky, jde v nich v podstatě vždycky o následující: venkovský hoch se vypraví do města, aby si tam našel uplatnění, musí překonat řadu překážek, a když se mu začne dařit, je falešně obviněn nebo ho někdo podrazí, ale nakonec vše dobře dopadne. Algerův mladík je velmi pracovitý, loajální k nadřízeným i podřízeným, nepije alkohol, žije skromně, je jaksi neurčitě nábožensky založený, je pravdomluvný a zdvořilý, nikomu nic nezávidí, není mstivý. A nakonec vždycky dosáhne kýženého úspěchu, také díky staršímu ochránci, který nad ním drží ruku.

Alexis de Tocqueville věnoval americkému vlastenectví jen pár stránek, správně však upozornil na to, že běžní Američané dobře chápou, jak důležité je pro jejich vlastní štěstí to, aby celek prosperoval, a zároveň jsou přesvědčeni, že každý jednotlivec se na vytváření obecné prosperity podílí. Prostě státotvorný přístup, a ne to typicky české, že „já přece nic neovlivním".

Statistiky jasně dokazují, že Američané jsou mnohem vlastenečtější než občané evropských zemí či Japonska – speciální příloha o Spojených státech v listopadovém čísle (2003) britského týdeníku *The Economist* uvádí nedávné přehledy střediska Pew Research Center, podle něhož plných 91 procent Američanů prohlásilo, že se pokládá za velmi vlastenecké. Za vlastence se tedy pokládají i ti nejostřejší dnešní kritikové Bílého domu. Dokonce i akademikové, kteří mají v popisu práce úsilí o vyváženost a nezaujatost, někdy explicitně vyjádří svou loajalitu, což evropskému vnímání připadá přinejmenším divné. K úvodu ke své knize *Dvousečná zbraň* píše Martin Seymour Lipset:

Americká historie je plná kontrovezí o úloze osobnosti v dějinách. Ale ať už zaujmeme k těmto otázkám jakékoli stanovisko, stěží můžeme pochybovat o tom, že národ, který ve chvíli nouze nalezne svého Washingtona, Lincolna či Roosevelta, se těší přízni prozřetelnosti. Věřím, že bych toto tvrzení mohl doložit odbornými poznatky, i když přiznávámn, že tu hovořím zároveň jako hrdý Američan. Rychle však dodávám, že svou zemi proto nepovažuji za lepší než jiné demokratické státy. Pouze jsem přesvědčen, že velikost svobodných pospolitostí se opírá o míru, v jaké se jim podaří institucionálně zakotvit možnost trvalého zápasu o svobodnější, slušnější a lidštější společnost.

Jeden z pilířů amerického vlastenectví, o němž se obvykle v politologických a sociologických knihách nepíše, je i americká spektakulární příroda. Američané právem považují své přírodní krásy za národní dědictví, které musí opatrovat pro další generace. Do ciziny Američané moc necestují, ale do svých národních parků jezdí po desítkách milionů. Péče věnovaná hlavním parkům a stovkám menších přírodních a historických památek je typicky americky efektivní. Když jsme před několika lety projížděli Zlatým kruhem ve Skalnatých horách (v kraji čtyřmezí, kde se stýkají státy Colorado,

Utah, Arizona a Nové Mexiko), opět jsme si zopakovali ten příjemný pocit z naprosté zorganizovanosti a praktičnosti – parky jsou doslova obležené, ale přesto všechno běží jako po másle, se vším se počítá, aby toho návštěvníci co nejvíc viděli, aby se o všech těch krásách co nejvíc dozvěděli, dostanou brožurky, možnost výběru nejrůznějších výletů, mapy s přesně značenými stezkami (v tom jsme jim ale zcela rovni, české turistické značení je prvotřídní). Největší problém v parcích je ten, že člověk mívá omezený čas – protože musí zajet ještě k dalšímu parku, k další atrakci – přestože by zrovna v tomhle místě chtěl zůstat ještě hodiny nebo třeba i dny. Je to taková přemíra krásy, trochu jako v Itálii.

V lednu 2004 jsem dala přečíst první ukázky této knihy asi dvaceti přátelům a známým a skoro čtvrtina z nich se pozastavila nad tím, že jsem sama sebe označila za vlastenku – americkou i českou. Pak jsem vedla několik dlouhých telefonických rozhovorů právě na téma vlastenectví a potvrdila jsem si, že spousta Čechů je na toto slovo až podrážděně alergická. Je to zřejmě hlavně dědictví komunistické éry, a to ve dvojím smyslu – jednak obecnou zprofanovaností jakéhokoliv nematerialistického postoje, který by přesahoval konkrétní sobecké osobní zájmy, a za druhé tím, že jakoby není na co být hrdý. Těch řečí o tom, jaký jsme upadlý, zkažený, zbabělý a vůbec veskrze špatný národ, jsem za deset let po návratu z Ameriky slyšela tolik, že mi z toho hučívalo v uších, bylo to občas přímo masochisticky sebemrskačské. Prezident Havel se kdysi v rozhlasovém rozhovoru zmínil o jakémsi člověku, který řekl, že tu je jaksi „blbá nálada", a tohle rčení se tu rozřířilo jako mor, měla jsem ovšem pocit, že nejvíc se jím ohánějí právě ti, z nichž samých blbá nálada přímo sálá. Slovo vlastenectví v takovéhle atmosféře pak zní téměř jako provokace. Jako by v Česku bylo vlastenectví přijatelné jen ve vypjatých chvílích – když sem vpadne půl milionu „spřátelených" vojáků, když rezignuje politbyro Ústředního výboru KSČ, když vyhrajeme mistrovství světa v hokeji. Ve všedních dnech se to ale vůbec nehodí.

Já jsem se svým českým vlastenectvím neměla problém nikdy – vždycky jsem svoje češství brala jako danost, kterou se ani nebudu vytahovat, za kterou se však ani nebudu stydět (jak se za ni stydělo tolik Čechů, když například v šedesátých letech poprvé vyjeli na Západ a cítili se jako chudí příbuzní). Protože maminka mě a moji sestru vychovávala v křesťanském duchu železné povinnosti dělat dobré skutky, a navíc byli oba rodiče „masarykovci", chtěla jsem být své zemi platná dávno předtím, než jsem slyšela tu slavnou Kennedyovu větu, *A tak se neptejte, moji drazí Američané, co může vaše země udělat pro vás, ale zeptejte se, co můžete udělat vy pro svou zemi!* Masaryk to řekl vlastně už dávno před Kennedym, jen ne tak elegantně, když mluvil o drobné každodenní práci. A tak i když jsem nijak svou rodnou zemi neproslavila (jsem ráda, že ji proslavil Václav Havel), myslím si, že jsem Československu přinejmenším vždycky dělala dobré jméno. Jednou mi dokonce řekli v našem oddělení na Princetonu, kde se tehdy na pár let objevila dosti protivná mladá žena z Ostravy, že jsou rádi, že mě poznali – protože jinak by si o Československu mysleli jen to nejhorší.

Porovnávat české a americké vnímání vlastenectví není však férové, je to jako srovnávat jablka a pomeranče. I když Češi ve své moderní historii řadu věcí zpackali, fakt je, že jsme to občas neměli úplně snadné a byli jsme vystaveni zkouškám, které si Američané jen těžko umí představit. Teprve 11. září 2001 trochu pochopili, co to znamená být znásilněn zvenku. Linda Michael, maminka jedné známé, se v naší nedávné rozsáhlé e-mailové korespondenci rozepsala o tomto dnu:

11. září 2001 asi 3000 Američanů všech možných náboženství a etnického původu ráno vstalo, vysprchovalo se, dalo pusu svým manželkám a manželům a dětem a odjelo do práce do Světového střediska a do Pentagonu nebo nastoupilo do letadla, a jejich rodiny je už nikdy neviděly. Řekni všem těm lidem, kteří nenávidí Ameriku, ať si představí, že to je jejich syn, dcera, matka nebo otec, kdo ten den už nepřijde z práce domů. Už nikdy nebude slavit Vánoce, ani Chanuku, ani promoce, ani svatby, ani žádné jiné dny. Zůstaly po nich malé děti a truchlící manželé a manželky, kteří teď musí vychovat děti sami. Většina rodin ani neměla koho pohřbít, palivo z letadel je spálilo do nicoty. Někteří se dívali, jak jejich blízcí a přátelé skáčou z 90. poschodí, a na ulice padala těla a kusy těl. Řekni těm, kteří tak nemají rádi a nenávidí Ameriku, ať si představí, že stojí na ulici a prožívají tuto situaci. Zeptej se těch, kteří tak nemají rádi a nenávidí Ameriku, jaké to asi je skončit život skokem z 90. poschodí. Copak mohou vážně říct, že jsme měli nastavit druhou tvář a tvářit se, že se to nestalo?

Ten den jsem byla v městečku Monticello v Utahu a byl to srovnatelný otřes s 21. srpnem 1968. Rozdíl byl ovšem v nepoměru sil. Československo bohužel nastavilo druhou tvář (mohlo ji nenastavit?), a nejen druhou, ale i třetí, čtvrtou a miliontou, kdežto Amerika okamžitě zahájila odvetná opatření.

Přehledy

Roe versus Wade

Rozhodnutí Nejvyššího soudu z 22. ledna 1973 v případu *Roe vs. Wade*, v poměru 7 : 2, které zrušilo státní zákony zakazující umělé přerušení těhotenství v prvních třech měsících a usnadnilo umělé přerušení těhotenství v druhém trimestru, bylo v jistém smyslu vrcholem ženského hnutí.

Případ začal v roce 1970, kdy se těhotná svobodná žena v Texasu dožadovala zrušení texaského protipotratového zákona (z poloviny 19. století) s odůvodněním, že tento zákon je formulován příliš vágně a tím je protiústavní, a navíc porušuje její právo na soukromí, které jí zaručují první, čtvrtý, pátý, devátý a čtrnáctý dodatek k ústavě. Jméno Jane Roe byl pseudonym, který měl chránit její anonymitu. Původní spor byl veden proti Henry Wadeovi, okresnímu státnímu zástupci v okresu Dallas v Texasu.

V lednu 1973 vynesl Nejvyšší soud výrok, v němž dal za pravdu žalobkyni a zrušil texaský zákon jako protiústavní. Ve výroku se praví, že ústavní právo na soukromí „zahrnuje právo ženy rozhodnout se, zda ukončit nebo neukončit těhotenství“. V prvním trimestru nesmí státy umělé potraty zakazovat, ale mohou regulovat potratovou proceduru, aby chránily zdraví matky. V pozdějších fázích těhotenství mohou státy regulovat nebo dokonce zakázat potraty na základě lékařského posouzení.

V roce 1992 projednával Nejvyšší soud případ, který by býval mohl zrušit výrok v kause *Roe versus Wade*, ale soud svoje rozhodnutí z roku 1973 potvrdil. Na podzim byl pak zvolen prezidentem Bill Clinton, který do konce devadesátých let představoval jakousi záruku, že legalizace interrupcí nebude napadena.

Vlastenecký zákon (PATRIOT Act)

Šest týdnů po 11. září 2001 schválil americký Kongres tzv. vlastenecký zákon (PATRIOT Act). Řada provizí v tomto zákoně byla navržena už za prezidenta Clintona, po teroristickém útoku v Oklahomě v roce 1995. Podle kritiků zákona využil ministr spravedlnosti John Ashcroft citového rozpoložení zákonodárců krátce po zářijovém útoku a dal schválit velmi komplexní a dlouhý (342 stránek) zákon téměř bez debaty, protože v tu chvíli se nikdo nechtěl jevit jako málo tvrdý vůči terorismu. Zákon platí do roku 2005. Prezident Bush mnohokrát prohlásil, že PATRIOT Act musí být prodloužen, zatímco jeho kritici prohlašují, že některé části zákona jsou potenciálně nebezpečné, protože mohou být zneužity, a proto je třeba zákon buď zcela zrušit, anebo přinejmenším pozměnit. Do ledna 2003 byly vzneseny námitky proti různým částem zákona ve více než 230 případech.

Název zákona, USA PATRIOT, jsou iniciály popisnějšího názvu, totiž Uniting and Strenghtening America by Providing Appropriate Tools Required to Intercept and Obstruct Terrorism, což česky znamená Sjednotit a posílit Ameriku poskytnutím vhodných nutných nástrojů na identifikaci a zabránění terorismu.

Zákon usnadňuje komunikaci mezi hlavními státními úřady zabývajícími se terorismem, hlavně CIA a FBI, proti čemuž nikdo neprotestuje. Nejkritizovanější provize zákona však umožňují provádět prohlídky oficiálních záznamů, kanceláří i bytů, aniž by byla osoba, jíž se to týká, uvědoměna, a dále zakazují studentům a vědcům z několika vybraných zemí podílet se na tajných výzkumech. Kritikové argumentují, že zákon pošlapává základní práva zakotvená v prvních deseti dodatcích k americké ústavě, známých jako Listina práv (Bill of Rights), která nabyla platnosti v roce 1791. Zvlášť je zmiňován čtvrtý dodatek, v němž se praví:

Právo národa na ochranu svobody osobní a domovní, písemností a majetku nesmí být porušováno neoprávněnými prohlídkami a konfiskacemi; nesmí být vydán rovněž žádný příkaz, který by se neopíral o zdůvodněná zjištění, doložená přísahou nebo jiným způsobem potvrzená, a který by neobsahoval přesné určení místa, které má být prohledáno, přesný popis osob, které mají být vzaty do vazby, a věcí, jež mají být zabaveny.

Jeden z autorů zákona, profesor na kalifornské univerzitě v Berkeley John Yoo, prohlásil v rozhovoru pro časopis *California Monthly* (v prosinci 2003), že boj proti teroristům vyžaduje nové nástroje a jisté utajení, protože na rozdíl od běžných kriminálních procesů, které se týkají již spáchaných aktů, je dnes třeba přesměrovat snažení soudního systému k prevenci budoucích útoků. Ministerstvo spravedlnosti z toho důvodu utajuje způsoby, jakými je tento zákon uplatňován. Ví se však například, že řada novinářů z demokratických západoevropských zemí byla na základě tohoto zákona zadržena a deportována.

KVĚTEN
2004

Události

1. května

Evropská unie se rozšiřuje o deset nových členů.

Začátek května

Všechna média přinášejí zprávy o týrání iráckých vězňů v bagdádské věznici Abú Ghraíb.

4. května

Filmové studio Disney zakazuje distribuci nového filmu Michaela Moora *Fahrenheit 9/11*.

Condoleezza Rice, poradkyně prezidenta Bushe pro národní bezpečnost, nový velitel vězení Abú Ghraíb generálmajor Geoffrey Miller a několik dalších vysoce postavených osobností se v arabské televizi omlouvají Iráčanům za týrání iráckých vězňů. Jménem prezidenta se omlouvá jeho mluvčí Scott McCleallan.

5. května

Prezident Bush poskytuje rozhovor dvěma televizním vysíláním do arabského světa a prohlašuje, že týrání iráckých vězňů bylo odpudivé, že vše bude vyšetřeno a že týrající dozorci nereprezentují tu Ameriku, kterou zná on.

6. května

Prezident Bush veřejně vyjadřuje podporu ministru obrany Donaldu Rumsfeldovi.

7. května

Deník *The New York Times* vyzývá Donalda Rumsfelda, aby odstoupil. Příští den totéž požaduje i týdeník *The Economist*.

Ministr obrany Donald Rumsfeld přijímá odpovědnost za chování amerických vojáků, omlouvá se všem Iráčanům, ale rezignovat odmítá.

8. května

Teroristé zabíjejí Američana Nicka Berga, na internetu se 11. května objevuje videozáznam, jak mu uřezávají hlavu. Český deník *Právo* jako jediný z hlavních deníků publikuje záběry z tohoto videozáznamu.

10. května

V pokračujícím konfliktu s šíitskými milicemi Muktady Sadra Američané demolují jeho velitelství v Bagdádu.

V týdnu začínajícím 10. května

Několik průzkumů veřejného mínění (především Gallup a Pew Research Center) zveřejňuje podobné údaje – souhlas s tím, jak si prezident Bush vede ve svém úřadě (job approval rating) je 44 až 46 procent. Podle výzkumu Pew je se současnou situací v Americe spokojeno pouze 33 procent respondentů.

12. května

Celé odpoledne procházejí kongresmani a senátoři několika místnostmi v budově Kongresu, kde je vystaveno asi 1800 fotografií (včetně duplikátů) a videozáznamů, zobrazujících týrání iráckých vězňů.

13. května

Ministr obrany Donald Rumsfeld letí do Iráku, navštěvuje věznici Abú Ghraíb, načež jsou propuštěny první čtyři stovky vězňů na svobodu.

17. května

Oba prezidentští kandidáti připomínají padesáté výročí výnosu Nejvyššího soudu v kauze *Brown versus Školní správa Topeky*, který vedl k desegregaci škol.

V Massachusetts se začínají konat první legální sňatky gayů a lesbiček ve Spojených státech.

19. května

V Bagdádu je odsouzen desátník Jeremy Sivits, obviněný z týrání iráckých vězňů, k jednomu roku vězení. Je to první rozsudek v této aféře.

22. května

Film Michaela Moora *Fahrenheit 9/11* získává Zlatou palmu (Palme d'Or) na filmovém festivalu v Cannes.

26. května

Bývalý viceprezident Al Gore napadá prezidenta Bushe a tvrdí, že Irák se nestal „hlavní frontou v boji s terorismem", nýbrž „hlavní verbovací stanicí terorismu".

27. května

V řeči v Seattlu obviňuje John Kerry prezidenta Bushe, že vážně narušil dědictví několika generací amerických státních představitelů, kteří po druhé světové válce budovali mezinárodní aliance.

28. května

Do kin přichází film *Den poté* (*The Day After Tomorrow*).

Komentář

Květen byl zatím nejhorší měsíc od vpádu do Iráku. Říká se, že jedna fotografie vydá za tisíc slov, a tak ty stovky fotografií zachycujících týrání iráckých vězňů v bagdádské věznici Abú Ghraíb spadly do klína islámským kritikům Ameriky jako milionový dáreček. Tyto snímky budou Ameriku strašit ještě léta.

Skandál propukl ve středu 28. dubna, kdy se v důležitém zpravodajském pořadu *60 minut* (*60 Minutes*) na televizní stanici CBS objevily první fotografie týrání iráckých vězňů. Zprávy o těchto problémech však prosakovaly už dávno předtím. Od ledna 2003 do dubna 2004 vyšetřovala americká armáda desítky případů špatného zacházení s vězni jak v Afghánistánu, tak v Iráku. Nejrozsáhlejší vyšetřování pak vedl začátkem roku 2004 generálmajor Antonio M. Taguba, jehož závěrečná zpráva obsahovala detailní údaje o široce rozšířeném sexuálním ponižování a týrání vězňů v období od října do prosince 2003. Podle Tagubovy zprávy bylo hlavním důvodem těchto „sadistických, nehorázných a nemravných kriminálních činů" naprosté selhání disciplíny a chyby ve vedení.

Vyšetřování nastartoval čtyřiadvacetiletý desátník Joseph M. Darby z Marylandu, který nastoupil do služby v Abú Ghraíb v říjnu 2003. Pětatřicetiletý desátník Charles Graner Jr., jeden z dozorců obviněných v květnu 2004 (a otec dítěte svobodnice Lynndie England), Darbymu tehdy ukázal fotografie zachycující týrání a údajně mu řekl, *Jako křesťan si sice myslím, že to je špatné, ale jako vězeňskému dozorci se mi to líbí.* Darby byl celou věcí čím dál tím víc znepokojen a v prosinci nechal na ústředí věznice disketu s fotografiemi a anonymní dopis, v němž týrání vylíčil. Druhý den se však k dopisu přihlásil a v lednu pak začalo šetření. O sexuálním ponižování vězňů se však zřejmě ve věznici obecně vědělo, fotografie pyramidy nahých iráckých vězňů například sloužila na počítačích ve vyšetřovací místnosti jako „screen saver".

Začátkem května se objevují další a další snímky a americká veřejnost je naprosto zděšena. Řada komentátorů upozorňuje na to, že fotografie z Abú Ghraíb připomínají turistické momentky rozesmátých bílých Američanů pod visícími mrtvolami zlynčovaných černochů v době po občanské válce, ale také ještě ve dvacátých letech minulého století, které si tehdy lidé běžně posílali poštou. Na těchto snímcích, stejně jako na záběrech z Abú Ghraíb, není na tvářích bělochů nenávist – nenávidět můžete i někoho, koho si vážíte. Je na nich spíš pobavení s podtextem pohrdání – lynčovaní černoši i iráčtí vězni jsou pouhými objekty. Asi nejznámější z trýznitelů, svobodnice Lynndie England, začátkem května při výslechu odpověděla na otázku, proč dozorci tyto odpudivé scény fotografovali: *Připadalo nám to legrační a tak jsme to vyfotili.*

Aktivisté nábožensky pravicových organizací, jako jsou například Rada pro výzkum rodiny (Family Research Council) nebo Institut pro kulturu a rodinu (Culture and Family Institute), naopak přicházejí s tvrzením, že americké vojáky v Abú Ghraíb přivedla na myšlenku sadomasochistických praktik a voyeuristického filmování těchto činností pornografie, zvlášť homosexuální pornografie, za kterou mohou samozřejmě zvrhlí liberálové v „modrých" státech. Ozývají se také hlasy (i v českém tisku), že podíl viny nese i feminismus, který může za to, že se ženy ocitly v tradičně mužských rolích vězeňských dozorců – i když z literatury je přece známo, že sadistické vězeňské dozorkyně existovaly dávno před moderním feminismem, třeba v nacistických koncentrácích.

Týrání iráckých vězňů dodává munici odpůrcům prezidenta Bushe, kteří vesměs argumentují tak, že i když sadistické praktiky byly individuálním projevem, celá záležitost je součástí širšího kontextu, daného tím, že američtí vojenští velitelé trvali na zpřísnění metod při výsleších, aby zadržení Iráčané „změkli". Především ale kritici v celém skandálu vidí další důkaz naprosté nepřipravenosti Bushovy administrativy na to, co dělat po vojenském svržení iráckého diktátora. Podmínky v notoricky pověstném vězení, které nechal Saddám Husajn zavřít v říjnu 2002 a které Američani znovu otevřeli v červenci 2003, byly začátkem podzimu 2003 téměř nesnesitelné. Bylo tam strašlivé horko, vězení bylo přeplněné – počet vězňů se rozrostl z 2000 v červenci na 7000 v září – a mladí dozorci byli na svou práci zcela nepřipraveni. Jak řekl jeden pětatřicetiletý rezervista z Pensylvánie, *Jeden den pracujete u McDonalda a druhý den stojíte před stovkou vězňů, z nichž polovina říká, že jsou nemocní, a druhá polovina, že jsou hladoví.* Navíc protiamerické násilí v Iráku neustává, věznice je terčem raketových a minometných útoků, takže vojáci jsou pod permanentním stresem.

Krátce po zveřejnění prvních fotografií z Abú Ghraíb se začíná ozývat volání, aby ministr obrany Donald Rumsfeld vyvodil z aféry důsledky a rezignoval. Liberální novinář Thomas L. Friedman, který ze začátku válku podporoval s tím, že to je „největší projekt americké zahraniční politiky od časů Wilsona“, píše v *NYT* 6. května:

Hrozí nám nebezpečí, že prohrajeme něco mnohem důležitějšího než válku v Iráku. Hrozí nám nebezpečí, že Amerika přestane být pro svět zdrojem morální autority a inspirace. V životě jsem ještě nezažil takovou dobu, kdy by byla Amerika a její prezident ve světě víc nenáviděni než dnes. Byl jsem právě v Japonsku a ani mladí Japonci nás nemají rádi…

Tato administrativa musí totálně předělat svou politiku v Iráku, jinak nám všem hrozí naprostá katastrofa. Toto předělání musí začít tím, že prezident vyhodí ministra obrany Donalda Rumsfelda – dnes, ne zítra anebo příští měsíc, dnes. To, co se stalo ve vězení Abú Ghraíb, bylo v nejlepším případě totální selhání disciplíny pod hlavním vedením pana Rumsfelda, anebo v nejhorším cílená politika formulovaná někde ve vojensko-zpravodajském vedení, která přikazovala sexuálně ponižovat vězně a tím je změkčit pro výslechy, politika, která se pak úplně vymkla z rukou.

Ministra Rumsfelda vyzývá k odstoupení i britský konzervativní týdeník *The Economist*, který s výhradami stále podporuje prezidenta Bushe a jeho irácké tažení. *The Economist* však obviňuje ministra obrany a jeho tým z nezvládnutí situace po dobytí Bagdádu a sesazení Saddáma Husajna – přičemž hlavní problémy zahrnovaly naprosto neadekvátní poválečné plánování, nedostatečný počet vojáků na udržení bezpečnosti a rozpuštění irácké armády, z níž se pak velmi rychle rekrutovali vzbouřenci. Týdeník také viní Rumsfelda za přehnanou „debaasifikaci" (odmítnutí jakékoli spolupráce s bývalými členy vládní strany Baas), která tak vyloučila řadu Iráčanů schopných podílet se na budování životaschopné vlády z politického procesu. Je to zajímavá paralela s vývojem u nás, kde „odkomunističtění" bylo naopak nedostatečné. Ideální řešení asi neexistuje.

Umírněný konzervativní novinář David Brooks, takový „miláček liberálů", píše v *NYT* 8. května:

Před rokem jsme byli dominantní zemí ve světě s jedním pólem. Dnes jako bychom utrpěli nervový šok po výbuchu granátu.

Pořád čelíme světu hrozeb, ale máme menší důvěru ve vlastní sílu. Pořád víme, že můžeme převálcovat nepřátelské armády, ale nemůžeme převálcovat problémy. Místo toho problémy převálcovávají nás. Jsme schopni sesadit tyrany, ale zdá se, že nejsme příliš schopni spravovat jiné národy. Naše zpravodajské služby udělaly obrovské chyby. Naše diplomacie vůči západní Evropě byla nejapná. Máme armádu plnou hrdinů, ale ohavnosti spáchané několika jednotlivci zastiňují ušlechtilost většiny…

Věřte mi, máme mnohem větší problém než to, jestli si Rumsfeld podrží svoje místo. Náš největší problém bude definovat nadcházející roli Ameriky ve světě, protože se určitě v dohlednu nezapleteme do něčeho podobného jako v tomto roce. Ať už to dopadne v Iráku jakkoli, žádný prezident v blízké budoucnosti nebude chtít poslat americké vojáky někam, kde to hoří. V Iráku jsme se spálili až příliš.

Brooks pokračuje v lamentaci 11. května:

Viděno z dnešního úhlu, šli jsme do Iráku s jakousi dětskou fantazií. Svrhneme Saddáma, ustavíme demokracii a vrátíme zem zpátky vděčným Iráčanům. Počítali jsme s tím, že až to všechno skončí, budou nás za to všichni obdivovat.

Nepochopili jsme tu tragickou ironii, že naše síla je také naše slabost. Dokud jsme se jevili jako nejmocnější na světě, ostatní – i ti, kterým jsme chtěli pomoci – se proti nám museli vzbouřit. Museli to udělat už jen proto, aby neztratili respekt sami před sebou. Když jsme sesadili Saddáma, okradli jsme Iráčany o čest osvobodit se sami. To, že neměli žádnou možnost to udělat, je irelevantní.

A když se teď díváme kupředu, čelíme další ironii. Aby si zasloužili svobodu, potřebují Iráčané vítězství. A protože už je příliš pozdě na to, aby zvítězili nad Saddámem, je naprosto nutné, aby zvítězili nad námi. Až budou v budoucnu napsány učebnice o svobodném Iráku, bude sesazení Saddáma vágně zmíněno v jedné vedlejší větě v jednom souvětí. Hrdinný irácký odpor vůči americké okupaci však bude detailně popsán, stránku po stránce. Abychom v Iráku uspěli, musíme prohrát.

A ještě David Brooks do třetice, z článku 18. května, v němž výstižně shrnuje americkou mentalitu:

Na našem iráckém dobrodružství je něco podnětně, přehnaně, trapně a bytostně amerického. Žádná jiná země by si nedělala tak velké iluze, že by se pokoušela šířit demokracii na Středním východě. Žádná jiná země by nebyla tak naivní jako my, aby to dělala tak špatně, jako to děláme my. Žádná jiná země by nebyla dostatečně flexibilní, aby se vzpamatovala ze své naivity a nějak se s bídou doklopýtala k úspěchu, což, jak odhaduji, se v Iráku časem stane.

Někdy se zdá, že americká historie je stejný příběh, který se stále znovu opakuje. Nějaká skupina bláhových vizionářských dobrodruhů se vydá na výpravu, aby vykořenila nějaké zlo a přivodila zlatou budoucnost. Když jsou uprostřed cesty, uvědomí si, že na tu drsnou realitu, které náhle čelí, nejsou připraveni. Je však příliš pozdě, aby se vrátili, a tak svou misi přeformulují. Vyhodí iluze a stanou se z nich téměř náruživí pragmatici. Nikdy neuskuteční onu utopii, o které původně snili, ale zároveň vybudují něco lepšího, než co bylo dřív.

Kritika se však na Bílý dům hrne i z republikánských řad. Řada vysoce postavených vládních úředníků se nechává anonymně slyšet, že Bushova administrativa snad ani nechápe, jaký je v Iráku průšvih.

Příznivci prezidenta Bushe se začínají dělit do několika táborů. William Kristol, vydavatel konzervativního časopisu *Weekly Standard*, je v polovině května dělí následujícím způsobem:

Jednak tu jsou nekající jestřábi [mezi ně řadí Kristol sám sebe], *kteří sice prezidenta kritizují za chyby ve vedení války, ale stále se domnívají, že válka se dá vyhrát. Pak jsou tu loajalisté, kteří se přidržují opakovaného republikánského tvrzení, že všechno je v pořádku. Dále tu jsou lidé, kteří válku podporovali, ale teď mají pochybnosti. A poslední kategorie jsou konzervativci, kteří říkají, „buďte tvrdí, ale co nejdřív jděte od toho".*

Česká média drží krok s americkým zpravodajstvím a mnozí čtenáři píší odsuzující dopisy do redakcí. V týdeníku *Respekt* v polovině května brání Ameriku Teodor Marjanovič:

Slabost Ameriky přesto nemusí vést k její potupné porážce, pokud Washington vsadí na to, co bin Ládin nedokáže: mluvit pravdu. Je přece skvělé, že nikdo ve Spojených státech ani nezauvažoval, že by bylo nejlepší vše ututlat a potrestat „zrádce", toho nejmenovaného [byl to Joseph M. Darby z Marylandu] *amerického vojáka, který začátkem ledna své nadřízené upozornil na ohavnosti páchané v Abú Ghraíb…*

Kdo je upřímný, musí si navzdory svému pobouření přiznat, že žádná země v pásmu od Maroka po Omán by se nedokázala takto vyznat ze svého hříchu a poprosit o odpuštění…

Ani nemusíme chodit tak daleko – letité úspěšné unikání Grebeníčka staršího, který po léta mučil vězně mnohem drsnějším způsobem než američtí bachaři v Iráku, je jen jednou z mnoha skvrn na polistopadovém vývoji v České republice. Nemám to sice potvrzeno žádnými „tvrdými fakty", ale jsem si jista, že velké procento těch nejpohoršenějších Čechů nad vývojem v Iráku se nad Grebeníčkovým unikáním nepohoršuje vůbec.

Týrání vězňů v Iráku trochu zastínilo i pokračující dobré ekonomické zprávy – je potvrzeno, že v prvních čtyřech měsících roku vzniklo 900 000 nových míst.

Navzdory smršti otřesných obrázků z Abú Ghraíb má prezident Bush stále dosti silnou podporu a jeho vyzyvatel John Kerry jako by přešlapoval na místě, pořád ještě nezformuloval nějaké velké silné téma, a někteří demokraté jsou z toho nervózní. Rozdělení Ameriky se prohlubuje a příslušníci obou táborů už začínají mít téměř pavlovovské reflexy.

Na republikánských schůzích a shromážděních vyvoláte nesouhlasné mručení a výkřiky jen vyslovením takových jmen, jako „Clinton", „Kennedy" nebo „Michael Moore", a stejně znějící mručení a výkřiky zazní na demokratických sešlostech, jakmile se ozve „Bush" nebo „Cheney" nebo „Ashcroft". Odhaduje se, že v šestnácti státech bude rozhodování velmi těsné.

Někteří komentátoři upozorňují na to, že když stávající prezident kandiduje na druhý termín, nejdůležitějším ukazatelem je veřejná spokojenost s tím, jak tento prezident zvládá svůj úřad, takzvané *job approval rating*. To, jak si vede jeho vyzyvatel, je sekundární. Doug Sosnik, který pracoval v kampani prezidenta Clintona v roce 1996 (kdy se Clinton ucházel o znovuzvolení), přirovnává tuto situaci k najímání instalatéra:

Řekl bych, že když si najímáte napodruhé prezidenta či instalatéra, je váš myšlenkový proces velmi podobný. Ptáte se, jak se osvědčil minule, a to rozhodne o tom, zda ho najmete znovu. Když má prezident za sebou tři a půl roku čtyřletého termínu, lidi se už většinou rozhodli, jestli dělá dobrou práci nebo ne.

V Iráku mezitím pokračuje jednání zmocněnce OSN Lakhdara Brahimiho o předávání moci a je zřejmé, že Bushova administrativa začíná na Spojené národy spoléhat čím dál tím víc. Koncem měsíce je v Iráku více než 165 000 vojáků, z toho 138 000 Američanů, 8530 Britů, 2700 Italů, 2400 Poláků, 1700 Ukrajinců, 1300 Holanďanů a další. Irák už opustilo 1400 Španělů a 1000 vojáků z Hondurasu, Dominikánské republiky a Norska.

Reakce na první legální sňatky mezi osobami téhož pohlaví ve státě Massachusetts jsou relativně mírné, žádné velké protesty se nekonají. Objevují se odhady, že na rozdíl od interrupcí, které přece jen znamenají drsný lékařský zásah, přestanou být „homo sňatky" brzy horkým tématem. Jakmile odezní nadnesená rétorika o právech a ohroženích a nově sezdané dvojice se vrátí do normálního života, kde budou zas každodenně komunikovat se svými heterosexuálními sousedy, kolegy a příbuznými, začne to za chvilku všem připadat zcela v pořádku, že Bob a Bill a Jane a Anne jsou také oddáni. Koncem měsíce se v Praze objevuje na pár dní můj přítel Joe Kohn, profesor matematiky na Princetonské univerzitě, a tak jdeme na kafe a v půldruhé hodině shrnujeme tok času od léta 2002, kdy jsme se v předpovodňové Praze viděli naposled. Joe mimo jiné říká, že podle jeho názoru budou tak do deseti dvaceti let sňatky mezi homosexuály a lesbičkami stejně přijatelné, jako jsou teď manželství mezi černými a bílými.

A ještě jedno odbočení od iráckých vězňů a prezidentské politiky. V druhé půlce května se obyvatelé patnácti amerických států na východním pobřeží mohou trochu odreagovat od diskusí a přemýšlení o Iráku, protože se opět po 17 letech ze země vynořují cikády, odhaduje se, že jich je celkem asi 10 bilionů. Dospělé cikády vylezou masově do korun stromů, kde se páří za velkého rachotu, a po několika dnech zcela vyčerpány padají mrtvé nebo polomrtvé na zem. Po pár týdnech cikádí invaze zbude přes 300 bilionů vajíček, z nichž se vylíhnou malinké nymfy a ty zalezou do země, kde setrvají přesně sedmnáct let. Minulá invaze byla v roce 1987, to už byl u moci Gorbačov a začínal se kamarádit s Ronaldem Reaganem, v Československu vládl soudruh Gustáv Husák a Václav Havel tehdy už byl z prvního vězení venku. U nás v Somersetu cikád nebylo tak moc, i když rámus dělaly také, ale Princeton byl úplně zamořen, chcípající cikády chrupaly všude pod nohama. Jsou to takové asi čtyřcentimetrové černé potvůrky s velkýma červenýma očima, už jsem viděla ošklivější stvoření, ale krasavci to nejsou. Je to největší hmyzí sešlost na světě, a ta železná sedmnáctiletá (prvočíselná!) pravidelnost je až magická. Až se na svět vynoří cikády počaté letos, bude se psát rok 2021. Kde bude George Bush Jr., kde bude John Kerry, co o nich bude v čítánkách? A co bude v Iráku, bude tam příkladná demokracie nebo přetrvávající válčení?

Témata

Kriminalita a trest smrti

Začátek května
Všechna média přinášejí
zprávy o týrání iráckých vězňů
v bagdádské věznici Abú Ghraíb.

Týrání vězňů v Iráku vyvolalo lavinu úvah o vězeňství přímo v Americe. Jak je známo z filmů, americké věznice nejsou zrovna „fešácké“ a zvlášť vězení na jihu a na jihozápadě jsou dosti brutální. Hodně se také začalo znovu diskutovat o vězení na vojenské základně Guantánamo na Kubě, kde po tažení do Afghánistánu na podzim roku 2001 umístila americká armáda stovky zajatců označených za „nebezpečné teroristy“. Koncem května 2004 jich tam bylo téměř 600. Toto území, velké 116 čtverečních kilometrů, si Spojené státy pronajaly od Kuby na věčnost v roce 1903 a dnes to tam vypadá tak trochu jako v malém americkém městě, kromě věznice a vojenských budov je tam McDonald's, biograf, škola a také kuželkářská dráha.

Spojené státy jsou proslulé svou vysokou mírou zločinnosti, která je podle dlouhodobých průzkumů zhruba třikrát vyšší než v ostatních rozvinutých zemích. Seymour Martin Lipset ve své knize *Dvousečná zbraň* pojednává o americké kriminalitě na několika místech a předkládá základní argument, že vysoká zločinnost je součástí komplexního amerického hodnotového systému. Už v úvodu ke knize má Lipset trefnou pasáž o americké neúctě k autoritám:

V zásadě platí, že americká tradice revolučního libertariánství nevybízí k poslušnosti vůči státu a zákonu. To lze doložit výsledky, jichž dosáhla americká a kanadská vláda, když se snažily přejít od starší a méně přehledné soustavy mílí a palců, liber a uncí na soustavu metrickou. Před pětadvaceti lety obě vlády prohlásily, že po uplynutí patnácti let budou platit pouze metrické míry a váhy, avšak až do stanoveného data lze používat obě soustavy. Kanaďané – národ se silnou tradicí toryovského monarchismu, který pociťuje mnohem větší úctu ke státu a závislost na jeho strukturách a jenž se oproti USA v přepočtu na obyvatele honosí nižším počtem zločinů, přestupků i žalob – rozhodnutí politických vůdců přijali a dnes používají metrickou soustavu. Američané nový předpis jednoduše ignorovali. Silniční vzdálenosti se dodnes udávají v mílích, zboží se váží na libry a unce, teplota se měří ve stupních Fahrenheita.

Dobře si pamatuju, jak se začátkem sedmdesátých let objevily na jednom místě ve střední New Jersey, blízko města Somerville, dálniční cedule s kilometry. Čekali jsme tehdy, kdy se toto značení začne rozšiřovat dál, ale místo toho jednoho dne ukazatele s kilometry kolem Somerville byly pryč. Pokud vím, od té doby se už žádné úřady nesnaží s americkými mírami skoncovat, snad jen se víc rozšířila praxe udávat v některých publikacích, například v encyklopediích pro mládež, míry oboje. Ve vědě a ve vysoké technologii (hi-tech, jako například počítače) se samozřejmě používá soustava metrická, kdežto v „nízké technologii" (low-tech, třeba šroubky či dřevěné trámky) přetrvávají palce, stopy a yardy.

Ale zpátky k zločinnosti. V části o různých rysech americké výjimečnosti pak Lipset nahlíží zločinnost ve Spojených státech z několika základních úhlů.

Za prvé, podle řady studií souvisí vyšší míra kriminality s americkou posedlostí úspěchem:

Důraz na rovnou šanci a na úspěch, jak jej nacházíme v americké společnosti, vedl k tomu, že se Američané v daleko větší míře zaměřují na dosažení kolektivně schvalovaných cílů *(zvláště finančního úspěchu), a nikoli na uplatňování náležitých* prostředků *(to jest na chování, jež se v dané roli či společenské vrstvě považuje za vhodné). V zemi, která vyznává úspěch jako nejvyšší hodnotu, jsou lidé vedeni k pocitu, že ze všeho nejdůležitější je vyhrát – a na metodě už tolik nezáleží.*

Další roli v kriminalitě hraje bezpochyby permanentní přistěhovalectví, které na jedné straně klíčově přispívá k dynamice Ameriky, ale na druhé straně téměř neustále přivádí do Spojených států množství ctižádostivých lidí, z nichž někteří jsou příliš netrpěliví na to, aby na úspěch čekali třeba celá desetiletí. A tak se zvlášť ve městech vytvářejí zločinné skupiny zabývající se prostitucí, prodejem drog a hazardními hrami.

... lidé z přistěhovaleckých rodin anebo z nízkých vrstev, jimž nedostatek vzdělání, dovedností či ekonomických prostředků zároveň s působením sociální diskriminace brání v dosažení lepšího ekonomického postavení, mohou například rozvinout nové a riskantní oblasti podnikání. Nutnost uspět může přimět jedince – i celé skupiny – k rozhodnutí zapojit se do chodu společnosti tak, že si najde práci mimo *zákon, v podnikání gangů, jež se anglicky nazývají „rackets". Oblasti organizovaného zločinu... byly ambiciózním jedincům z chudých vrstev přístupné i v době, kdy jim ostatní oblasti zůstávaly uzavřeny. Všelijaké gangy přilákaly členy etnických a rasových menšin, které jsou silně motivovány americkým důrazem na osobní úspěch, avšak mají jen omezený přístup k povoleným prostředkům vzestupu.*

Menší mírou k vysoké zločinnosti přispívá bezpochyby i to, že Američané mohou mnohem snadněji vlastnit zbraně než lidé v kterékoliv jiné zemi. Nějakou zbraň má zhruba 90 milionů lidí, což znamená jedna třetina obyvatelstva. Druhý dodatek k ústavní Listině práv zní: *Dobře organizovaná domobrana je nezbytná v zájmu bezpečnosti svobodného státu; právo lidu držet a nosit zbraně nesmí být proto omezováno.* Na tomto dodatku je založena konzervativní Národní asociace držitelů zbraní (NRA, National Rifle Association), jejíž členové nechtějí o žádných omezeních ani slyšet. Podle nejrůznějších průzkumů je sice většina zločinů spáchána zbraněmi drženými nelegálně (tedy ne lidmi, kteří mají platný zbrojní pas a jsou členy NRA), ale nelegální obchod se zbraněmi s obecnou legální přístupností zbraní bezpochyby úzce souvisí.

Navzdory odporu NRA prosadil v roce 1994 prezident Bill Clinton zákaz poloautomatických útočných zbraní. O jeho účinnosti se vedou spory, podle některých komentátorů bylo v zákonu dost mezer na to, aby mohl být obcházen, avšak podle jedné studie přece jen trochu zločinnost omezil.

Otázka, do jaké míry souvisí se zločinností násilí předváděné v televizi, je už léta předmětem veřejné debaty. Řekla bych, že existuje konsensus v tom smyslu, že existence násilí na televizní obrazovce není nikdy hlavním zdrojem zločinnosti, ale že v jistých podmínkách může kriminální chování podpořit. Týká se to hlavně dětí – ty, které vyrůstají v harmonickém prostředí s jasně daným hodnotovým systémem, jsou vůči takovému násilí víceméně imunní, kdežto děti v rozvráceném nefunkčním prostředí jsou ovlivnitelnější. Přesto bych tomuto faktoru nepřikládala příliš velkou důležitost, míra americké zločinnosti byla vysoká i v předtelevizním věku.

Zvláštní kapitolu tvoří organizovaný zločin, především mezinárodní zločin s drogami. Americká vláda vynakládá už desetiletí obrovské sumy na potírání ilegálního obchodu s drogami, ale přestože se každou chvíli podaří nějakou zásilku zabavit či nějaké překupníky pochytat, obchodování kvete dál. Snad jediné, co by pomohlo, by byla plná legalizace narkotik – tím by přišly ty obrovité mezinárodní drogové kartely o zdroj příjmů a udělaly by bankrot (také by ovšem zbankrotovalo několik zemí – především Afghánistán, ale možná i Černá Hora). O vazbách mezi mezinárodním terorismem a drogami se dobře ví, pro afghánský Tálibán i pro Al-Kaídu představuje obchod s drogami stálý tok financí. Legalizace narkotik je však pro většinu lidí tak nepředstavitelná a nepřijatelná, že k ní zřejmě ještě dlouho nedojde, pokud vůbec. A tak se budou i nadále vynakládat miliardy dolarů na boj s výrobci a pašeráky omamných látek, ale bude to jako boj s větrnými mlýny.

Podle přehledu kriminality v ročence *The World Almanach and Book of Facts 2004*, v němž jsou shrnuty všechny druhy přečinů a zločinů (od krádeží po vraždy) v letech 1982 až 2001, byla nejvyšší zločinnost zaznamenána v roce 1991, kdy bylo spácháno téměř 15 milionů trestných činů. V roce 2000 klesl tento počet na 11,6 milionu a v roce 2001 se opět trochu zvýšil, na 11,8 milionu. Tato cifra znamená, že na každých 25 lidí připadá ročně 10 trestných činů (přičemž těch nenásilných, hlavně krádeží, je asi osmkrát víc – násilných trestných činů bylo v roce 2001 celkem 1,44 milionu). V roce 2002 bylo spácháno 16 200 vražd, o jedno procento víc než v roce 2001. Počet vražd se začal prudce zvyšovat v polovině dvacátého století, přičemž většina obětí i pachatelů jsou černoši z městských ghet. Pro mladé černochy v těchto oblastech je násilná smrt nejčastější příčinou úmrtí. V posledních deseti letech se však počet vražd skoro každým rokem trochu snižuje.

V amerických věznicích je přes dva miliony vězňů a z toho víc než 40 procent jsou černoši. (Pro srovnání: v České republice je vězňů přes 18 000, což znamená, že v poměru k počtu obyvatel je jich skoro třikrát méně než v USA.) Když se objevily v médiích fotografie z Iráku, mnozí bývalí vězni, členové humanitárních organizací i dozorci se nechali slyšet, že scény jako v Abú Ghraíb se v amerických vězeních odehrávají často. Zvlášť špatnou pověst mají vězení ve státě Texas, který má víc vězňů než Německo, Francie, Belgie a Nizozemsko dohromady. Ponižování od dozorců je však jen jedna ze stížností na poměry v amerických vězeních. Znásilňování jinými vězni nebo i skupinové znásilňování, používání drog, neléčené nemoci (AIDS a v poslední době také hodně žloutenka typu C, která ničí játra) jsou další problémy. Každý rok vychází v Americe zhruba 600 000 vězňů na svobodu a velká většina z nich chce co nejdřív dvě věci, velkého hamburgera (Big Mac) a sex. Tím se bohužel do heterosexuální chudé populace šíří AIDS, jehož výskyt je ve vězeních třikrát vyšší než v obecné populaci. Asi dvě třetiny z propuštěných vězňů jsou za pár let ve vězení zpátky.

Americký vězeňský systém je nepřehledný, jsou v něm instituce federální, státní i lokální, a neexistuje žádná nezávislá kontrolní agentura s patřičnými pravomocemi, která by v prvé řadě situaci ve věznicích zmapovala a následně byla schopna zjednat nápravu. Veřejná kontrola nad vězeňským systémem je velmi špatná, jako by se vězení do celkové atmosféry amerického optimismu ani nehodila. Květnový šok však byl tak silný, že možná týrání v dalekém Abú Ghraíb zapůsobí jako katalyzátor reformních a nápravných snah.

Spojené státy jsou jedinou rozvinutou zemí, kde stále platí trest smrti, ale od roku 1967 do roku 1977 nebyla vykonána žádná poprava. Pozastavení poprav bylo způsobeno tím, že koncem šedesátých a začátkem sedmdesátých let řešily americké soudy otázku, zda je trest smrti slučitelný s americkou ústavou. Po projednání v několika nižších soudních instancích se kauza dostala před Nejvyšší soud, který ve výnosu *Furman versus Georgia* z roku 1972 prohlásil trest smrti za protiústavní (tehdy platil v 39 státech), protože v rozporu s osmým dodatkem k ústavě znamená „krutý a mimořádný trest", který je ukládán arbitrárním, nekonsistentním způsobem – což prakticky znamenalo, že k trestu smrti jsou mnohem častěji odsuzováni černoši, třeba i za zločiny nedostatečně prokázané.

Osmý dodatek, který je součástí Listiny práv, zní: *Nesmějí být vyžadovány nadměrné kauce, ukládány nadměrné pokuty nebo kruté a mimořádné tresty*. Po výnosu z roku 1972 změnila většina států legislativu týkající se udělování trestu smrti a věc přišla opět před Nejvyšší soud, který v roce 1976 v kauze *Gregg versus Georgia* rozhodl, že trest smrti může být udělen v případě vraždy, ale že při udělování tohoto trestu smrti musí platit jasná a objektivní pravidla, aby tak nedocházelo k diskriminaci. V té době probíhala intenzivní společenská debata na toto téma a průzkumy veřejného mínění ukazovaly, že zhruba 70 procent Američanů trest smrti za vraždu schvaluje.

V letech 1977 až 2002 bylo popraveno celkem 820 osob (654 smrtící injekcí, 150 na elektrické židli, 11 smrtícím plynem, 2 popravčí četou a 3 pověšením). V současné době platí trest smrti v 38 státech, v šesti z nich – v Connecticutu, Kansasu, New Hampshire, New Jersey, New Yorku a Jižní Dakotě – však nedošlo k žádné popravě od roku 1976. Trest smrti zrušilo dvanáct států – Aljaška, Havaj, Iowa, Maine, Massachusetts, Michigan, Minnesota, Severní Dakota, Rhode Island, Vermont, Západní Virginie a Wisconsin – a také hlavní město Washington, D.C. (které tvoří vlastní administrativní jednotku).

Pro trest smrti jsou jednoznačně příslušníci politické a náboženské pravice. Zajímavé je, že konzervativní katolíci se odvolávají na své náboženství při protestech proti interrupcím, ale že katolická církev je oficiálně také proti trestu smrti, jim nevadí.

John Kerry je proti trestu smrti, s výjimkou teroristů, a v letech 2001 a 2003 byl v Senátu jedním ze sponzorů návrhu moratoria na trest smrti. Kerry se domnívá, že v aplikování trestu smrti se stále ještě projevuje rasistické zaujetí, a prosazuje větší přístup odsouzenců na smrt k testování DNA. Zkoušky DNA v posledních letech několikrát dokázaly, že člověk odsouzený k smrti byl nevinen.

Vyrovnávání s minulostí

17. května
Oba prezidentští kandidáti připomínají
padesáté výročí výnosu Nejvyššího soudu
v kauze *Brown versus Školní správa Topeky.*

V posledním desetiletí se v této zemi hodně mluvilo o „tlusté čáře za minulostí“, ale po čtvrtstoletí v Americe si nemyslím, že ve svobodné zemi někdo může takovéhle čáry naordinovat. Někteří čeští vysocí politikové by nejraději minulost zakonzervovali do učebnic, do jednoho obecně platného výkladu, který nikdo nemá právo zpochybňovat. Udrží-li se však v Česku v následujících desetiletích svoboda (jak pevně doufám), naděje těchto konzervátorů jsou marné – minulá témata se budou ne zcela předvídatelně stále vynořovat. Dřív či později se dostaví široce cítěná potřeba vyrovnat se s nějakou minulou etapou v národní historii a žádný politik tomu nezabrání. Je ostatně dobře známo, jak se mladí západní Němci začali léta po konci druhé světové války naléhavě ptát předchozí generace, jak to vlastně bylo s tím nacismem a jak se mladí židé ptali svých rodičů, proč šli do plynu jako ovce. Když skončila válka ve Vietnamu, zhruba deset let se o ní v podstatě veřejně mlčelo, ale pak se najednou objevila řada filmů a knih, což nastartovalo obecnou debatu. Letos, vzhledem k rozporné vietnamské minulosti demokratického kandidáta na prezidenta (nejdřív pět vyznamenání za chrabrost a statečnost, potom angažovanost v protiválečném hnutí), je znovu Vietnam na pořadu dne a stále je to téma, které vzbuzuje silné emoce. Neslyšela jsem ale, že by v Americe někdo za Vietnamem chtěl dělat „tlustou čáru“.

Začátkem května jsem byla na předpremiéře snímku Heleny Třeštíkové, *Pavel Tigrid Evropan*, což byl vynikající dokument o vynikajícím člověku, jakých jsme bohužel ve 20. století měli málo – ale na druhé straně, zaplaťpánbůh, že jsme jich měli aspoň několik, od Masaryka přes Tigrida až po Václava Havla. Na závěr se režisérka Tigrida zeptala, jaké má ještě přání, a on odpověděl, že jsou dvě – za prvé, aby židé už nemuseli zabíjet, protože je to v rozporu s celou jejich historií, a za druhé, aby český národ vyzrál a dospěl k odvaze přiznat si, že jsme se vyhnáním tří milionů Němců na základě nepřijatelného principu kolektivní viny dopustili velkého zločinu. Asi to nebude tak brzy, většina Čechů si zřejmě stále myslí, že poválečný odsun byla spravedlivá odplata.

V Americe jsem zažila několik takových vyrovnávání s minulostí, z nichž nejrozsáhlejší se týkala černochů a žen, ale také například amerických Indiánů či Američanů japonského původu, kteří byli za druhé světové války internováni v jakýchsi amerických koncentrácích (zdaleka ne tak zlých jako ty německé či komunistické).

Minulost je také stále znovu nahlížena z nových úhlů, například takzvaní revizionističtí historikové začali tvrdit, že studenou válku způsobila nejen sovětská agresivita, ale i americké provokace a imperiální ambice, a po nich přišli postrevizionističtí historikové, kteří zas při interpretacích začátku studené války zdůrazňovali vzájemná nedorozumění a nepochopení mezi Sovětským svazem a Amerikou.

Levicový spisovatel Gore Vidal (bratranec Clintonova viceprezidenta Al Gora), který už desetiletí píše ironické, provokativní knihy, vydal v letech 1973 až 2000 sérii sedmi obsáhlých historických románů, v nichž sleduje vývoj Ameriky od počátků 19. století až do padesátých let 20. století. Historické a smyšlené osoby se v těchto knihách hladce prolínají a děj vtahuje čtenáře do hlubin amerického mocenského dění – Vidal politice niterně rozumí, je z washingtonské rodiny a jeden jeho dědeček byl senátor. Zpodobnění naprosté většiny amerických politiků z Vidalova pera je eufemisticky řečeno nelichotivé, takže jeho sedmidílná sága je do značné míry takovým velikým bořením mýtů. Série zahrnuje následující romány: *Burr* (1973, o kontroverzním politikovi Aaronu Burrovi, z prvních desetiletí po vzniku USA), *Lincoln* (1984), *1876* (1976, o stém výročí založení USA), *Empire* (1987, Impérium, o přelomu 19. a 20. století a začátku americké mezinárodní expanze), *Hollywood* (1989, o vzniku filmařského světa v Kalifornii), *Washington, D.C.* (1967, o druhé světové válce a prezidentství F. D. Roosevelta), a *The Golden Age* (2000, Zlatý věk, ještě o druhé světové válce a období krátce po ní). Do češtiny byl zatím přeložen jen první román z této série, pod názvem *Skandální život Aarona Burra* (1990).

Hlavním nástrojem napravování historické rasové diskriminace se stala tzv. afirmativní akce neboli pozitivní diskriminace, která měla okamžitě od svého zavedení řadu odpůrců. Do dnešního dne prošly tyto programy „agresivní nápravy“ složitým vývojem, ale stále ještě jsou tak či onak uplatňovány.

Afirmativní akce se plně rozjela až za prezidenta Nixona, začátkem sedmdesátých let, a znamenala především jisté preferování černochů a žen při přijímání do zaměstnání a na vysoké školy. Naprostá většina podniků je vlastněna soukromě, a také mnoho vzdělávacích institucí je soukromých, takže federální vláda nemůže tyto subjekty k ničemu nutit, ale protože jak průmysl, tak vzdělávací instituce participují na celé řadě federálních programů, stávají se tyto návaznosti jakýmisi pákami na prosazování federální politiky – například pokud ta či ona univerzita nepřijme jistý počet žen a černochů, nebude se moci podílet na tom či onom federálním výzkumném projektu.

Proti afirmativní akci se od počátku ozývaly protesty a v roce 1978 vynesl Nejvyšší soud výrok v kauze *Bakke versus Regentská rada státu Kalifornie*, v němž prohlásil používání kvót pro zajištění rasové rovnováhy na univerzitách za protiústavní. Byl to výsledek pře Allana Bakkeho, který zažaloval Kalifornskou univerzitu (University of California) za to, že ho dvakrát nepřijala na lékařskou fakultu, a přitom přijala černošské uchazeče, přestože měli nižší počet bodů z testů. Výrok Nejvyššího soudu však byl poněkud ambivalentní, protože potvrdil, že „rasa" může hrát v přijímání studentů roli. Tím se do značné míry nasměroval další vývoj afirmativní akce v tom smyslu, že místo jednoduchého, mechanického používání kvót se začala používat komplexnější individualizovaná hodnocení, v nichž byla rasa uchazeče jen jedním z mnoha faktorů.

Začátkem léta 2003 vynesl Nejvyšší soud dvě rozhodnutí, která opětně potvrdila, že afirmativní akce je stále aktuální, i když mechanické používání kvót je nepřípustné. Obě rozhodnutí z 23. června 2003 se týkala Michiganské univerzity (University of Michigan). Přijímací proceduru na bakalářské studium liberální fakulty této univerzity, která používala mechanického systému kvót (za to, že byl uchazeč černoch, Hispánec nebo americký Indián, dostal automaticky 20 bodů), prohlásil Nejvyšší soud za protiústavní, kdežto přijímací proces na právnické fakultě soud potvrdil jako správný.

Na právnické fakultě se totiž přijímací proces skládá ze složitého balancování, v němž kromě rasy hraje roli i prospěchový průměr, výsledky standardizovaných testů, osobní eseje, sportovní schopnosti, hudební talent a doporučení od bývalých profesorů. Žádný z těchto komponentů nemá nějakou číselnou hodnotu, takže rozhodování je velmi individuální. Podobným způsobem probíhá přijímací proces na většině elitních univerzit.

Výnos o přijímacím řízení na právnické fakultě obsahoval odkaz na četná písemná vyjádření od stovek nejrůznějších podniků, členů kongresu, státních úřadů, odborů, profesionálních asociací, vysokých škol a od více než dvaceti vysokých důstojníků ve výslužbě, v nichž pisatelé potvrdili Nejvyššímu soudu, že afirmativní akce je stále potřebná. Zvlášť naléhavé bylo vyjádření důstojníků, kteří argumentovali, že rasově integrovaný velitelský sbor – který je přímým a nezpochybnitelným důsledkem afirmativní akce – je klíčově důležitý pro národní bezpečnost.

V českých médiích se občas objeví paušální odsouzení afirmativní akce jako „diskriminace naruby", ale většinou jsou tyto soudy založeny na povrchní znalosti věci. Je to určitě složitý politický nástroj, ale odmítat ho šmahem je jako vylévat dítě s vaničkou.

Jeden z nejhorších projevů rasové diskriminace po zrušení otroctví v Americe bylo lynčování černochů (některé oběti ale byli také běloši), které začalo v osmdesátých letech 19. století a trvalo až do třicátých let 20. století. Toto „ubití anonymním davem" je pojmenováno po virginském plukovníkovi Charlesi Lynchovi z konce 18. století, který se vyznačoval velkou krutostí. Od roku 1882, kdy existují první spolehlivé záznamy o lynčování, zahynulo tímto způsobem více než 4730 osob. Naprostá většina lynčování se konala v jižních státech, ale tato hrůzná představení se děla i na severu, například ve městě Duluth v Minnesotě v roce 1920 byli takto ubiti tři mladí černoši, a davy, které lynčování pozorovaly, byly odhadnuty na 10 000 lidí. V prosinci 2003 byl v Duluthu těmto obětem odhalen pomník a na ceremonii přišly tisíce lidí z celé oblasti. Nejdrásavější moment nastal ve chvíli, kdy jistý pan Warren Read, učitel základní školy z Kingstonu ve státě Washington, pronesl řeč, v níž oznámil, že při výzkumech o historii své rodiny se dozvěděl, že jeho pradědeček vedl dav, který přepadl místní šatlavu, vyvlekl z ní tři uvězněné černochy a pak je zlynčoval. Zajíkající se pan Read se dodatečně omluvil obětem i jejich rodinám. Když jsem článek četla, napadlo mě, jestli se někdy nějaký český pravnuk omluví za to, že jeho pradědeček se účastnil zabíjení německých žen, dětí a starců při divokém odsunu po skončení druhé světové války. To také dělala lůza, stejně jako lynčování černochů.

Amerika se vůbec v posledních letech často omlouvá za nějakou minulou křivdu. Ruth J. Simmons, černošská prezidentka prestižní Brown University, která byla první černošskou prezidentkou školy „břečťanové ligy", je pravnučka otroků. Na jaře 2004 jmenovala Výbor o otroctví a spravedlnosti (Committee on Slavery and Justice) a pověřila ho, aby do dvou let prozkoumal historické sepětí této univerzity s otroctvím (například budova, v níž má prezidentka kancelář, byla částečně postavena otrockou prací). Výbor bude také organizovat semináře, přednášky a zadávat výzkumné projekty, zabývající se morální, legální a ekonomickou stránkou eventuálních reparací anebo jiných způsobů, jak napravit zla minulosti, a nakonec rozhodne, zda by univerzita měla přijmout za svůj podíl na otroctví odpovědnost, a pokud ano, jakým způsobem by se s tím měla vypořádat.

Další nedávné vyrovnávání s minulostí se týká mormonů, kteří byli na své pouti napříč Amerikou v polovině 19. století vystaveni značnému pronásledování. Začátkem dubna 2004 přijeli do Salt Lake City v Utahu, hlavního sídla mormonské církve (přesněji Kristovy církve svatých posledních dnů), vysocí úředníci státu Illinois a mormonským představitelům odevzdali text rezoluce 793, kterou schválila jejich státní Dolní komora. V rezoluci bylo vyjádřeno „oficiální politování" nad násilím a pronásledováním, jemuž byli mormoni vystaveni ve státě Illinois v roce 1846.

Původní text rezoluce údajně obsahoval prosbu o „prominutí a odpuštění", ale illinoiští zákonodárci nakonec rozhodli, že nemohou žádat odpuštění za něco, co sami osobně nespáchali.

Životní prostředí

28. května
Do kin přichází film
Den poté (*The Day After Tomorrow*)

Obvykle na katastrofické filmy nechodím, ale tentokrát jsem neodolala – jednak jsem už nějakou dobu o filmu četla v tisku, a za druhé jsem se zas chtěla aspoň virtuálně podívat do New Yorku.

Film víceméně přesně splnil moje očekávání – vědecky přitažený za uši, s patřičně kýčovitým dějem a přihlouplými dialogy, ale s pěknými efekty a samozřejmě s happy endem. Nejvíc se mi líbilo, když se z jihu valila Pátou avenue směrem k Městské knihovně obrovská ledová přílivová vlna – tahle místa na Manhattanu totiž důvěrně znám, léta jsem například chodila do historické redakce nakladatelství Scribners na 49. ulici a Páté avenue, takže jsem často při těchto návštěvách míjela roh Městské knihovny. Režisér Roland Emmerich se nechal slyšet, že film má politické poselství – zřejmě přesvědčit publikum o hrozbě globálního oteplování – a že on sám doufá ve vítězství Kerryho. Filmový viceprezident je také jasnou kopií Dicka Cheneyho, ale přesto pochybuji, že *Den poté* prezidentské klání nějak ovlivní. Psalo se o něm pár týdnů před premiérou, pár dnů po premiéře, avšak nevím o žádné vážné výzvě ekologické politice Bílého domu, která by s tímto filmem nějak souvisela. Je to jen dobře udělaná zábava, pokud máte tento typ filmu rádi.

Federální politika na ochranu životního prostředí začala v roce 1970, když prezident Nixon podepsal zákon o čistotě ovzduší (Clean Air Act). Kongres poté vytvořil Agenturu na ochranu životního prostředí (EPA, Environmental Protection Agency), která se od té doby rozrostla na jeden z největších vládních úřadů – v roce 2003 měla 18 000 zaměstnanců. Dnes je v Americe vzduch mnohem čistší než před pětatřiceti lety, ale stále probíhá úporné přetahování mezi znečišťujícím průmyslem a kontrolními agenturami.

Za prezidenta Clintona byl Bílý dům spíš na straně ochránců životního prostředí, ostatně, dvě největší vášně jeho jinak nevášnivého viceprezidenta Al Gora byly internet a životní prostředí. Gore dokonce vydal, těsně před zvolením na viceprezidenta na podzim roku 1992, knihu nazvanou *Earth in the Balance: Ecology and the Human Spirit* (česky vyšlo v překladu Jana Jařaba v roce 2000 jako *Země na misce vah: Ekologie a lidský duch*), v níž navrhuje nový „Marshallův plán" na zachránění planety. Za prezidenta Clintona (koncem roku 1997) se také konalo v japonském Kjótu celosvětové setkání pracovníků zabývajících se životním prostředím, které vyústilo tzv. Kjótským protokolem, v němž se rozvinuté státy zavázaly omezit produkci skleníkových plynů. Zároveň však bylo stanoveno, že protokol vstoupí v platnost teprve poté, kdy jej bude ratifikovat nejméně 55 států, které podle měření z roku 1990 vypouštějí 55 procent všech emisí vyspělých států.

Rozhodnutí prezidenta Bushe odmítnout Kjótský protokol v březnu 2001 bylo jedním z jeho prvních zahraničněpolitických počinů, kterým už dva roky před Irákem popudil značnou část mezinárodního veřejného mínění. Americké organizace a sdružení zabývající se ochranou prostředí rovněž toto rozhodnutí ostře kritizovaly. Prezident zdůvodil svůj krok tím, že není zcela jisté, do jaké míry se na globálním oteplování podílí emise plynů a že navíc si Spojené státy nedají omezovat svůj ekonomický rozvoj. Je nicméně zcela evidentní, že odmítnutí protokolu souvisí s napojením Bushovy administrativy na velké korporace a naftařský průmysl. Už od nástupu do Bílého domu se prezident Bush snaží například prosadit těžbu ropy na Aljašce v dosud chráněných územích, zatím však neúspěšně. Vypracováním energetické politiky Bushovy vlády byl začátkem roku 2001 pověřen viceprezident Dick Cheney a jeho poradci nejen zahrnovali řadu lidí těsně spjatých s těžebním průmyslem (takže zde docházelo ke střetu zájmů), ale práce na tomto projektu byla obestřena velkým tajnůstkářstvím. Proti obojímu znovu a znovu protestovali zástupci ekologických organizací.

Postoj současné administrativy vůči ochraně prostředí shrnul nedávno administrátor EPA následujícím způsobem:

V ochraně prostředí nemůže nastat pokrok bez ekonomické prosperity. Pokud by poklesla naše konkurenceschopnost, ztratila by se i naše schopnost chránit prostředí. Nic nepodporuje znečišťování tak jako chudoba.

Nezávislý senátor James M. Jeffords, za stát Vermont, vidí situaci jinak a předpovídá, že administrativa George W. Bushe vstoupí do historie „jako největší katastrofa pro veřejné zdraví a prostředí v historii Spojených států". Dva z mých česko-amerických přátel, oba podnikatelé a spíš tedy inklinující k republikánům, si mi na jaře 2004 vehementně stěžovali na ekologickou politiku současného Bílého domu, až jsem byla jejich rozhořčením trochu překvapena.

V únoru 2004 vyšlo prohlášení více než 60 vědců, včetně 20 nositelů Nobelovy ceny, v němž autoři tvrdili, že Bushova administrativa soustavně překrucuje anebo dokonce potlačuje ta vědecká fakta, která jsou v rozporu s prezidentovými politickými preferencemi. Podle této zprávy odmítá současný Bílý dům vědecký konsensus o globálním oteplování, manipuluje s vědeckými zjištěními o emisích rtuti z elektráren a umožňuje průmyslovým koncernům ovlivňovat vládní vědecké výbory. V květnu 2004 se však poprvé dočkala Bushova vláda pochvaly za nově vyhlášenou regulaci emisí z dieselových motorů, vztahující se na více než šest milionů traktorů, buldozerů a dalších těžkých pracovních strojů, které produkují asi čtvrtinu celkových vzdušných polutantů. Odhaduje se, že toto znečištění každý rok způsobuje 12 000 předčasných úmrtí a stovky tisíc onemocnění dýchacích cest.

Neexistence komplexní federální politiky směřující k zpomalení globálního oteplování je však v poslední době vynahrazována aktivitou jednotlivých států, především Kalifornie a New Yorku. Koncem července 2004 podalo osm států a město New York žalobu na pět z největších amerických energetických společností – American Electric Power Company, Southern Company, Tennessee Valley Authority, Xcel Energy a Cinergy Corporation – které celkem provozují 174 elektráren ve 20 amerických státech a jsou odpovědné za téměř čtvrtinu emisí kysličníku uhličitého vypouštěných do vzduchu energetickým průmyslem a asi za 10 procent celkových emisí. Z legálního hlediska je to zatím bezprecedentní situace, protože žalující státy budou muset přesvědčit soudce, že globální oteplování je veřejná škodlivost (public nuisance), ale zasvěcenci se domnívají, že se jim to podaří.

Demokratický uchazeč o Bílý dům John F. Kerry by chtěl snížit závislost Spojených států na naftě ze Středního východu, jednak úsporami, ale také rozvojem alternativních zdrojů. Na tom se ovšem pracuje už desetiletí, protože ropa definitivně dojde v celkem blízkém časovém horizontu (50 až 100 let). Můj oblíbený novinář Thomas L. Friedman napsal do *NYT* 27. června svůj poslední sloupek před tříměsíční pauzou, kdy se chystal dokončit svou knihu o geopolitice s názvem *The World is Flat* (Svět je placatý), a v článku se nechal chvíli unést fantazií, co by si přál, aby se v tomto intervalu událo. Jeho prostřední přání bylo následující:

Prezident Bush přichází s ohromujícím projektem – podobně jako když Nixon navštívil Čínu – a oznamuje Společný čínsko-americký urgentní program na vývoj alternativní energie. Každý měsíc přibývá na pekingských ulicích zhruba 30 000 nových aut. Hlavní titulky v čínských novinách přinášejí denně zprávy o nedostatku energie, o úplných či částečných výpadcích elektřiny. Podle amerických odhadů má dnes s nedostatkem energie problém 24 z 31 čínských provincií. Zahraniční politika Číny se dnes skládá ze dvou věcí, Tchaj-wanu a hledání ropy. Jen minulý rok se zvýšil čínský dovoz ropy o 30 procent. To není dobrá situace. Pokud jde o životní prostředí, za deset dní, které jsem strávil v Pekingu, jsem modré nebe viděl jednou. Ostatní dny tam byl šedý, špinavý opar. Pokud jde o ekonomický vývoj, růst Číny bude brzy zpomalen

– pokud už není – kvůli nedostatku energie. Pokud jde o strategickou budoucnost, Čína a Amerika se brzy ocitnou v nebezpečném čelním střetu, protože se budou prát o palivo.

Jestli někdy bylo zapotřebí velké imaginace, tak je to teď. Potřebujeme, aby prezident Bush překvapil sám sebe i celý svět a aby navrhl mohutný čínsko-americký Projekt Manhattan [původní Manhattanský projekt z roku 1941 vedl k vývoji atomové bomby] *– urgentní program na vývoj čisté alternativní energie, který by dal dohromady nejlepší čínské vědce a čínskou schopnost prosadit průzkumnické programy s nejlepšími mozky a technologií Ameriky a s americkými penězi…*

Přehledy

Nejvyšší soud

Nejvyšší soud vznikl v roce 1789, od roku 1869 má předsedu a osm dalších soudců. Všichni soudci jsou jmenováni prezidentem a jejich jmenování musí schválit senát. Soudci jsou jmenováni doživotně a mohou být pohnáni před soud v procesu známém jako impeachment. Odvoláni mohou být jen tehdy, když pro jejich odchod z funkce hlasují dvě třetiny senátorů. Žádný soudce Nejvyššího soudu nebyl nikdy pohnán před soud.

První černošský nejvyšší soudce, Thurgood Marshall, byl jmenován prezidentem Lyndonem B. Johnsonem v roce 1967, první žena nejvyšší soudkyně, Sandra Day O'Connor, byla jmenována prezidentem Ronaldem Reaganem v roce 1981.

Nejvyšší soud zasedá od prvního pondělka v říjnu a obvykle končí v červnu. Ve výjimečných případech může soud řešit nějaký případ i během letních prázdnin.

Soud se hlavně vyjadřuje k odvoláním z nižších federálních soudů a ze státních soudů. Soud může prohlásit, že federální či státní ustanovení či zákon je neplatný, protože je v rozporu s ústavou. Vzhledem k tomu, že ústavní články a dodatky jsou formulovány velmi široce, má soud značný manévrovací prostor. Jeho výroky odrážejí měnící se společenské a politické klima a zároveň toto klima určují. Soud je odpovědný za to, aby vymezoval hranici mezi osobními svobodami a společenskou kontrolou.

Nejdůležitější výnosy Nejvyššího soudu od konce druhé světové války byly:

1954 – *Brown versus Školní správa Topeky*, zrušena segregace škol.
1972 – *Furman versus Georgia*, zakázán trest smrti.
1973 – *Roe versus Wade*, povoleno umělé přerušení těhotenství.
1976 – *Gregg versus Georgia*, obnoven trest smrti.
1978 – *Bakke versus Regentská rada státu Kalifornie*, zákaz používání kvót pro zajištění rasové rovnováhy na univerzitách.

Ze současných devíti členů Nejvyššího soudu je jednomu 84 let, dvěma 80 let a jednomu 74 let, takže je téměř jisté, že příští prezident USA bude jmenovat několik nových členů této instituce.

Afirmativní akce

Afirmativní akci je možno definovat jako komplexní program, který má zaručit participaci menšin a žen ve vzdělávacích institucích a v zaměstnání takovým způsobem, aby jejich účast odpovídala jejich podílu v odpovídajícím segmentu obyvatelstva.

Program vychází ze zákona o občanských právech (Civil Rights Act), který podepsal prezident Lyndon B. Johnson 2. července 1964. Hlavní body zákona už byly připraveny administrativou prezidenta Kennedyho, která především reagovala na černošskou snahu dobrat se rovných práv, ale zákon byl formulován šíře a zakázal diskriminaci v zaměstnání nejen na základě rasy a barvy, ale i diskriminaci na základě náboženství, pohlaví nebo etnického původu. Toho brzy využila první vlna feminismu.

Vládní program rovnoprávné příležitosti (Equal Opportunity) se snaží eliminovat diskriminaci v zaměstnání, vzdělání a bytové politice. Krátce po přijetí zákona o občanských právech vznikla Komise pro rovnoprávnou příležitost k zaměstnání (Equal Employment Opportunity Commision), která má mandát dohlížet na všechny aspekty zaměstnávání, včetně najímání nových pracovníků, klasifikace míst, platových podmínek, kariérního postupu i propouštění. V roce 1980 vydala tato komise pravidla zakazující sexuální obtěžování, ať fyzické či slovní.

Poznámka k obrazové příloze

Nasledujících šestnáct stránek představuje malé fotografické nahlédnutí do Ameriky, od přírodních krás Skalnatých hor a Nové Anglie přes dva unikátní historické snímky, záběry New Yorku a dalších měst, snímky několika lidí, o nichž se v knize píše, fotografie titulních stránek dvou důležitých deníků, až po novinářské fotografie týkající se jednak dvou velkých společenských témat, homosexuality a potratů, a za druhé prezidentské kampaně roku 2004.

Část snímků jsou amatérské momentky z našeho rodinného archivu, což souzní s osobním laděním celého textu. Ke každému z těchto snímků bych mohla vyprávět příběh – například o duze nad údolím horního toku Rio Grande v Coloradu, která nás rozjařila po dramatickém dnu v hrozivé divočině, nebo o WWS v Princetonu, kde jsem jako Alenka v říši divů nastoupila do práce v srpnu 1970.

Skalnaté hory v Coloradu
Archiv autorky

Kraj kaňonů
Archiv autorky

Grand Canyon, Arizona (nahoře)
Archiv autorky

Bryce Canyon, Utah (dole)
Jaromír Pavlíček

Indiánské tance (nahoře)
Archiv autorky

Bizoní tanec Indiánů Hopi (dole). Kmen Hopi nepovoluje na své rezervaci fotografování, takže tento snímek představuje unikátní záznam. Archiv autorky

Historická fotografie hornického města Creede ve státě Colorado, z konce 19. století. Město vyrostlo během několika let, ale když pak prudce klesla cena stříbra, zase se během několika let téměř vylidnilo. Dnes je to turistická atrakce, s velmi pěkným muzeem o dávné hornické slávě.
Archiv autorky

New Orleans, Louisiana
Veronika Musilová

Slavný Empire State Building na Manhattanu ve stylu „Art Deco“ z roku 1931, vysoký 381 metrů a Brooklyn Bridge z roku 1883 mezi jižním Manhattanem a Brooklynem.
Archiv autorky

Budova OSN na Manhattanu
Archiv autorky

"All the News That's Fit to Print"

The New York Times

LATE CITY EDITION

NEW YORK, WEDNESDAY, AUGUST 21, 1968 — 10 CENTS

CZECHOSLOVAKIA INVADED BY RUSSIANS AND FOUR OTHER WARSAW PACT FORCES; THEY OPEN FIRE ON CROWDS IN PRAGUE

13 INDICTED HERE IN RIGGING OF BIDS ON UTILITY WORK

Democrats Debate Position on the War in Vietnam

SOVIET EXPLAINS

Says Its Troops Moved at the Request of Czechoslovaks

TANKS ENTER CITY

Deaths Are Reported — Troops Surround Offices of Party

www.usatoday.com

INTERNATIONAL

Bonds MVP — again

Giant slugger's 7th award is the most ever, 1B

USA TODAY

AVAILABLE AROUND THE WORLD

'His soul didn't have Alzheimer's'

Tuesday, November 16, 2004

Newsline

Colin Powell quits at State

Exits mark 2nd term

NFL Week 10

Packers get by Vikings, tie for 1st

Who's out

Who's left

The New York Times *už sice řadu let vychází s barevnými obrázky, ale titul má stejný od 19. století.*
USA TODAY *je nejúspěšnější celostátní deník.*
Archiv autorky

Podzim v Nové Anglii, se zářivě zbarvenými listy javorů cukrodárných, z nichž se získává lahodný javorový syrup (nahoře). Městečko Callicoon v jihovýchodním cípu státu New York (dole).
Archiv autorky

Woodrow Wilson School of Public and International Affairs (Škola Woodrow Wilsona pro veřejné a mezinárodní záležitosti), Princetonská univerzita. Na škole studují budoucí i současní vysocí úředníci amerických i mezinárodních institucí. Budovu postavil v roce 1965 slavný japonský architekt Minoru Yamasaki, který byl pak v sedmdesátých letech hlavním architektem Světového obchodního střediska („dvojčat") na Manhattanu.
Archiv autorky

Bývalá rezidence prezidenta Princetonské univerzity, dnes společenské středisko zvané Prospect, s dvěma restauracemi.
Archiv autorky

Autorka při návštěvě USA z Prahy: Před domem v Somersetu, New Jersey, kde bydlela 14 let (vlevo).

Dům na Nassau Street v Princetonu, kde v letech 1992 až 1994 sídlila Americká nadace na podporu českého a slovenského vzdělání (dole).

Archiv autorky

Manželé Petr a Věra Bískovi a finančník George Soros (uprostřed) na slavnostní večeři, kterou 7. září 2002 uspořádala společnost Amerických přátel České republiky na počest Madeleine Albrightové.
Petr Bísek

Demokratky Catherine Michael (zleva) a Susan Gibbons a republikánka Linda Michael. Oba politické tábory se shodují v jednom: podporujeme české pivovarnictví!
Linda Michael

Ve státe New Hampshire byl 2. listopadu 2003 vysvěcen na biskupa episkopální církve Gene Robinson, otevřeně se hlásící ke své homosexuální orientaci. Tato událost vedla k velkým problémům uvnitř církve, které trvají dodnes. ČTK

Demonstrace v Bostonu v březnu 2004 proti sňatkům osob téhož pohlaví, na transparentu je nápis „Homosexuálové jsou posedlí démony“ (nahoře).
ČTK

Pochod ve Washingtonu za právo žen na umělé přerušení těhotenství 25. dubna 2004, jehož se účastnily statisíce lidí z USA a dalších šedesáti zemí. Na snímku hollywoodská hvězda Whoopi Goldberg (vpravo).
ČTK

John Kerry (vlevo) a George Bush si podávají ruce před začátkem první televizní debaty v Coral Gables na Floridě 30. září 2004. Zády ke kameře je moderátor Jim Lehrer.

ČTK

Uchazečům o úřad prezidenta přišli na pomoc bývalý prezident Bill Clinton a kalifornský guvernér Arnold Schwarzenegger.

ČTK

Tři dny před prezidentskou volbou, 29. října 2004, přišel Johna Kerryho podpořit zpěvák Bruce Springsteen (nahoře).

ČTK

Příznivci prezidenta Bushe na něj čekají 2. listopadu blízko volební místnosti v Crawfordu v Texasu, kde prezident vhodil svůj hlas. O dva dny později, 4. listopadu dopoledne východoamerického času, se George W. Bush stává prezidentem na druhé čtyřleté období.

ČTK

ČERVEN
2004

Události

2. června

Šéf CIA George Tenet oznamuje svou rezignaci.

4. až 6. června

Cesta prezidenta Bushe do Evropy začíná návštěvou papeže Jana Pavla II. v Itálii a vrcholí jeho účastí na oslavách šedesátého výročí vylodění spojeneckých vojsk v Normandii.

5. června

Umírá Ronald Reagan.

7. až 9. června

Setkání představitelů zemí G-8 na Sea Islandu u pobřeží státu Georgia.

8. června

Rezoluce Rady bezpečnosti OSN potvrzuje konec formální okupace Iráku ke 30. červnu 2004 a upravuje přítomnost Američanů v Iráku do roku 2006.

11. června

Státní pohřeb Ronalda Reagana.

10. až 13. června

Volby do Evropského parlamentu, který má 732 členy. Oprávněných voličů je 350 milionů, ale průměrná účast ve volbách je 45 procent.

12. června

Mistrovství Evropy ve fotbalu v Portugalsku.

16. června
Muktada Sadr oznamuje, že končí svou ozbrojenou vzpouru a že se hodlá zapojit do politického procesu.

17. června
Komise pro 11. září předkládá první předběžnou zprávu.

18. června
Schválena evropská ústava.

20. června
Končí devadesátidenní intenzivní republikánská televizní kampaň útočící na Johna Kerryho.

21. června
Vycházejí memoáry Billa Clintona *My Life* (*Můj život*)

22. června
V historicky největší skupinové žalobě obviňuje 1,6 milionu žen obchodní dům Wal-Mart za diskriminaci.

23. června
Na Manhattanu v New Yorku má premiéru film Michaela Moora *Fahrenheit 9/11*.

25. až 29. června
Cesta prezidenta Bushe do Evropy začíná v Irsku, vrcholí setkáním představitelů NATO v Istanbulu 28. června.

26. června až 4. července
V Olomouci se koná 22. mezinárodní kongres Společnosti pro vědy a umění (SVU).

28. června

Americký správce Iráku Paul L. Bremer III. a vládní Irácká rada předávají s dvoudenním předstihem moc přechodné vládě premiéra Ajáda Alavího (šíita) a prezidenta Ghazího Javara (sunnita).

Nejvyšší soud prohlašuje, že i ve válce proti teroru se vláda musí řídit zákonem a že i vězni v Guantánamu mají právo na řádný soudní proces.

30. června

Saddám Husajn se poprvé od svého zatčení v prosinci objevuje na veřejnosti, formálně je předán nové irácké vládě.

Komentář

Po drsném květnu přišel příjemnější červen. Prezident Bush vycestoval do Evropy, sešel se s papežem Janem Pavlem II., pak se účastnil oslav vylodění spojeneckých vojsk v Normandii, usmíval se, byl kamarádský, a když hostil představitele nejbohatších zemí (skupinu G-8) na ostrůvku blízko pobřeží státu Georgia, pánové premiéři a prezidenti sundali kravaty a nechali se vyfotografovat v ležérně naaranžované skupince, která by mimozemšťanům mohla připadat jako pánská jízda dávných kamarádů. Za zavřenými dveřmi sice rozpory o Iráku přetrvávaly, ale hlavní členové NATO aspoň přislíbili, že pomohou s výcvikem iráckých bezpečnostních sil. Obecnou pozitivní náladu mezinárodní pohody mezitím v New Yorku stvrdila rezoluce Rady bezpečnosti OSN. Koncem měsíce přeletěl prezident Atlantik ještě jednou, aby se zúčastnil vrcholné schůzky NATO v Istanbulu.

Červen byl také měsíc dvou bývalých prezidentů. Zatímco George W. Bush se účastnil oslav šedesátého výročí vylodění spojeneckých vojsk v Normandii, v Kalifornii zemřel po téměř desetiletém zápolení s Alzheimerovou nemocí Ronald Reagan, a následující týden, až do jeho pohřbu v pátek 11. června, si americká prezidentská kampaň dala přestávku. Veřejnost také mohla na pár dní zapomenout na mučivé záběry z Abú Ghraíb. Pohřeb byl velké divadlo, Reaganova rodina včetně samého Reagana ho plánovala léta. Samozřejmě jsem tento „výpravný kus" sledovala na české televizi, mělo to nadživotní rozměry, počasí spolupracovalo, prostě velkofilm. Řečníci se předháněli v chvalozpěvech, jak velký Reagan zmohl draka komunismu, skoro to vypadalo, že se ho chystají svatořečit, objevil se dokonce návrh, že by se měla Reaganova podobizna objevit na nějaké bankovce, což ovšem za chvilku zapadlo jako přece jen poněkud přehnaný návrh. Při obřadu kamera každou chvilku zabírala Gorbačova a já jsem se v duchu ptala, co mu asi táhne hlavou, on přece byl ten představitel „říše zla". Ve skutečnosti to všechno bylo trochu jinak, Reagana jsem zažila, byl to sice sympaťák, ale zdaleka to nebyl tak fantastický prezident, a zvlášť v druhém termínu došlo k několika závažným skandálům (především k tzv. „Írángate", kdy vysoce postavení vládní úředníci tajně prodávali zbraně Íránu a zisku z tohoto ilegálního prodeje chtěli využít k podpoře pravicových povstalců v Nikarague). A i když k pádu komunismu Reagan přispěl, jeho role se často přehání – Sovětský svaz by se byl rozpadl stejně, byl už jako hnilička na spadnutí.

George W. Bush se hlásí k Reaganově dědictví, ale ve srovnání s Reaganem nevychází úplně nejlíp. Ostřílený herec Reagan se cítil před kamerami jako ryba ve vodě, nevadily mu, byl spontánní, přirozený, příjemný, neříkal sice žádné intelektuální pozoruhodnosti, ale měl takový sympatický smysl pro humor a jeho úsměv byl docela podmanivý, i pro jeho politické protivníky, mezi které jsme se s manželem počítali. Byl to Velký komunikátor, schopný rychlých bonmotů, zatímco Bush jr. se před televizí cítí nesvůj, má problémy se svými přeřeknutími a uřeknutími, a navíc se občas jaksi šišatě neupřímně ušklíbne. Mezi nejslavnější Reaganovy hlášky patří: *Je sice pravda, že tvrdá práce nikdy nikoho nezabila, ale říkám si, proč bych měl pokoušet osud?* Když mluvil se svými politickými protivníky, rád říkal: *A už zase začínáte* (*There you go again*), a vždycky se přitom tak šibalsky pousmál.

Novinářka Elisabeth Bumiller mě zaujala článkem v *NYT* 14. června, v němž kromě jiného porovnala odlišný životní styl Reaganů a Bushů ve Washingtonu. Půlmilionový Washington je město žijící politikou, je to taky taková velká drbárna, kde se při kávě, v kuloárech a na večírcích propírá spousta věcí, které se nedostanou do médií. Já sama jsem sice ve Washingtonu nikdy nežila, ale měla jsem tam dost přátel a známých a navíc jsem tam občas jezdila pracovně, ve svém období na Princetonské univerzitě jsem jezdila dělat rešerše do Kongresové knihovny, a když jsem potom vedla Americkou nadaci na podporu českého a slovenského vzdělání, byla jsem ve Washingtonu každou chvilku. Bumiller píše:

[Reagan i Bush] vedli kampaň jako politikové přicházející do Washingtonu zvenku, ale když byl Ronald Reagan zvolen, rozhodl se, že bude jiný než Jimmy Carter, který v podstatě washingtonskou mocenskou elitu ignoroval. „Když dorazí do Washingtonu, mají někteří čerstvě zvolení prezidenti tendenci tvářit se, že musí sloužit jakýmsi odtažitým způsobem," řekl pan Reagan na večírku, který uspořádal v Klubu na F ulici ve Washingtonu krátce po svém zvolení. Pozval tam politickou, obchodní i společenskou smetánku hlavního města, z níž mnozí byli demokraté. „No a tak já jsem se rozhodl, že je na čase dát všem vědět, že tu teď taky bydlíme."

Bushovi jsou jiní. Chodí spát brzy a moc se s nikým nebaví a kamarádí se jen se starými přáteli z Texasu a s několika bývalými prezidentovými spolužáky z univerzity. Když Bush vyjede na kampaň, často se o Washington nelichotivě otře a vždycky za to sklidí velký potlesk. Demokrati však říkají, že jeho přístup přispěl k polarizaci nálady v hlavním městě.

John Patrick Diggins, profesor historie na City University of New York, který píše knihu o Ronaldu Reaganovi (*Ronald Reagan: Morning in America*, česky Ronald Reagan: Ráno v Americe), se v článku z 11. června zabývá ještě mnohem vážnějším rozdílem mezi Ronaldem Reaganem a Bushem mladším. Už v roce 1985 napsal Reagan dlouhý, ručně psaný dopis Gorbačovovi, v němž mu nabídl rozumnou spolupráci při stahování sovětských vojsk z Afghánistánu a při omezování zbraní hromadného ničení. Neokonzervativní kruhy, které dnes určují politiku Bushe mladšího, tehdy nebyly se vstřícnou politikou Reagana spokojeny, a dokonce jeden poradní tým prezidentovi oznámil, že Sovětský svaz se chystá na preventivní úder na Spojené státy. Diggins píše:

Poradci jako Richard Perle, Paul Wolfowitz a Donald Rumsfeld, kteří dnes řídí naši zahraniční politiku, už tehdy tvrdili, že Amerika musí pokračovat ve zbrojení, aby dosáhla „nukleární převahy", a že můžeme jednat pouze „z pozice síly"...

Mnozí neokonzervativci postupně začali Reagana nenávidět. Tvrdili například, že prohrál studenou válku, protože když opouštěl Bílý dům, komunismus byl stále ještě u moci. Někteří byli dokonce přesvědčeni, že studená válka zase brzy začne. Dick Cheney, ministr obrany v kabinetu George Bushe staršího, označil „perestrojku" za bluf a „glasnost" za trik a trval na tom, že Gorbačovův nástupce bude bojovný militarista. Varoval také Ameriku, aby se připravila na znovuvynoření agresivního komunistického státu.

Pan Reagan prováděl osvícenou zahraniční politiku, která dosáhla většinu svých cílů mírovou cestou, a navíc se mu podařilo posílit spojenectví se spřátelenými zeměmi. Ti, kteří se dnes hlásí k Reaganovu dědictví, provádějí „svalnatou" zahraniční politiku „šoku a nahánění strachu", která vážně narušila přátelské mezinárodní vztahy mezi Amerikou a ostatním světem a navíc je teď v úzkých.

V pondělí po pátečním pohřbu, 14. června, došlo ke kuriózní situaci, o které se pak několik dní mluvilo po celém Washingtonu. Ten den byl v Bílém domě odhalen oficiální portrét Billa Clintona, 42. amerického prezidenta, a Clinton se samozřejmě ceremonie zúčastnil. Všichni byli úplně vyvedeni z míry tím, jak roztomile se k němu choval současný prezident, jak byl vtipný, přátelský, nestranický, nad věcí, jak nešetřil na Clintonovu adresu chválou. Na večírku v Georgetownu pak Clintonovi kamarádi přetřásali důvody toho netypického chování a jeden z nich došel k názoru, že možná po týdnu neustálého připomínání prezidenta Reagana se Bush mladší rozhodl svého populárního republikánského předchůdce trochu napodobit.

Následující pondělí se v obrovském Metropolitním muzeu umění v New Yorku, na Páté avenue mezi 80. a 83. ulicí, konal večírek pro 1000 hostů při příležitosti vydání pamětí prezidenta Billa Clintona *My Life* (Můj život). Na knihu dostal bývalý prezident zálohu 10 milionů dolarů a počáteční náklad byl 1,5 milionu výtisků. Během prvního dne se prodalo 400 000 kusů. Okamžitě vyšlo několik recenzí, první z nejvýznamnějších byla od Michiko Kakutani, která už léta píše knižní recenze pro *NYT* (a kterou někteří čeští novináři pokládají za muže). Recenzentka napsala:

V mnoha rysech zrcadlí tato kniha Clintonovo prezidentství: nedostatek disciplíny vedoucí ke zmaření řady příležitostí; velká očekávání podrytá sebestředností a nedostatečným soustředěním. Tyto memoáry potvrzují silné stránky Clintonových osmi let v Bílém domě i jeho porozumění tomu, že vládne v přechodné a velice polarizované době. Neexistence jasně vymezeného ohniska a řádu, která je hlavní vadou těchto stránek, však také způsobila, že když byl v Bílém domě, nedokázal soustředit svou energii cíleným způsobem, aby tak řešil vzrůstající hrozbu terorismu a izraelsko-palestinský konflikt.

Romanopisec Larry McMurtry, svérázný regionální autor, nepoplatný newyorskému literárnímu světu (jenž ho také dosti ignoruje), měl na Clintonův životopis jiný názor a jeho recenze začala prohlášením, že „žádná jiná kniha nám neřekne tak živě a plně, co to znamená být osm let prezidentem Spojených států".

Za pár týdnů dorazila Clintonova kniha do Prahy a já jsem si v knihkupectví Luxor na Václavském náměstí začala tou téměř tisícistránkovou bichlí listovat, bylo to moc lákavé, tolik těch jmen znám, a navíc z toho sálal Clintonův životní elán, ta jeho *joie de vivre* – byl to můj prezident, o to víc jsem mu měla za zlé, že to tak hloupě zpackal s Monikou Lewinskou. Pasáže týkající se této mladé ženy jsem ani nevyhledala, už předem jsem věděla, že tam není nic nového, a navíc mě voyeurismus upřímně nezajímá. Nakonec jsem samozřejmě neodolala a knížku si koupila, teď do ní jen sem tam nahlížím, ale po 2. listopadu 2004 si ji přečtu od začátku do konce.

Díky těmto dvěma velkým výletům do minulosti si Amerika mohla od prezidentské kampaně trochu odpočinout. V druhé polovině měsíce skončila devadesátidenní republikánská televizní ofenziva proti Johnu Kerrymu, která stála 85 milionů dolarů a nepřinesla tak významné výsledky, jak se těšili republikáni a obávali demokraté. Vzhledem ke květnovým problémům Bushovy administrativy zřejmě však sehrála roli v tom, že prezidentova popularita neklesla ještě hloub.

Konzervativní novinář David Brooks poukázal koncem měsíce na další důvod, proč se nůžky mezi Kerryho a Bushovou popularitou nerozevřely ještě víc – totiž na to, že se většině Američanů jeví John Kerry jako nábožensky velmi vlažný. Ve svém článku v *NYT* 22. června píše:

Nedávný přehled v časopise Time *uvedl, že pouze 7 procent Američanů se domnívá, že Kerry je muž silního náboženského cítění. To je katastrofické číslo. O tomhle čísle by měli stratégové Kerryho kampaně přemýšlet od prvního okamžiku, kdy se ráno vzbudí, až do poslední chvíle dne, kdy se ukládají k spánku. Měli by udělat všechno, aby změnili tento dojem, protože pokud víc lidí nezačne mít pocit, že Kerry je skutečně věřící, nebudou s ním cítit žádné pouto a nebudou ochotni věřit mu do té míry, aby ho volili.*

Jeho kampaň ale nedělá nic... Je to záhada. Copak demokratičtí stratégové nečtou zprávy?... Copak nechápou, jak obrovsky je to důležité? Když jdete mezi řadové demokraty, tak se setkáte s miliony demokratů, kteří jsou stejně silně nábožensky založení jako republikáni. Jedině v krajině demokratických elit se ocitnete mezi náboženskými analfabety...

Stejně jako náboženská pravice v republikánské straně, zajímá se sekulární levice hlavně o společenská témata. Sekulární levice je spojena hlavně v tom, jak nesnáší lidi protestující proti potratům a fundamentalisty a je vůči nim mnohem nepřátelštější než vůči tradičnímu nepříteli demokratů, bohatcům a velkým korporacím. Přitom však 75 procent Američanů necítí k fundamentalistům žádnou zvláštní antipatii... Stejně jako republikáni musí oslovovat nejen náboženské konzervativce, ale i středovější voliče, demokrati se musí obracet nejen k sekulární levici, ale i k nábožensky cítícím umírněným demokratům. Bill Clinton to dělal. John Kerry to nedělá. Chcete-li vědět, proč je Kerry pořád ještě v průzkumech veřejného mínění zhruba na stejné úrovni jako Bush, i když Bush má za sebou nejhorší rok, který kdy potkal prezidenta od Nixonova roku 1973 a Johnsonova 1968, tak toto je jeden z hlavních důvodů.

O pár dní později, 26. června, shrnuje britský konzervativní týdeník *The Economist* americkou volební kampaň následovně:

Většina prezidentských kampaní jsou dramata o třech dějstvích. Dějství první je referendum o stávajícím prezidentovi. Voliči... se ptají: „Zaslouží si čtyři další roky?" Pokud je odpověď jasné ano – jako to bylo v roce 1984 nebo 1996 [kdy na druhý termín kandidovali Ronald Reagan a Bill Clinton] *– pak skoro nezáleží na tom, kdo je protikandidátem; klidně by mohl jít domů. Toto stadium trvá do stranických sjezdů. Pokud se voliči dosud definitivně nerozhodli, že stávajícího prezidenta zvolí napodruhé – a letos se jasně ještě nerozhodli – začíná na sjezdech Dějství druhé, které trvá až do září. Teď se voliči soustřeďují na vyzyvatele: je na tento výsostný post připraven? Pokud odpoví ano, začíná v září prezidentskými debatami Dějství třetí, kdy už jde do tuhého. Teprve tehdy, a ne dříve, začnou být důležitá srovnání muže proti muži...*

Je jasné, že George Bush si v Dějství prvním vedl hůř, než by si měl stávající prezident vést. Jeho prezidentská koruna se viklá, protože podle průzkumů veřejného mínění se už naprostá většina voličů rozhodla, koho volit (a pouze desetina ještě váhá). Má-li prezident Bush zvítězit v Dějství třetím, bude se muset moc snažit, aby se zalíbil davům. Možná že polovina června znamená nejhlubší propad jeho volební kampaně; ale může to také být začátek konce Bushova prezidentství.

Film Michaela Moora *Fahrenheit 9/11* do kampaně také patří, ale Moorova představa, že film pomůže George W. Bushe sesadit, je určitě nerealistická. Bushovi odpůrci budou filmem ve svém zaujetí utvrzeni a Bushovi příznivci (ta malá menšina, která se na film půjde podívat) budou pobouřeni. Pokud jde o váhavé voliče, pochybuji, že by je Moorův demagogický snímek přesvědčil – spíš může působit opačně. Já sama jsem na tohoto autora dost alergická od chvíle, kdy jsem poprvé dostala do rukou knížku *Stupid White Men* (*Hloupí bílí muži*). Jeho styl mi bohužel trochu připomíná komunistické praktiky, které také většinou nespočívaly v přímočarém lhaní, ale spíš v ideologicky daném uspořádávání faktů, zamlčení toho či onoho, vyzdvihnutí toho či onoho. Michael Moore rozhodně nemůže být „obviněn" z toho, že je vyvážený. Jedním z ústředních bodů jeho filmu je záběr prezidenta v základní škole na Floridě ve středu ráno 11. září 2001, v němž mu pobočník šeptá o druhém útoku na Světové obchodní středisko a George Bush dalších sedm minut pokračuje ve čtení pohádky o malé kozičce, přičemž vypadá trochu zmateně a váhavě. Myslím si však, že kdyby býval prezident okamžitě vyskočil a začal se někam řítit, Michael Moore by to interpretoval jako bezhlavou ztřeštěnost.

V pondělí 28. června dochází k dvěma důležitým událostem. V Iráku se ujímá moci irácká přechodná vláda a téma „Irák" je téměř den ze dne odsunuto z prvních stránek novin a prvního místa v televizních zprávách někam dozadu – i když ve skutečnosti Američané i nadále umírají ve střetech s iráckými povstalci a americká armáda má i nadále v Iráku hlavní faktickou moc. V každém případě je to však krok správným směrem, který Bílému domu poskytuje silný argument. Míň dramatický a v cizině mnohem míň komentovaný výnos Nejvyššího soudu v kauze 14 vězňů z vojenské báze na Guantánamu je možná ještě lepší zpráva – soud totiž navzdory tvrzení Bílého domu, že vězni bez americké státní příslušnosti nemají právo obracet se na americké soudy a protestovat proti svému uvěznění, znovu potvrzuje jeden z hlavních pilířů americké justice, že totiž každý vězeň má právo proti svému věznění legálně se bránit a že „stav války neznamená neomezenou moc pro prezidenta". Britský *The Economist* komentuje celou tuto záležitost následovně, v článku 3. července:

Bílému domu se podařilo přeměnit skupinu vězňů zajatých jako bojovníci za Al-Kaidu v Afghánistánu, na které svět zprvu pohlížel s obecným velkým odporem, v postavy požívající mezinárodní sympatie. Bílý dům toho dosáhl tak, že těmto „nepřátelským bojovníkům" odmítl jakýkoliv náznak západní justice…

Guantánamo představuje obrovskou propagační zbraň pro nepřátele Ameriky…

Témata

Stinné stránky kapitalismu

22. června
V historicky největší skupinové
žalobě týkající se 1,6 milionu žen
je obchodní dům Wal-Mart
obviněn z diskriminace.

Začátkem roku 2003 mi poslal náš dlouholetý česko-americký známý Láďa Baštář tři dlouhé články o společnosti McWane Inc., která má sídlo v Birmighamu v Alabamě a patří k největším světovým výrobcům litinového kanalizačního potrubí. Je to také jedno z nejnebezpečnějších amerických pracovišť. Ve slévárnách této společnosti zaměstnávající asi 5000 dělníků došlo od roku 1995 k více než 4600 zraněním, a devět zaměstnanců dokonce utrpělo smrtelný úraz. O tristních poměrech ve slévárnách McWane se konečně dozvěděli novináři a začali celou věc prozkoumávat – výsledkem byly dva televizní programy a tři dlouhé články, které mi poslal pan Baštář. Kdyby tu ještě vládli komunisté, to by si redaktoři z *Rudého práva* na těchto detailních reportážích smlsli, ani by nemuseli nic překrucovat a přidávat. Když jsem to četla, měla jsem pocit, že to je zpráva z Anglie 19. století, kdy ještě bezpečnost v práci byl neznámý pojem a humánní zacházení se zaměstanci se také nepraktikovalo. Jakmile někdo ve slévárnách McWane jen naznačil, že si na nebezpečné pracovní prostředí bude stěžovat, vedení společnosti mu hrozilo vyhazovem. Ve Spojených státech sice už od roku 1972 existuje federální Úřad pro bezpečnost a ochranu zdraví na pracovišti (Occupational Safety and Health Administration), ale na tento podnik kontroloři prostě nestačili. Navíc slévárny ilegálně vypouštěly znečištěné odpadové vody do místních řek a potoků, takže jejich přestupky začala řešit i federální Agentura na ochranu životního prostředí (Environmental Protection Agency – EPA).

Jenže mlýny americké demokracie melou pomalu, ale jistě. V důsledku nenadálé negativní publicity byla už v prosinci 2003 podána žaloba na jednu newjerseyskou slévárnu společnosti McWane za porušování pravidel bezpečnosti práce a v květnu 2004 obvinila federální velká porota ředitele a manažery jednoho podniku společnosti McWane v Birminghamu ve státě New York z toho, že falšovali záznamy o zraněních zaměstnanců, že ničili inkriminující dokumenty a že navíc neustále porušovali regulace na ochranu životního prostředí. Soud se jistě nějakou dobu potáhne, ne všichni provinilci budou potrestáni, ale v rámcových rysech bude určitě spravedlnosti učiněno zadost. Což neznamená, že v nějakém jiném podniku nebudou chtít zvyšovat zisky podobným způsobem – nicméně jsem si jista, že stejně jako v případě McWane se časem na ně přijde.

McWane je sice veliký podnik, ale proti obchodnímu řetězci Wal-Mart je to úplný trpaslík. Tato největší současná americká korporace má po Spojených státech 3500 obchodů, pracuje v ní 1,2 milionu zaměstnanců a denně v ní nakupuje 20 milionů lidí. První Wal-Mart se v Americe objevil v roce 1962, byl to tehdy jeden z řady běžných obchodních domů, ale v našem okolí nikde nebyl, a tak s ním z doby našeho pobytu žádnou zkušenost nemám. Občas jsem chodila kupovat do slavného Searse, nejstaršího amerického obchodního domu, který už v devatenáctém století zavedl nakupování z katalogu, a taky jsem někdy kupovala drobnosti do domácnosti v K-Martu. Ve Wal-Martu jsem poprvé byla v Utahu v roce 2001.

V tu dobu už bylo jasné, že nejde jen o nějaký obyčejný řetězec obchodních domů. Wal-Mart začal v roce 1991 mezinárodní expanzi do Mexika, kde je dnes největším soukromým zaměstnavatelem a vydělává víc než celý mexický turistický průmysl. Také je největším maloobchodním prodejcem v Kanadě, má obchodní domy v Argentině, Brazílii, Německu, Jižní Koreji a ve Velké Británii. Pokud jde o příjmy, je to největší světová korporace, která je bohatší než většina zemí světa – ročně prodá zboží za 256 miliard dolarů (jen třicet zemí má příjmy větší, Česká republika mezi těmi třiceti není, její hrubý domácí produkt je asi 160 miliard dolarů).

Wal-Mart kombinuje využívání nejmoderních technologií se strategií neúprosného snižování cen, neúprosného zvyšování produktivity, naprosto bezohledné konkurence (typicky cíleně převálcuje drobnější místní obchodníky) a vyplácení co nejnižších mezd. Odbory jsou zakázané. V Americe má pracovník supermarketu, který je v odborech, průměrnou mzdu 19 dolarů za hodinu, kdežto ve Wal-Martu si dnes, v roce 2004, vydělá pouhých 9 dolarů za hodinu (a v Mexiku dolar padesát). Vedení firmy přitom používá v komunikaci se zaměstnanci nadneseného, neupřímného jazyka, zaměstnancům se například říká „partneři" (associates), i když to jsou ve skutečnosti tak trochu nevolníci, a v obchodech se konají povzbuzující pětiminutkovky (Wal-Mart Cheers), jako vystřižené z Orwella. Nevím, jestli tím někoho obalamutí.

V dubnu 2004 se dokonce na konferenci na University of California sešlo více než 250 sociologů, antropologů, historiků a dalších vědců, kteří zkoumali Wal-Mart jako současné zosobnění americké kapitalistické kultury. Zatímco v 19. století byla typickou americkou korporací železnice, v polovině 20. století automobilka (General Motors), koncem 20. století Microsoft, zdá se, že prototypickou korporací začátku 21. století je právě Wal-Mart, který nejenže ovlivňuje urbanistické plánování měst, ale dokonce tlačí výrobce po celém světě k snižování cen. General Motors ovšem platil svým zaměstnancům nadstandardní mzdy (což víme z vlastní zkušenosti, protože jsme pár zaměstnanců této firmy dobře znali) a tím přispěl k vytváření zámožné střední (dělnické) třídy, kdežto Wal-Mart se spíš podobá vykořisťovatelským dravým podnikům 19. století. Průměrná roční mzda je 18 000 dolarů, což je dosti podstandardní – v roce 2002 měla polovina amerických domácností příjem vyšší než 42 000 dolarů ročně. Wal-Mart zároveň používá nejmodernějších výdobytků komunikačních technologií a tak trochu se podobá vědecko-technickým monstrům z vědecko-fantastické literatury. Teplota v každém z oněch více než 3500 obchodů je například centrálně řízena z ústředí firmy v Bentonville ve státě Arkansas. Počítače přesně sledují stovky tisíc zásilek křižujících celou planetu a pracovní výkony všech zaměstnanců. Jedna profesorka účastnící se konference v Kalifornii citovala manažera společnosti, který se jí pochlubil: *Můžu vám říct, co a za kolik prodala pokladnice Sally Jo v tom a tom obchodě v tu či onu hodinu 12. června minulého roku.*

Wal-Mart ale začíná mít problémy. Na společnost už byly podány žaloby kvůli neplacení přesčasů, kvůli tomu, že zaměstnanci pracující přes noc byli v obchodech zamčeni, takže v několika případech nemohli vyhledat pomoc při náhlém zdravotním problému. Toto noční zamykání vysvětlují mluvčí společnosti starostí o bezpečí zaměstnanců, ale ve skutečnosti je to spíš proto, aby se zamezilo krádežím ze strany zaměstnanců a aby se zvýšila efektivita, protože když je zamčeno, nemohou si zaměstnanci odejít ven zakouřit. V červnu 2004 se rozjela zatím historicky největší skupinová žaloba týkající se dikriminace žen, v níž žalobci argumentují, že i když ze zaměstnanců Wal-Mart je žen 65 procent, mezi manažery je jich pouze 33 procent (protože najímání na manažerské pozice není otevřené) a co víc, žaloba také uvádí, že ženy jsou za stejnou práci placeny méně než muži, podle statistického experta spolupracujícího s žalobci o 5 až 15 procent.

Proti Wal-Martu se zvedá odpor i v různých komunitách, kde lidé v lokálních referendech hlasují o tom, zda povolit či nepovolit stavbu tohoto obchodního domu na svém území. Pár dní před výše zmíněnou konferencí v Kalifornii se konalo takovéhle hlasování v Inglewoodu, většinou černošském a hispánském předměstí Los Angeles, a voliči Wal-Mart jasně odmítli. Podobně odmítli místní občané nový obchodní dům této společnosti v Chicagu a výstavba Wal-Martu v New Orleansu také narazila na opozici.

Typicky americkým způsobem si teď Wal-Mart snaží vylepšit reputaci. V srpnu vedení oznámilo, že podpoří studium žurnalistiky a navíc přispěje na veřejné televizní vysílání.

Novinářka Barbara Ehrenreich má s Wal-Martem unikátní zkušenost. Autorka jedenácti knih, s doktorátem z biologie, častá přispěvatelka do prestižních periodik, se na přelomu roku 1999 a 2000 na několik měsíců proměnila v „tajnou agentku" vydávající se za osamělou ženu, která se chce uživit na tom nejnižším stupínku pracovní škály. Celý projekt začal v nóbl francouzském restaurantu v New Yorku, kam ji pozval její redaktor ze slavného časopisu *Harper*, aby s ní probral témata jejích budoucích článků pro časopis. Barbara si dala lososa a nějaký exkluzivní salát a nad touto pochoutkou nadhodila téma chudoby, načež se oba s redaktorem začali zamýšlet nad tím, jak někdo může vystačit s platem 6 či 7 dolarů na hodinu (oběd v restauraci stál 30 dolarů), a pak Barbara řekla: *Někdo by se měl pustit do takové té starodávné novinařiny – víš, prostě zkusit to na vlastní kůži.* Myslela tím nějakého mladého začínajícího dychtivého novináře, ale redaktor *Harperu* se na ni podíval a řekl: *Ty se do toho pustíš.* Sice se chvilku zdráhala, ale pak kývla – byla to výzva, která se neodmítá. A tím se jí na nějakou dobu změnil život.

Vyžadovalo to obrovskou kuráž, paní Ehrenreich táhlo v tu dobu na padesátku a žila v luxusním domě se vším moderním komfortem na Floridě. Do projektu se ale pustila s velkou vervou. Stanovila si jistá pravidla – například že se bude vydávat za rozvedenou ženu v domácnosti, která se po mnoha letech vrací do zaměstnání, že samozřejmě zatají svůj doktorát, a aby si tuto dobrodružnou výpravu aspoň trochu ulehčila, vezme si s sebou svoje auto. Byla si plně vědoma toho, že autentickou chudobu opravdu nezakusí – svůj pohodlný život opustila jen dočasně – ale dala si omezenější a konkrétnější cíl: zjistit, do jaké míry může s tou základní nejnižší mzdou vyjít, to znamená zaplatit především za bydlení a jídlo. A pak se do toho dala, nejdřív jako servírka na Floridě, pak jako uklízečka v Maine a nakonec jako prodavačka ve

Wal-Martu v Minnesotě. Z několikaměsíčního výzkumu vzniklo několik článků a nakonec kniha nazvaná nepřeložitelně *Nickel and Dimed* (2001, zhruba česky Hoštění za nikláky a šestáky). Četla jsem knížku brzy po vydání, udělala na mě velký dojem a mohla bych o ní psát dlouho, ale na tomto místě se chci zmínit pouze o čtyřech věcech:

Za prvé, nejhorší problém při minimální mzdě není jídlo, to se dá sehnat za málo – i když samozřejmě to nejsou žádné lahůdky – ale laciné a jakž takž slušné bydlení. To jako by v Americe neexistovalo. Jedno z nejlacinějších bydlení je v „táborech maringotek" („trailer parks"), větší či menší skupině napevno zaparkovaných obytných trajlerů, často u nějaké rušné obchodní silnice. Kolem jednoho takového „sídliště", u silnice číslo 1 jižně od New Brunswicku, jsme dost často jezdili. Tam je nájem nižší než v normálních bytech, ale i tak je pro mnoho lidí s minimálním příjmem nedostupný, protože je vždy třeba složit několikaměsíční až půlroční zálohu. Mnozí lidé v podobné situaci, jako byla Barbara, tak žijí například dlouhodobě v motelech, doslova ze dne na den.

Za druhé, při čtení knihy mě fascinoval nedostatek třídní nenávisti – lidi, mezi nimiž Barbara několik měsíců žila, byli na tom nejnižším pracovním stupni, a přitom se denně setkávali s lidmi několikrát, až mnohonásobně bohatšími než oni (kterým servírovali jídlo, jimž uklízeli domy, prodávali zboží). I když se občas cítili vykořišťovaní, nebyla v nich taková ta závistivá nevraživost, kterou by člověk skoro až očekával, spíš si občas tito chudáci zasněně představovali, že třeba jednou budou taky mít dům, ne sice tak velký a krásný, ale bude jejich. Zdá se, že v americké atmosféře nějak není na třídní nenávist místo, že i v těch nejdrsnějších pracovních podmínkách poletuje vidina amerického snu.

Za třetí, většina lidí, s nimiž se Barbara za měsíce toho neobvyklého a náročného sociologického výzkumu setkala, se snažili pracovat co možná nejlíp a s úsměvem na rtech, bez stěžování. Byla sice nad nimi ostrá kontrola, ale z textu jsem měla pocit, že pracovali co nejlíp vesměs dobrovolně, protože tak to má být. Jako by v americké atmosféře šlendrián a flákání neměly místo.

Za čtvrté, většina středostavovské Ameriky se s tímto světem pracovníků za minimální mzdy téměř denně setkává, ale přitom je mezi nimi neprodyšná zeď, jako by ti chudí byli téměř neviditelní. Mluvit o chudobě v Americe jako by se nehodilo. A přitom tito nedostatečně placení zaměstnanci vlastně subvencují zbývajících osmdesát procent zámožné a bohaté Ameriky. Barbara Ehrenreich uzavírá svou knížku následovně:

Tito „pracující chudí"... jsou ve skutečnosti největšími filantropy naší společnosti. Zanedbávají své vlastní děti, aby se starali o děti jiných; žijí v podřadných ubytovnách, aby jiné domy mohly být naleštěné a perfektní... Patřit mezi pracující chudé znamená být anonymním dárcem, bezejmenným dobrodincem...

Jednou, samozřejmě – a nebudu dělat žádné předpovědi, kdy to bude – začnou určitě mít dost toho, že za svou práci dostávají tak málo, a budou žádat, aby dostali zaplaceno spravedlivě. Až ten den přijde, spousta lidí bude rozzlobena, budou stávky a různá střetnutí. Ale svět se nezboří a nakonec na tom všichni budeme lépe.

Knížka byla dopsána v roce 2001 a dnes se víc než půldruhého milionu žen na Wal-Martu dožaduje vyrovnání. Svědectví Barbary Ehrenreich v tomto vývoji určitě sehrálo roli.

Češi a Amerika – Američani a Česká republika

26. června až 4. července
V Olomouci se koná 22. mezinárodní kongres
Společnosti pro vědy a umění (SVU).

O nově objeveném kontinentu se v Čechách dozvěděli lidé už v roce 1506, když plzeňský knihtiskař slovenského původu Mikuláš Bakalář Štětina vydal svůj překlad dopisu Ameriga Vespucciho o jeho třetí cestě do Nového světa. Knížka se jmenovala *Spis o nových zemiech a o Novém světě, o němžto jsme prve žádné známosti neměli ani kdy co slýchali.* Do konce 16. století pak vyšla další tři díla s mnohem detailnějšími informacemi. Jak jsem se zmínila v tématu IZRAEL A ŽIDÉ V AMERICE v kapitole DUBEN, první člověk z Čech, který přistál u amerických břehů, byl chemik a metalurg Joachim Gans (nebo také Gaunse), který pobýval na území dnešní Virginie a Severní Karolíny několik měsíců v roce 1585. Traduje se, že někdy ve čtyřicátých letech 17. století dostal Jan Ámos Komenský nabídku, aby přijel do Ameriky a stal se prezidentem Harvardovy koleje, on však dal přednost Švédsku. Prvním Čechem trvale usazeným v dnešních Spojených státech byl pobělohorský exulant Augustin Heřman. V roce 1644 žil v Novém Amsterdamu (dnešním New Yorku), působil jako obchodník, diplomat a kartograf a zastával i politickou funkci jako člen poradní rady guvernéra Petra Stuyvesanta. Jeho mapa Virginie a Marylandu mu vynesla nejen uznání, ale i pozemky v dnešním Marylandu, které nazval Bohemia Mannor (České panství) a kde si vybudoval velký dům.

V 18. století přišli do Ameriky potomci Jednoty bratrské, kteří si říkali Moravští bratři. Měli sice české kořeny, ale jazykově a kulturně to už byli spíš Němci – po emigraci z Čech se nejdřív usadili v Sasku. V Pensylvánii si založili osadu Bethlehem, která je dodneška ústředím jejich církve, a po víc než sto let se intenzivně zabývali misionářskou prací mezi Indiány. Několik Moravských bratří také sepsalo dodnes používaná jazykovědná a sociologická díla o různých indiánských kmenech. Tato církev je navíc proslulá svou náboženskou hudbou, o čemž jsem se poprvé dozvěděla krátce po našem příjezdu do Ameriky, kdy nám jeden dobrý známý dal k Vánocům desku se štědrovečerními písněmi a skladbami provedenými sborem a orchestrem Moravských bratří z městečka Lititze, něco přes 100 kilometrů jihozápadně od Bethlehemu. V Bethlehemu jsem byla několikrát, bylo to od nás jen asi tři hodiny jízdy autem. Zvlášť si pamatuju návštěvu prezidenta Havla na podzim 1991, kdy měl na Univerzitě Lehigh v Bethlehemu strhující projev.

Dva významní čeští emigranti přišli do Ameriky v první polovině 19. století. Karel A. Postl (známější jako Charles Sealsfield) z Popic u Znojma na Moravě vystudoval u Bernarda Bolzana, stýkal se se zednáři a v roce 1823 uprchl před metternichovským pronásledováním, nejdřív do Curychu a pak do Ameriky. Tehdy mladé Spojené státy celé procestoval a napsal o nich v roce 1827 knihu *The United States of North America as They Are* (česky vyšlo jako *Spojené státy Severní Ameriky jaké jsou*). Napsal také několik románů a po návratu do Evropy v roce 1858 uvedl na evropskou literární scénu indiánskou tematiku. Druhým významným Čechem v Americe v tomto období byl Jan Nepomuk Neumann z Prachatic, který působil v letech 1852 až 1860 jako čtvrtý biskup Filadelfie a proslavil se hlavně svou organizační schopností, díky níž bylo postaveno 80 nových kostelů a 100 škol. Roku 1977 byl prohlášen za svatého. Je to jeden ze sedmi českých světců a první mužský americký světec.

Krátce po revoluci roku 1848 odešlo do Spojených států několik politických uprchlíků, především Vojta Náprstek a František (Franta) Korbel. Korbel vybudoval v Kalifornii vinařskou firmu, která se stala velmi slavná. Jeho potomci ji sice v roce 1954 prodali, ale značka Korbel existuje i nadále. Náprstek založil v New Yorku v roce 1849 první český krajanský spolek v USA, s názvem Česko-Slovanská Jednota – spolek však nebyl registrován a brzy zanikl. Poté, co se Náprstek vrátil v roce 1858 do Prahy, udržoval s americkými krajany intenzivní styky a jeho dům, dnešní Náprstkovo muzeum, se stal jakýmsi společenským střediskem pro návštěvníky z USA.

V roce 1848 byla zrušena robota, což umožnilo volnější stěhování. Tehdy se také do Evropy dostaly zprávy o zlatu v Kalifornii a navíc agenti amerických železničních společností verbovali zaměstnance. A tak začalo hromadnější putování přes oceán. Zprvu představovali Češi až 80 procent všech vystěhovalců z rakouské monarchie, pak je předstihli Poláci a Slováci. Nejvíc Čechů, přes 62 000, se vystěhovalo do Ameriky v letech 1881 až 1890 a celkem v druhé polovině 19. století jich přišlo do Ameriky 213 729. Jedna třetina nově příchozích se rozhodla pro farmářství, dvě třetiny zůstaly ve městech.

První oficiálně registrovaný český krajanský spolek v USA byl založen roku 1854 v St. Louis, Missouri, pod názvem Česko-Slovanská Podporující Společnost. Časem se tento spolek změnil na pojišťovnu, která přetrvává dodnes pod názvem Československé spolky v Americe (CSA Fraternal Life). Manžel a já u nich máme už asi dvacet let životní pojistku. Koncem padesátých let 19. století začali čeští krajané zakládat četné kulturní a čtenářské spolky (těm se říkalo Slovanské lípy) a roku 1865 vznikla první americká organizace Sokol. První české krajanské noviny, dokonce dva tituly, vyšly v roce 1860 – *Slowan Amerikánský* ve městě Racine ve Wisconsinu a *Národní noviny* v St. Louis, Missouri.

V následujících desetiletích krajanský život kvetl a přibývalo publikací, hlavně periodických. Velmi oblíbené byly kalendáře. Ke konci 19. století žilo ve Spojených státech přes 150 000 osob narozených v českých zemích, a předplatitelů českých periodik prý bylo 135 000! Američtí Češi také posílali tiskoviny zpátky do vlasti a tím přispívali k rozšiřování demokratických myšlenek. Už tehdy ale byli Češi dost rozhádaní (zřejmě má naše nesvornost hluboké kořeny), takže se jim nepodařilo vytvořit žádnou celoamerickou organizaci. Hlavní názorové proudy byly čtyři: katolíci, protestanti, volnomyšlenkáři a socialisté.

Z českých umělců, kteří strávili nějakou dobu ve Spojených státech, je samozřejmě nejznámější Antonín Dvořák, který žil v Americe v letech 1892 až 1895 a složil zde svou slavnou *Novosvětskou.* Josef V. Sládek byl ve Spojených státech v letech 1868 až 1870 a své zážitky vypsal v knize *Americké obrázky a jiná prosa* (vyšlo posmrtně až v roce 1914). V Americe slavila úspěchy také Ema Destinnová a na zaučenou tam zajeli Tomáš Baťa a Emil Kolben.

V roce 1877 se v Lipsku seznámil mladý profesor Tomáš Masaryk s křehkou Charlotte Garrigue. V té době v Americe probíhala první fáze ženské emancipace, která se do české historie promítla v tom, že Masaryk po sňatku s Charlottou přijal její jméno jako prostřední – což v tehdejším Rakousko-Uhersku bylo něco nevídaného. Charlotta Masaryková se pak velmi aktivně účastnila boje za volební právo žen. Když jsem poprvé četla, jak Masarykovi poslali do Ameriky syna Jana na zkušenou, ať se pěkně sám ohání, moc se mi to líbilo, to bylo něco jiného, než poslat Honzu na zkušenou do vesnice pár desítek kilometrů vzdálené. Masaryk sám byl v Americe mockrát, několikrát na přednáškovém turné (například v roce 1902 a 1907), a to asi přispělo k tomu, že jako málokterý z českých politiků myslel ve světovém kontextu.

Jedním z důležitých amerických Masarykových přátel byl chicagský filantrop a průmyslník Charles R. Crane, který jako osobní přítel prezidenta Woodrow Wilsona uvedl Masaryka do nejvyšších politických kruhů Spojených států. Craneova rodina si své přátelské vztahy k Čechům předává už třetí generaci, vnuk Charlese Cranea, Thomas Crane, například přispěl velkým obnosem na vybudování pomníku T. G. Masaryka ve Washingtonu v roce 2002.

Klíčový podíl českých a slovenských krajanů na vzniku Československa roku 1918 je dobře známý. Tehdy také na krátkou dobu překonali svou roztříštěnost a spojili síly, hlavní roli hrálo České národní sdružení a Slovenská liga. Američtí krajané v podstatě vytvoření Československa financovali, což mi už v dětství mnohokrát říkala maminka a tak mi doplňovala výuku z komunistické školy. Československé legie a jejich anabáze přes Sibiř v roce 1919 upoutaly pozornost i širší americké veřejnosti.

V meziválečné době byl nejznámějším Čechem v Americe Anton J. Čermák, který se narodil v Kladně a jako malý se s rodinou přistěhoval do Spojených států. Do politiky vstoupil v roce 1902 jako kongresman ve státě Illinois, a v roce 1931 byl pak zvolen starostou města Chicago. Jeho boj s podsvětím mu však byl osudný, v roce 1933 ho zastřelil atentátník. Dnes je po Čermákovi pojmenovaná jedna z největších ulic Chicaga.

I druhý zahraniční odboj byl převážně financován americkými krajany, údajně tato pomoc dosáhla pěti milionů dolarů. Velmi aktivní v této době byl antropolog Aleš Hrdlička, který se narodil v Humpolci roku 1869, ale většinu života prožil ve Spojených státech a od roku 1903 byl ředitelem jednoho antropologického oddělení na Smithsonian Institute (což je takové americké Národní muzeum, samozřejmě poněkud větší než to naše na Václavském náměstí). Jak v první, tak i v druhé světové válce využil Hrdlička svých kontaktů a své prestiže k získávání podpory pro svou rodnou zem.

Po nástupu komunismu v Československu v roce 1948 inicioval slovenský politik Jan Papánek, zástupce Československa u OSN, vznik Amerického fondu pro československé uprchlíky. Novináři Ferdinand Peroutka a Pavel Tigrid působili v Rádiu Svobodná Evropa. Jiří Voskovec se prosadil jako charakterní divadelní herec a newyorské publikum ho dobře znalo. Krajany na jejich sešlostech často bavil Jára Kohout, který se po listopadu 1989 vrátil do Prahy a pak zde v roce 1994 zemřel.

V roce 1950 byla založena Rada svobodného Československa, která se stala jakousi ústřední exilovou organizací. Po pádu komunismu se přejmenovala na Radu vzájemnosti Čechů a Slováků a je činná dodnes. Roku 1958 vznikla Československá společnost pro vědy a umění (SVU – Czechoslovak Society of Arts and Sciences) a ta po roce 1989 jako by nabrala druhý dech a dnes je to velmi živoucí organizace. Společnost má pobočky v devíti zemích, v USA, Kanadě, Velké Británii, Německu, Švýcarsku, České republice, Slovensku, Austrálii a Jižní Africe. Už několik desetiletí v ní působí neúnavný a nezdolatelný dr. Miloslav Rechcígl, který je v současné době jejím předsedou. SVU pořádá každé dva roky mezinárodní sjezdy, ten poslední se konal koncem července 2004 v Olomouci. Čekala jsem, že o setkání přinesou zprávy hlavní deníky, ale nepřinesly – na zahraniční krajany se zde bohužel pořád ještě pohlíží s jakousi nedůvěrou. A přitom této zemi tolik pomohli!

Po roce 1968 znali mnozí Američané jméno Dubček, a později znalo samozřejmě mnohem víc lidí jména Martiny Navrátilové a Ivana Lendla. Oba však byli jaksi kožení, takže bych neřekla, že si je americké publikum příliš zamilovalo. Také se běžně vědělo, že manželka Donalda Trumpa je Češka. Miloš Forman je známý, ale jeho filmy jsou obecně mnohem populárnější v Evropě než ve Spojených státech – *Amadeus* byl například v Americe skoro propadák.

My jsme až do roku 1989 krajany nijak zvlášť nevyhledávali, ale také jsme se jim nevyhýbali – ostatně ani to nebylo úplně možné, s řadou našich pozdějších česko-amerických přátel nás seznámili Američani. Například princetonský profesor Robert Tucker, přední americký odborník na Sovětský svaz, se kterým jsem se spřátelila krátce po příchodu na Princeton, mi s velkým předstihem avizoval, že mu tam přijde na postgraduální studium český student Michal Kraus. První telefonický rozhovor s tímto mladíkem mě nijak nenadchl, ale pak se z něj stal jeden z našich nejlepších amerických kamarádů. S Čechy a Slováky jsme se také setkávali v princetonském domě Karla a Dany Klimentových, kteří vedli bohatý společenský život. O krajanské spolky jsme ale zájem neměli, necítili jsme s nimi dost souznění.

Po pádu komunistického režimu v Československu se nicméně zdálo, že v Americe je Čechů a Slováků jako máku. I v malém Princetonu, který jsme v tomto smyslu měli jaksi zmapovaný, se najednou objevila spousta „utajených“ krajanů. V době svého působení v Americké nadaci na podporu českého a slovenského vzdělání jsem pak trochu do krajanského světa pronikla. Kromě celého východního pobřeží, od Bostonu po Washington, jsem byla v kontaktu s českou (přesněji řečeno moravskou) komunitou v Texasu, s krajany v Minnesotě, Chicagu i v Kalifornii.

Po roce 1989 se Amerikou rozletělo jméno Havel. Nějakou dobu to trvalo, než lidé přestali vyslovovat jeho křestní jméno Vaklav, ale časem se to naučili – a pak pár let byl Havel všude, na různých mezinárodních summitech to občas vypadalo, že nejdůležitější politikové na světě jsou George Bush starší či Bill Clinton, pak jeden či dva Západoevropané nebo Japonec, a hned za nimi český prezident. Kvůli Havlovi má Česká republika pořád dobré jméno, což si zřejmě jeho zuřiví odpůrci nechtěli přiznat. Anebo jim to bylo jedno.

V současné době je nejčtenějším krajanským periodikem čtrnáctideník *Americké listy*, který vydává v malém městečku Glen Cove na Long Islandu Petr Bísek. Už od roku 1997 píšu do těchto novin „Malý dopis z Prahy", v němž se snažím nacházet na současné české realitě ty lepší stránky – což mi někdy dá dost práce. Petr i jeho žena Věra se o „českou věc", zvlášť o přijetí České republiky do NATO, zasloužili zcela mimořádně a jsem moc ráda, že to prezident Havel ocenil tím, že Petrovi při své státní návštěvě Ameriky v září 1998 udělil v knihovně Kongresu USA medaili Za zásluhy I. stupně (podobnou medaili dostali také Miloš Forman, sir Charles Mackerras, Jiří Suchý a další). S tím vyznamenáním mám jen jeden problém, měli to dostat oba dva, protože bez Věry by *Americké listy* nebyly, jak to ostatně často její manžel veřejně potvrzuje.

O prvním Američanovi v českých zemích údaje nemám. Do devadesátých let dvacátého století sem však přicházeli jen občasní jednotlivci, které z toho či onoho důvodu tato malá končina přitáhla – často to bylo proto, že se nějaký Američan zamiloval do české dívčiny. Po roce 1989 však došlo k úplné invazi. Přijížděli nejen lidé s českými kořeny, dávní emigranti a exulanti, kteří se vraceli po mnoha desetiletích (jako například Adina Mandlová), ale i spousta americké mládeže, kterou zaujala sametová revoluce a která si pak oblíbila české pivo. Mnozí si také mysleli, že když mluví anglicky, mohou vyučovat angličtinu, což samozřejmě vůbec neplatí, jak se ke své nelibosti přesvědčilo mnoho Čechů. Přijížděli poradci a investoři i dobrodruzi chtiví podnikání. Občas se odhadovalo, že tu je až třicet tisíc Američanů, a dokonce jsem četla úvahy, že by se Praha mohla stát jakousi „Paříží devadesátých let", kde by vyrostl nový Ernest Hemingway a Scott Fitzgerald.

Dnes, patnáct let po pádu komunistického režimu, žije v České republice malá stálá americká komunita, čítající maximálně pět tisíc lidí. Stovky z nich jsou rodilí Češi, kteří se sem vrátili na stará kolena. Taky to sem láká mladé potomky Čechů, narozené už v Americe. Znám rovněž řadu Američanů i Američanek, kteří tu našli životní partnery. Američané vlastní prádelny, pár restaurací, několik let jsem externě spolupracovala s malou agenturou zprostředkovávající zaměstnání a zaučující sekretářky. Je tu malá pobočka světové Asociace Američanů žijících v cizině (Association of Americans Residing Overseas, AARO), která má hlavní ústředí v Paříži. Jedním z jejích členů je newyorský bankéř Jerome Randall, s nímž se často na setkáních AARO bavím. Nemá k Česku žádná rodinná pouta, ale když přijel do Prahy někdy začátkem devadesátých let na krátké školení, tak se mu tady zalíbilo, že se sem během několika let s manželkou přesunul víceméně natrvalo. Řekl mi, že v Americe by se pravděpodobně odstěhoval v důchodu na Floridu, ale že tady je to nesrovnatelně zajímavější. Mnozí zdejší Američané jsou také členy Americké obchodní komory (Amcham, American Chamber of Commerce).

Jeden z nejvýraznějších členů české americké komunity byl novinář Alan Levy, zakladatel úspěšného anglicky psaného týdeníku *The Prague Post*, který začal vycházet v říjnu 1991. Levy byl s Československem spjat už od roku 1968, kdy ho fascinovalo Pražské jaro, pak ho ale odsud mocipáni vykázali, a on zůstal ve Vídni, aby byl Praze aspoň blízko. V roce 1972 vydal v Americe knížku *Rowboat to Prague*, která pak vyšla v českém překladu jako *Pražské peřeje* v Nakladatelství 68 Zdeny Salivarové a Josefa Škvoreckého a následně se v Československu stala jedním ze samizdatových bestsellerů. Pár týdnů před jeho smrtí na jaře 2004 jsem Alana Levyho ještě viděla na promítání jednoho amerického filmu. K známějším Američanům také patří Erik Best, který už deset let vydává internetový zpravodaj *Fleet Sheet*, v němž v deseti patnácti větách shrnuje každý den od pondělka do pátku to nejpodstatnější z české politiky a ekonomiky z hlediska podnikatele. Stovky českých i cizích podnikatelů si už údajně bez tohoto zpravodajství nedovedou den představit a já, ač nepodnikatelka, taky začínám každý všední den s *Fleet Sheet*.

Můj soukromý průzkum

29. června
Linda Michael v e-mailové odpovědi:
„Oceňuji tvou upřímnost …
tvá konzervativní kamarádka“

V květnu, když byly noviny plné fotografií z Abú Ghraíb, jsem asi tuctu svých přátel a známých v Americe poslala kolem deseti otázek, abych trochu nasákla současnou americkou atmosférou – většinu jich znám dosti dobře a dosti dlouho, takže jejich odpovědi jsou pro mě informativní nejen v tom, co mi konkrétně řeknou, ale i v tom, jak to řeknou, co vynechají, co zdůrazněji. Jsou to všechno vzdělaní lidé, a jak asi není překvapivé, skoro všichni jsou demokrati. V tomto smyslu je tedy můj soukromý průzkum zcela nereprezentativní.

Otázky jsem také poslala jedné mladé ženě do Princetonské knihovny, Catherine H. Michael, a ta mi mi napsala, že by mě možná zajímal názor její maminky, která je vášnivá republikánka, a názor nejlepší přítelkyně její maminky, Susan Gibbons, která je zas vášnivá demokratka. Samozřejmě mě to zajímalo, a tak se rozvinula široká e-mailová korespondence, během níž mně Linda Michael poslala celkem 11 dlouhých dopisů. Ty vydaly na 18 vytištěných stránek (s mezerou jedné řádky). Já jsem jí napsala asi pětkrát. Občas se mi omlouvala, že mě z jejích odpovědí určitě bolí hlava a že by mi měla přiložit aspirin. Když jsme tu naši transatlantickou výměnu názoru uzavřely, napsala mi její dcera:

Paní Gibbons, moje maminka a já si docela užijeme. Každá z nás máme jinou perspektivu. Moje maminka a já máme tak opačné názory, že se někdy začneme hádat u televize, ale přichází to a odchází jako prudká bouře. Moje maminka a paní Gibbons jsou už obě v důchodu a věnují spousty energie sledování zpráv; obě jsou ve svých přesvědčeních velmi vášnivé. S mou maminkou je naprosto nemožné pohnout; myslí si, že věrnost pravdě (asi spíš PRAVDĚ) je obdivuhodná – ale pravda je zvláštní věc... Pro mě to je spíš otázka filozofického vnímání než záležitost politické platformy či společenského postoje.

Linda Michael tedy jaksi vyvážila mou prodemokratickou předpojatost a já jsem ráda, že jsem ji tímto moderním e-mailovým způsobem poznala – je to jistě hodná a příjemná paní, a až příště pojedu do Princetonu, určitě se s ní sejdu. Taky jsem díky jejím dlouhým epištolám trochu nahlédla do republikánského myšlení, a i když mě to v mých vlastních postojích nezviklalo, zas jsem pochopila Ameriku trochu líp.

Jedna z prvních otázek mého průzkumu byla, zda jsou si Američané vědomi toho, že je většina světa dnes nemá ráda anebo je dokonce nenávidí. Lidé na východním pobřeží a v Kalifornii to vědí, ale lidé ve středu Ameriky to buď vůbec netuší (protože zprávy jsou čím dál tím víc zábava), a pokud o tom někde něco zaslechli, je jim to v podstatě ukradené anebo si myslí, že lidé, kteří Ameriku nenávidí, jsou „stupidní nedůležití cizinci“. Prezident Bush samozřejmě o nepopulárnosti Ameriky ví, ale taky nedbá.

Linda mi napsala:

Tvoje otázka je opravdu mrazivá... Když nás všude tak nenávidí, proč sem pořád odevšad přicházejí?... Tvrdě pracující američtí lidé podporují prostřednictvím svých daní země na celém světě, každý rok dáváme miliardy dolarů na zahraniční pomoc. Jsme dobrosrdeční, jsme štědří, vždycky jsme první na místě, když dojde k nějaké katastrofě – zemětřesení, záplavy, jiná neštěstí, vždycky jsme hned připraveni pomoct...

Uvědomují si ti lidé, kteří nás tak nenávidí a nemají nás rádi, že kdyby nebylo Ameriky, pochodovali by po Evropě pod nacistickou nadvládou? Kde je jejich vděčnost??...

Amerika používá svou moc pro osvobozování, ne dobývání. Proč je tak těžké to pochopit? Proč to není oceněno?...

Kamkoli přijede prezident Bush, všude jsou hlasité protestní pochody – a on přitom ani jednou své protivníky nekritizoval a nekáral za jejich hrubost, ví, že mají právo vyjadřovat svůj názor...

A jestli jsou si Američané vědomi, že nás nenávidí a nemají rádi? Pochybuji, že většina lidí se tím zabývá, jsou příliš zaměstnaní prací, aby vydělali na všechnu tu zahraniční pomoc, kterou posíláme po světě...

Jiná otázka se týkala současné politické rozpolcenosti země, a na to jsem dostala velmi různé odpovědi. Podle názoru mého dávného přítele Davida Paula, který má doktorát z Princetonské univerzity a už léta působí jako konzultant v Seattlu, nebyla Amerika takto hluboce rozdělena od občanské války v 19. století. Washingtonský historik James M. Banner Jr. si naopak myslí, že Amerika není zatím tak rozpolcená jako během vietnamské války, kdežto historik a knihovník Orest Pelech (na Duke University v Severní Karolíně) ještě nikdy nezažil „tak polarizované politické klima". Několik mých respondentů vyjádřilo velmi silné znepokojení nad narůstajícím vlivem extrémní náboženské pravice, která nenávidí liberály do té míry, že slovo „liberál" se dnes už stalo skoro nadávkou. I John Kerry, podle všech měřítek liberál, sám sebe označuje za „progressive".

Linda rozpolcenost Ameriky potvrdila, ale z opačného břehu:

Nikdy v životě jsem nezažila tak JEDOVATÉ PRONÁSLEDOVÁNÍ hodného, slušného, hluboce věřícího člověka. Další anomálie je ta DLOUHÁ DOBA, po jakou se snaží levice prezidenta zdiskreditovat...

Ptáš se mě, proč extrémní náboženská pravice „nenávidí" liberály. Jsi si jista, že je to správná otázka? Liberálové dokonce přirovnávají George Bushe k Hitlerovi! Nikdy jsem neslyšela Jerry Falwella nebo Pata Robertsona mluvit takto neodpovědně. Musím také dodat, že to nejsou senátoři ani bývalí viceprezidenti! Představují fundamentalistické křesťanské konzervativní názory a nikdo, kromě členů jejich vlastních kongregací, jim nevěnuje nijak zvláštní pozornost... Demokrati jsou sjednoceni ve své NENÁVISTI vůči GB. Došlo to tak daleko, že bych vsadila svůj dům, že kdyby proti GH kandidoval kačer Donald, demokrati by ho volili – tak hrozně prezidentem pohrdají...

Jedna z hlavních otázek mého průzkumu se týkala toho, do jaké míry ovlivní irácký konflikt prezidentské volby. Skoro všichni se shodli, že do značné. Podle našeho emigrantského souputníka Karla Klimenta, chemika a autora jedenácti knih o vojenské historii, jsou Američané týráním vězňů šokovaní a „i ti blbější si uvědomují, co to znamená pro naši pověst v zahraničí". Tento republikán (který ale letos bude volit Kerryho) také napsal:

[Bushova] ekonomická politika je katastrofální, ekologická jakbysmet. Podařilo se mu za tři roky Ameriku kompletně zdiskreditovat ve světě, ztratit většinu našich spojenců a kompletně zvorat válku a hlavně poválečné údobí, pro které zřejmě neměl plán akce vůbec připraven. Podporuje velké firmy a jejich zájmy na úkor celostátních potřeb, a je to ideologický fanatik, který není schopen dívat se na věci s odstupem. Jeho hlavní zájem je být znovu zvolen, a Amerika může jít k čertu.

Jeden můj dosti vysoce postavený přítel ekonom, který požádal o anonymitu, považuje Bushe za nejhoršího prezidenta, jakého kdy Amerika měla, a další dobrý známý, unitářský duchovní Richard Henry (už několik let v důchodu), pokládá administrativu Bushe a Cheneyho za nejdestruktivnější vládu v celé americké historii, která „svou arogancí zničila naši mezinárodní reputaci" a „podryla ústavní principy tím, že například zamlžila jasnou hranici odluky církve a státu".

Linda Michael to vidí jinak. Je přesvědčená, že zbraně hromadného ničení se ještě v Iráku najdou, zdůrazňuje známý fakt, že Saddám Husajn posílal peněžitou odměnu rodinám palestinských sebevražedných teroristů, a je přesvědčená, že svět bez Saddáma Husajna u moci je bezpečnější. O Georgi Bushovi píše:

Je to stálý, disciplinovaný, soustředěný a čestný muž, který udělal to, co bylo v nejlepším zájmu Ameriky a celého světa... Mám ho ráda, protože je upřímný a záleží mu na dobru Ameriky. Mám ráda jeho ženu

Lauru... Souhlasím také s jeho daňovými škrty, protože si nemyslím, že bohatí by měli platit víc daní než střední třída. Pracují taky tvrdě a neměli by být trestáni za svou píli... Největší slabost GB je jeho neschopnost mluvit spatra. To z něj ale nedělá špatného prezidenta... Taky nesouhlasím s republikánskou platformou o potratech, věřím v právo ženy na vlastní rozhodnutí.

John F. Kerry je pro Lindu váhavec, „hanojský John", který zdůrazňuje své válečné hrdinství, ale přitom svou činností v protiválečném hnutí pak nahrával Vietcongu a pomohl jim vyhrát válku.

Osobně z něj nemám pocit skutečné poctivosti nebo angažovanosti – mám prostě pocit, že tenhle chlapík je prostě další falešník. Stejně jako Clinton říká to, co si myslí, že publikum chce slyšet, aby ho volilo. Nejsem vůbec přesvědčena o síle jeho charakteru, takže v něj nemám důvěru... Má úplně opačný problém než GB, mluví složitě, jeho tón je mi nepříjemný... Když ho poslouchám, začnou mi bloumat myšlenky a říkám si, používá taky takového opovržlivého tónu, když říká při večeři, aby mu podali máslo? Teď jsem jízlivá... ale jeho hlas je mi OPRAVDU nepříjemný...

Přehledy

Chudoba ve spojených státech

Zdroj: *The World Almanach and Book of Facts 2004*

V roce 1960 bylo pod hranicí chudoby víc než 22 procent obyvatelstva. „Válka proti chudobě“, která je hlavně spjatá se jménem prezidenta Lyndona B. Johnsona, toto procento výrazně snížila. V roce 2002 byla hranice chudoby 9182 dolarů ročně pro jednu osobu, 11 756 dolarů ročně pro domácnost sestávající ze dvou osob, 14 072 ze tří osob, 18 556 ze čtyř osob, až do 39 843 dolarů ročně pro domácnost sestávající z devíti nebo více osob.

V roce 2003 bylo pod hranicí chudoby 12,5 procenta obyvatel.

Podle sčítání lidu v roce 2000 žilo v Americe 281 421 906 lidí. Z nich bylo černochů 34 658 190 a Hispánců 35 305 818.

Počet bělochů pod hranicí chudoby se od roku 1990 drží kolem deseti procent, největší byl v roce 1993 (12,2 procenta neboli 39,3 milionu lidí), nejnižší v roce 2000 (9,4 procenta neboli 31,1 milionu lidí).

Počet černochů pod hranicí chudoby od roku 1990 má větší rozpětí, nejvyšší byl v roce 1993 (10,9 milionu neboli 33,1 procenta), nejnižší v roce 2000 (7,9 milionu neboli 22,2 procenta). Protože však černošského obyvatelstva přibývá trochu víc než bělošského, celkové procento chudých černochů se výrazně snížilo, z 31,9 procenta v roce 1990 na 24,1 procenta v roce 2002 (zhruba o čtvrtinu). Znamená to, že se průměrné ekonomické postavení černochů v těchto dvanácti letech zlepšilo.

Rok	Procento obyvatel pod hranicí chudoby				Počet obyvatel pod hranicí chudoby (v milionech)			
	Celkem	Běloši	Černoši	Hispánci	Celkem	Běloši	Černoši	Hispánci
1990	13,5	10,7	31,9	28,1	33,6	22,3	9,8	6,0
1991	14,2	11,3	32,7	28,7	35,7	23,7	10,2	6,3
1992	14,8	11,9	33,4	29,6	38,0	25,3	10,8	7,6
1993	15,1	12,2	33,1	30,6	39,3	26,2	10,9	8,1
1994	14,5	11,7	30,6	30,7	38,1	25,4	10,2	8,4
1995	13,8	11,2	29,3	30,3	36,4	24,4	9,9	8,6
1996	13,7	11,2	28,4	29,4	36,5	24,7	9,7	8,7
1997	13,3	11,0	26,5	27,1	35,6	24,4	9,1	8,3
1998	12,7	10,5	26,1	25,6	34,5	23,5	9,1	8,1
1999	11,8	9,8	23,6	22,8	32,3	21,9	8,4	7,4
2000	11,3	9,4	22,2	21,2	31,1	21,2	7,9	7,2
2001	11,7	9,9	22,7	21,4	32,9	22,7	8,1	8,0
2002	12,1	10,2	24,1	21,8	34,6	23,5	8,6	8,6
2003	12,5				35,9			

Hispánská komunita dnes představuje ve Spojených státech nejpočetnější menšinu – v roce 2002 vzrostl počet Hispánců na 38,8 milionu, což znamená 13,5 procenta celkového obyvatelstva. Nejvyšší počet Hispánců pod hranicí chudoby byl od roku 1990 v roce 1996 (8,7 milionu neboli 29,4 procenta), nejnižší v roce 2000 (21,2 procenta). Absolutní počet Hispánců pod hranicí chudoby se sice od roku 1990 do roku 2002 trochu zvýšil, ale celkové procento se podobně jako u černochů výrazně snížilo, z 28,1 procenta na 21,8 procenta (také zhruba o čtvrtinu). I u Hispánců se tedy v posledních dvanácti letech průměrné ekonomické postavení zlepšilo.

Češi v Americe

Zdroj: Ivan Dubovický, David Kraft, Milena Secká, *Češi v Americe*. Praha, Ministerstvo školství, mládeže a tělovýchovy České republiky, 2003.

Současný stav české populace v USA

(Státy s největším počtem osob českého původu)

Stát	100% český původ	50% český původ	Celkový počet obyvatel*)
Texas	170 217	(nerozlišeno)	21 780 000
Illinois	88 367	129 954	12 600 000
Ohio	51 217	66 812	11 421 000
Nebraska	48 442	52 825	1 729 000
Pensylvánie	47 034	53 687	12 335 000
Wisconsin	41 081	90 054	5 441 000
Minnesota	35 730	69 941	5 020 000
Iowa	28 305	44 172	2 937 000
Jižní Dakota	9 897	10 314	761 000
Severní Dakota	8 116	9 869	634 000
Celkem	788 724	1 103 732	

Celkem plný a poloviční český původ – **1 892 456**

*) Počet obyvatel US států z *The World Almanach and Book of Facts 2004*

Vystěhovalectví Čechů do USA – 1848 až 1945

1850–1900	213 729
1901–1945	asi 140 000

Vystěhovalectví z Československa – 1946 až 1989

(z toho se podle odhadu usadila asi čtvrtina v USA)

Legální vystěhovalectví z Československa		do USA
1946–1969	114 452	asi 28 600
1970–1980	54 000	asi 13 500
Nelegální vystěhovalectví z Československa, odhad		
1948–1967	255 000	asi 63 700
1968–1989	245 000	asi 61 200

ČERVENEC 2004

Události

1. července

Na americké vojenské základně blízko Bagdádu je Saddám Husajn a dalších jedenáct vysokých hodnostářů jeho vlády oficiálně obviněno z řady zločinů.

Na ceremonii v Bílém domě připomíná prezident Bush 40. výročí schválení zákona o občanských právech (Civil Rights Act).

4. července

Amerika oslavuje Den nezávislosti.

6. července

John Kerry oznamuje, že si za svého kandidáta na viceprezidenta vybral Johna Edwardse.

8. července

V New Yorku se koná velké představení na pomoc Kerryho kampani, na němž se mnozí umělci vyjadřují o prezidentu Bushovi velmi nevybíravě.

9. července

Americký Senát vydává zprávu o svém vyšetřování zpravodajských agentur.

13. července

V Láhauru, Pákistán, je zatčen pětadvacetiletý počítačový inženýr Muhammad Naím Núr Chán, významný agent Al-Kaídy.

14. července
Senát hlasuje proti ústavnímu dodatku o manželství mezi osobami téhož pohlaví.

17. července
Deník *The New York Times* se v úvodníku omlouvá za to, že před válkou v Iráku nepodrobil zprávy o zbraních hromadného ničení dostatečné kritice.

22. července
Komise pro 11. září vydává konečnou zprávu.

Generální inspektor armády generálporučík Paul L. Mikolashek předkládá kongresu zprávu o věznicích v Iráku a Afghánistánu.

26.–29. července
Nominační sjezd demokratické strany v Bostonu.

28. července
Pracovníci humanitární organizace Lékaři bez hranic (Médecins sans Frontières, Doctors Without Borders) odcházejí po 24 letech z bezpečnostních důvodů z Afghánistánu, předtím odešli pouze ze Severní Koreje.

Komentář

Se začátkem léta je jasné, že válka v Iráku představuje největší starost Američanů. Několik výzkumů veřejného mínění potvrzuje, že většina Američanů si nemyslí, že válka v Iráku stojí za to, aby v ní Američané umírali. Velmi protibushovský pravidelný komentátor *NYT* Bob Herbert píše 2. července:

Americká invaze a okupace Iráku je jako perfektně zabalený, pozlacený náborový nástroj pro Al-Kaídu a její odnože. Kdyby Usáma bin Ládin připravoval kampaň na rozšíření vlivu protiamerických teroristů osobně, těžko si můžeme představit, že by vymyslel chytřejší scénář než americkou invazi a okupaci Iráku.

Nicméně formální předání moci Iráčanům na chvíli dovoluje na Irák pozapomenout, a tak se začátkem července Američané jako obvykle soustřeďují na oslavy Dne nezávislosti, které zahajují letní sezónu. Politici si však odpočinek dovolit nemohou. Prezident Bush navštěvuje na Den nezávislosti vojenskou bázi v Daytonu, Ohio, viceprezident Dick Cheney si to míří autobusem z Ohia přes Západní Virginii do západní Pensylvánie, a John Kerry se vydává na třídenní autobusové turné po státech Minnesota, Wisconsin a Iowa, aby získal na svou stranu voliče v malých městech a na venkově. Těm se musí prezentovat ne jako sofistikovaný, vzdělaný intelektuál, ale jako člověk, který vypadá jako oni, mluví jako oni, kterému na nich záleží, a tak s nimi pojídá barbecue a dívá se na ohňostroj, odpovídá na otázky, poslouchá jejich stížnosti a slibuje, že když nastoupí do Bílého domu on, všechno bude lepší.

Dlouho očekávané vybírání kandidáta na funkci viceprezidenta končí v Pittsburghu 6. července ráno, kdy John F. Kerry oznamuje, že si vybral za partnera Johna Edwardse. Až do poslední chvíle přetrvávaly o viceprezidentském kandidátovi dohady – výběr kandidáta č. 2 je totiž naprosto v pravomoci prezidentského pretendenta a často si ani nejbližší spolupracovníci do poslední chvíle nejsou jisti, na koho to slovo padne. Když ale John Edwards přerušuje svou rodinnou dovolenou, aby se ve čtvrtek 1. července sešel s Johnem Kerrym ve washingtonském domě Madeleine Albrightové, je jasné, že se dostává na špičku pelotonu. Ještě však v pondělí 5. července říká Kerry v rozhovoru pro lokální pensylvánskou televizní stanici:

Do této chvíle jsem se ještě nerozhodl, a celé toto rozhodování zůstane soukromé a osobní do okamžiku, kdy svou volbu oznámím veřejně.

K veřejnému oznámení dochází necelých čtyřiadvacet hodin poté. Můj dávný přítel Orest Pelech mi píše ze Severní Karolíny:

Sleduji Edwardse od té doby, co jsem se sem přestěhoval [v roce 1982]... *Je to naprosto ryzí člověk, zosobňuje americký mýtus Horatia Algera; není kolem něj sebemenší závan skandálu, ani finančního, ani sexuálního. Je to velmi ostrý debatér a rozzáří každou místnost, do které vstoupí...*

Republikáni samozřejmě výběr Johna Edwardse zkritizovali, hlavně z toho důvodu, že Edwards má jen krátkou politickou zkušenost (má za sebou pouze pět let v Senátu), ale přátelští a neutrální komentátoři Kerryho pochválili, že – vědom si své suchopárnosti a koženosti – nemá strach z toho, že ho jeho charismatičtější volební partner může zastínit. Britský *The Economist* ve svém komentáři 10. července poznamenal:

Způsob tohoto prvního „prezidentského rozhodnutí"(jak se o výběru viceprezidenta vyjádřil Bill Clinton) také vypovídá o tom, jak by Kerry vládl, bude-li zvolen. Konzultoval svůj výběr velmi široce a dlouho si zjišťoval všechny možné názory. Potom však své rozhodnutí do poslední chvíle tajil...

Tento styl také charakterizoval působení pana Kerryho v Senátu. Se svým štábem vždycky všechny problémy detailně probíral – ale když pak šel volit, členové štábu si často nebyli jisti, jak se vlastně rozhodl. Není jisté, jestli tento způsob rozhodování by mu v prezidentském úřadu pomáhal anebo by byl na překážku.

Viceprezidentský kandidát má však na výsledek voleb zanedbatelný vliv – o muži číslo 2 se hodně spekuluje předtím, než je vybrán, pak zazáří na nominačním sjezdu a potřetí se blýskne ve viceprezidentské televizní debatě.

Dva dny po jmenování Edwardse se v obrovské hale na Manhattanu, v Radio City Music Hall, koná velký benefiční gala koncert pro demokraty, kam se sjíždí spousta celebrit včetně Paula Newmana a Meryl Streep a kde se téměř všichni vystupující o prezidentu Bushovi vyjadřují eufemisticky řečeno neslušně. Nejdál zřejmě zašla herečka Whoopi Goldberg, která použila prezidentova příjmení (česky „keř, křovina, houští, bujný porost" apod.) na dosti drsné sexuální vtipkování. Pobouření republikáni chtějí omluvu a jeden manažer Bushovy kampaně žádá o zvukový záznam koncertu, na což odpovídá Kerryho manažerka Mary Beth Cahill v tom smyslu, že demokrati budou o vydání záznamu uvažovat jen tehdy, zveřejní-li Bílý dům všechny doklady o prezidentově službě v Národní gardě, doklady o zakázkách pro firmu Halliburton (kde byl v nejvyšším vedení nynější viceprezident Dick Cheney), doklady o vlivu zkrachované korporace Enron na formulování energetické politiky Bílého domu, korespondenci mezi Bílým domem a farmaceutickými firmami o novém programu Medicare na krytí výdajů za léky a všechny dokumenty týkající se týrání vězňů. Jinými slovy, bitva o Bílý dům je čím dál tím urputnější. Američané jsou z letošních prezidentských voleb nervóznější, než bývá obvyklé – v roce 2000 si například jen 45 procent Američanů myslelo, že je „opravdu důležité", kdo bude příštím prezidentem, zatímco letos si to myslí 63 procent!

Součástí amerického politického systému je neustálé vyšetřování důležitých událostí. Po katastrofách anebo při podezření z nekalostí ustavuje americký Kongres různé komise, někdy v podstatě nezávislé, jindy přímo na půdě Kongresu. Těm prvním, sestaveným ze zástupců obou hlavních stran, se říká „komise s modrou stužkou" (blue-ribbon commission). Takové komise například vyšetřovaly bombardování Pearl Harbor v prosinci 1941, zavraždění prezidenta Kennedyho v listopadu 1963 a skandál kolem tajného obchodu se zbraněmi s Íránem („Írángate") v druhém prezidentském období Ronalda Reagana. V červenci byly zveřejněny závěrečné zprávy tří takových vyšetřování, nejdřív to byla zpráva senátní komise o fungování zpravodajských služeb, pak správa Komise pro 11. září a konečně vojenská zpráva o týrání vězňů v Afghánistánu a Iráku.

Komise pro 11. září, plným názvem Národní komise na vyšetření teroristických útoků na Spojené státy (National Commission on Terrorist Acts Upon the United States) byla ustavena 27. listopadu 2002. Komise měla deset členů, pět republikánů a pět demokratů, předsedou byl bývalý newjerseyský guvernér republikán Thomas H. Kean, místopředsedou byl demokrat Lee H. Hamilton, dlouholetý člen Sněmovny reprezentantů. Štáb spolupracovníků čítal 81 osob. Za zhruba 18 měsíců svého působení komise a štáb pročetli více než 2,5 milionu stránek dokumentů a vyslechli více než 1200 osob v deseti zemích. V devatenácti dnech se konalo celkem 160 veřejných slyšení. Tomu se říká důkladnost. Výsledná zpráva, vydaná v podstatě okamžitě po konečné redakci, je na rozdíl od většiny podobných dokumentů čtivý text o 13 kapitolách, ve kterých je nejdřív velmi precizně a výstižně vylíčen sled událostí 11. září 2001 a rozvoj mezinárodního terorismu od osmdesátých let do současnosti, a dále popsána série selhání amerických vládních agentur – hlavně tím, že mezi zpravodajskými službami neexistovala dostatečná koordinace, takže četná varování jaksi vyzněla do prázdna. Závěrečné dvě kapitoly pak shrnují náměty a doporučení, jak podstatným způsobem přebudovat celou americkou strukturu zpravodajských služeb.

Senátní zpráva dospěla k závěru, že před americkým útokem na Irák američtí zpravodajci špatně vyhodnotili informace z Iráku a podlehli „kolektivnímu myšlení" v tom smyslu, že všichni byli přesvědčeni, že Saddám Husajn zbraně hromadného ničení má, takže už jako by ani nebyly žádné konkrétní důkazy zapotřebí. Vojenská zpráva generála Mikolasheka o vojenských věznicích v Afghánistánu a Iráku sice usoudila, že týrání vězňů byly výjimky, ale zároveň potvrdila, že armáda byla na věznění až 50 000 lidí v Aghánistánu a Iráku velmi špatně připravena.

Všechny červencové zprávy poskytují vítanou munici demokratům před jejich nominačním sjezdem v Bostonu koncem měsíce. Jak se sjezd přibližuje, Kerry se soustřeďuje na zdůrazňování „hodnot“ (values), což je zaměřeno hlavně na středové voliče, kteří chtějí opravdu pochopit, na základě čeho se ten který politický kandidát veřejně projevuje. Evropští cynikové mohou nad americkým moralizováním stokrát mávat pohrdlivě rukou, ale z vlastní zkušenosti jednoznačně potvrzuji, že morální tázání je naprosto běžnou, skoro bych až řekla každodenní součástí života běžných Američanů.

Koncem července se Boston stává obleženým městem, bezpečnostní opatření z něj dělají téměř pevnost, a místní občané, pokud mohou, odjíždějí pryč. Lokální politikové odhadovali, že sjezd přinese městu přes 150 milionů dolarů, ale nakonec to byla jen asi desetina. Teroristické útoky se naštěstí nekonaly a demonstrantů bylo taky jen pár. Přes 4000 delegátů a několikanásobně víc novinářů si to ale jako obvykle užívalo. Nominační stranický sjezd je taková zvláštní událost-neudálost, nic překvapivého se na tomto setkání nestane, kandidáti na prezidenta a viceprezidenta jsou vybráni, ale přesto je to jeden z klíčových okamžiků kampaně. Důležitá je atmosféra, kterou sjezd vyzařuje, důležitý je projev kandidáta, v němž přijímá nominaci (ani ne tak to, co řekne, ale jak to řekne), důležitý je „základní politický projev“ (keynote address) pronesený nějakou stranickou celebritou. Howard Fineman, politický korespondent časopisu *Newsweek*, který se těchto sjezdů účastní už čtvrt století, popisuje své pocity v článku v *NYT* 27. července:

Je to taková sladká agonie. Na jedné straně se nic neděje, ale toto nic je v samém středu světa, do něhož patříte... Mám rád tu staromódní rozcvičku chození po sálech a mluvení s delegáty, i když ti mají asi tolik moci jako kdysi členové starého sovětského parlamentu.

Kerry se snaží během sjezdu zkrotit protibushovské vášně a částečně se mu to daří. Sjezd je neobvyklý ve dvou aspektech. Za prvé, demokratická strana je známá svou hádavostí, říká se o ní, že kdyby demokraté sestavovali popravčí četu, postavili by se do kruhu, ale tentokrát jsou jako jeden muž. George W. Bush sice Ameriku rozdělil na dva skoro nesmiřitelné tábory, ale demokraty sjednotil do odhodlaného šiku. Druhá neobvyklost se týká důrazu, který tentokrát demokraté kladou na národní bezpečnost. Historicky je národní bezpečnost spíš republikánské téma, zatímco demokraté se častěji soustřeďují na takové věci jako zaměstnanost, zdravotnictví a sociální péče – avšak tento sjezd je velmi bojovný, pořád se přetřásá Kerryho zkušenost ve Vietnamu, jako by tam sloužil léta a ne pár měsíců. Válečný tón je jaksi dovršen zahájením Kerryho projevu, v němž oficiálně přijal nominaci na demokratického kandidáta na prezidentský úřad: massachusettský senátor svižně doběhl k řečnickému pultu, zasalutoval a představil se: „Jsem John Kerry a hlásím se do služby“. Vzápětí se samozřejmě rozlehl dlouhotrvající potlesk.

Těsně před sjezdem dokončil můj syn instalaci vysokorychlostního internetu, takže jsem si mohla poslechnout hlavní projevy. Kerry mi nijak zvlášť inspirativní nepřipadal, byl rozvláčný a jaksi rozmlžený, ale zato mě oslnil mladý Barack Obama. Tento syn Keňana a Kansasanky, absolvent Harvardovy univerzity a nová hvězda demokratické strany, se uchází o místo senátora za Illinois a na sjezdu měl hlavní projev. Jeho asi osmdesátiletá babička stále žije na rodinné farmě ve východoafrické Keni, kde se rozpoutala úplná „obamanie“, noví rodiče pojmenovávají své děti Obama a po celé zemi si lidé představují, že se třeba syn jejich krajana jednou stane americkým prezidentem. Pozor tedy na toto jméno, jestli si ve své politické kariéře povede i nadále tak dobře jako teď v začátcích, může se za nějakých patnáct dvacet let dostat do vrcholné americké politiky. Obama je hezký, vysoký, sebejistý mladý muž, jeho melodický hlas je sice velmi civilní, nepoužívá žádných herecky dramatických modulací, ale je v něm jakési vnitřní napětí. V klíčové pasáži řekl:

Neexistuje černá Amerika a bílá Amerika a hispánská Amerika a asijská Amerika, ale existují Spojené státy americké. I v modrých státech [převážně demokratických] *vzýváme vznešeného Boha a ani v červených státech* [převážně republikánských] *se nám nelíbí, když se federální agenti prohrabují veřejnými knihovnami. I v modrých státech trénujeme děti v malé lize baseballu a fotbalu, a ano, i v červených státech máme homosexuální přátele.*

Na nominačních sjezdech také vždycky promlouvají manželky kandidátů a někdy dokonce i děti. Největší strach měli tentokrát organizátoři z Teresy Heinz Kerry, která se běžným Američanům moc nelíbí – je příliš emancipovaná, chová se někdy jako neřízená střela a navíc umí podezřele moc cizích jazyků, dokonce pět. Maureen Down o Kerryho manželce napsala roztomilý článek pár týdnů před sjezdem, 8. července, v němž stálo:

Nepodobá se žádné politické manželce, jakou jsem kdy viděla. Neřídí se scénářem a vždycky dělá jen to, co chce, svým podivně tajemným, světácky znaveným způsobem... Vypadá tak trochu jako dávná evropská filmová hvězda. Vyzařuje z ní něco podobného jako z Marlene Dietrich nebo Jeanne Moreau, smyslný pohled, který naznačuje, dotkni se mě a umřeš, a k tomu ten její přízvuk – je to unikátní politické aroma, jako by říkala, já se opravdu nemusím snažit, mám miliardy dolarů, a to vy nemáte a on taky nemá a Bushovi nemají; mám čtyři paláce a to on nemá; jsem si natolik jistá sama sebou, že klidně přiznám, že jsem měla plastickou operaci...

Na sjezdu se však chovala spořádaně, sice první den v kuloárech řekla jednomu reportérovi, „strčte si to někam“ („shove it“), ale pak měla pěknou řeč, jimiž si všech 4353 delegátů zcela podmanila. Jestli se však dostane na podzim do Bílého domu, bude mít mnohem větší práci s tím, aby si podmanila Ameriku – ta má mnohem radši méně výrazné a zato oddané manželky, jako je například Laura Bush.

Témata

Svátky a okurková sezóna

4. července
Amerika oslavuje
Den nezávislosti.

Americká okurková sezóna začíná oslavami Dne nezávislosti 4. července a končí Dnem práce, který připadá na první pondělí v září. Přestože si Američané zdaleka neberou tolik dovolené jako Evropani – podle Mezinárodního úřadu práce pracují v průměru o 350 hodin ročně víc než například Němci – přece jen v období mezi těmito dvěma svátky tempo obvykle trochu zpomalí.

Den nezávislosti (Independence Day) připomíná vznik Spojených států amerických 4. července 1776, když zástupci 13 amerických kolonií na východním pobřeží (od Maine na severu po Georgii na jihu) podepsali Prohlášení nezávislosti od Anglie. Je to hlavní americký vlastenecký svátek, kdy se konají průvody a ohňostroje a lidé se scházejí na zahradách a opékají si párky a hamburgery na grilech. V seriózních médiích se pravidelně objevují úvahy o tom, co vlastně vznik Ameriky znamenal. V letošním úvodníku *NYT*, z 5. července 2004, stálo:

Některé roky se čtvrtý červenec jeví jako krátká oáza uprostřed léta – den má v sobě jakousi lenivost, je horko, nejspíš pořádáme piknik a večer jdeme na ohňostroj. Tyhle čtvrté července, to znamená většina z nich, jsou vždycky především oslavou toho, co tato země je. S důvěrou se radujeme ze samého faktu existence Ameriky. Celý tento den se necháváme unášet jistotou své svobody a prosperity. Tím, že si připomínáme naši nezávislost, se snažíme nebrat aspoň na chvíli za samozřejmé všechno to, co nás hladké proudění našich životů přesvědčuje, že za samozřejmé brát můžeme.

Ale letos to není jeden z těchto roků. Zatímco probíhá kontroverzní válka a blíží se klíčové prezidentské volby, tento čtvrtý červenec nás opět nutí k zamyšlení nad tím, co by Amerika měla být, nejen nad tím, co je. Mezi těmito dvěma podobami Spojených států bylo vždycky napětí. Tento národ byl založen na formulaci základních principů v Prohlášení nezávislosti, které představuje snahu o filozofickou dokonalost a o takovou míru svobody, jíž můžeme v našich životech i v našich institucích dosáhnout jen zřídka. Ve srovnání s tímto vznešeným cílem vypadá naše skutečná historie příliš často jako rozvleklý, rozhádaný, drsný zápas každého s každým, který používá vznešený jazyk našich principů jen jako kamufláž obyčejného kupčení.

Národ si nemůže nadiktovat vlastní dokonalost. Maximálně může své občany nabádat, aby o ni usilovali. Ani jediné odvětví vlády, ani jediná instituce vlastně neztělesňuje principy vyjádřené Jeffersonem v Prohlášení nezávislosti. Tyto principy ztělesňujeme my sami Američané a životy, které si volíme a které by ideálně měly vycházet z naší vzájemné odpovědnosti a angažovanosti...

Naše vláda dnes patří mezi nejstarší na světě. V naší historii však nic nevymazalo revoluční principy Prohlášení nezávislosti. Prohlášení je historický dokument; je to však, i dnes, dokument stále otevřený. Totéž platí o naší historii. Jako národ jsme často jednali nečestně, sobecky, tvrdohlavě, což však neznamená, že jsme odsouzeni takto jednat i nadále. Ani nebudeme nadále jednat noblesně, obětavě a statečně jen proto, že jsme tak často jednali v minulosti. Ani naše historie, ani naše principy nejsou sebeurčující a sebenaplňující. Záleží pouze na volbě, kterou činíme dnes a denně.

O tom, že Američané jezdí na dovolenou mnohem míň než Evropané, dnes už ví v Česku každé dítě. Když jsem se sem vrátila, první roky mě vždycky udivovaly spousty rádoby vědeckých článků o tom, jak důležité je například vzít si minimálně čtrnáct dní dovolené, protože jinak si člověk neodpočine, anebo jak by někteří lidé vlastně neměli jezdit v zimě do teplých krajin, protože prudké změny klimatu jim mohou ublížit – měla jsem prostě pocit, že tady panuje úplný kult dovolené, že to je důležitý předmět obecné rozpravy, že to je vážné společenské téma, které je třeba stále znovu řešit. Nepamatuji se, že bych za čtvrtstoletí v Americe narazila na něco podobného. Nikdy jsem například nečetla nic o škodlivosti přesunů z tepla do zimy a naopak – asi to opravdu některým lidem nedělá dobře, ale velká část Američanů je zvyklá pohybovat se z jednoho konce kontinentu na druhý a lítat třeba z Minnesoty na Floridu, o Aljašce a Havajských ostrovech ani nemluvě. Navíc si myslím, že naprosté většině Američanů by úvahy o tom, že týden na dovolenou opravdu není dost, jen potvrzovaly jejich přesvědčení o evropské změkčilosti. Průměrná americká dovolená je 13 dní, málokdy vybraných vcelku. I pracovití Japonci mají 25 dnů dovolené. Nejlíp jsou na tom Italové, se 42 dny, a po nich Francouzi s 37 dny a Němci s 35 dny.

Obecně jezdí Američané mnohem míň do ciziny než Evropané, a když už se vypraví do jiné země, s největší pravděpodobností to bude Kanada, Mexiko nebo nějaký ostrov v Karibiku. Velmi oblíbené jsou výlety na velkých zámořských lodích, můj dávný kolega a přítel Joe Castagno strávil nedávno čtyři dny na Královně Mary II (Queen Mary II neboli QMII) a skoro mu to „nahánělo hrůzu". Tato největší loď na světě, dlouhá 345 metrů (Titanik byl dlouhý pouhých 270 metrů), má posádku čítající 1250 osob a pojme 2600 pasažérů, a má například 2000 koupelen. Vody Atlantiku začala brázdit v lednu 2004 a nejlacinější šestidenní cesta přes tento oceán stojí téměř 40 000 korun. Zpáteční letenka Londýn – New York je v ceně.

Naprostá většina Američanů, pokud se v létě vypraví na dovolenou (málokdy delší než dva týdny), zamíří k nějakému cíli v Americe – do přírodního parku, na historická místa mezi Washingtonem a Bostonem, do velkých zábavních parků na Floridě či v Kalifornii. V roce 2002 navštívilo nejpopulárnější takový park, Walt Disney na Floridě, 14 milionů návštěvníků a Disneyland v Kalifornii téměř 13 milionů. Imigranti se často vydávají na objížďky Ameriky, při nichž chtějí za pár týdnů vidět co nejvíc. Jedna moje známá česko-

-ruská rodinka takhle vyrážela několik prvních let po příjezdu do Ameriky, a průměrně ujeli každý den 600 kilometrů. Znala jsem ale mnoho lidí, kteří si brali dovolenou jen po několika dnech, v nichž podnikali krátké výlety. Výše zmíněný Joe Castagno, šéfredaktor velké encyklopedie v nakladatelství Grolier, si za patnáct let, co ho znám, vzal asi jen dvě nebo tři dovolené delší než deset dní, jednou byl v Itálii, jednou v Německu a ve Francii, občas někam odjede na týden, ale většinou si bere volno jen na pár dní, někdy spojených s dlouhým víkendem.

Přitom však Američané nejsou peciválové, naopak, cestují celý rok jako umanutí. Dálnice na východním a na západním pobřeží jsou až dvanáctiproudé, šest proudů každým směrem, a po nich se poklidným rovnoměrným pohybem sunou miliony aut. Vlaků je v Americe už málo, železniční éra dávno skončila, ale na východním pobřeží ještě jezdí hodně spojů a ty jsou také plné lidí. Často jsem jezdila vlakem do Washingtonu, vždycky s místenkou (jinak to snad ani nejde), ale nepamatuju se, že bych někdy zažila vlak poloprázdný – jak se mi to mockrát stalo v Česku.

Na Kennedyho letišti v New Yorku přistávají a startují letadla ve špičce každých 40 až 50 vteřin, byli jsme tam minimálně padesátkrát a nikdy nás nepřestal ten cvrkot fascinovat. Na amerických letištích si vždycky připadám jako v mamutím mraveništi. Snad jedinkrát jsem zažila podivný klid a prázdno – bylo to v Newarku den po vypuknutí první války v Perském zálivu v únoru 1991, letěli jsme tehdy do Mexika, a zřejmě spousta lidí své cesty ze strachu odřekla. Bohužel je teď po 11. září 2001 na letištích všechno složitější, lítá míň lidí a několik společností udělalo bankrot. Teprve koncem léta 2004 se počet leteckých pasažérů dostal na úroveň před 11. zářím.

Důvody amerického kmitání jsou v podstatě tři: rodinná setkání, služební cesty a stěhování. Skoro každý člověk, kterého jsem v Americe poznala, měl příbuzenstvo roztroušené přinejmenším po několika státech. Mladí lidé chodí studovat často daleko od domova a potom několik let pendlují třeba pár tisíc kilometrů. Někdy se také s rodinou pár let nevidí. Američani rádi pořádají velké svatby (stovka hostů není nic neobvyklého), na které přijíždějí hosté často z velkých dálek. Svatby jsou pro všechny zúčastněné nákladné, když jste někam pozván, samozřejmě si sám platíte jak cestu, tak ubytování v hotelu, o daru pro novomanžele ani nemluvě. Velká rodinná setkání se také konají o Svátku díkuvzdání v listopadu. V židovských rodinách je jedna z největších oslav bar mizvah (pro chlapce) a bat mizvah (pro dívky), jakási obdoba katolického biřmování. Jedni moji známí v Princetonu měli na téhle slavnosti přes 200 hostů.

Řekla bych, že Američané jezdí víc na služební cesty než Evropané – mnohé podniky mají pobočky na řadě míst. Když jsem byla ředitelkou zcela maličké Americké nadace na podporu českého a slovenského vzdělání, každou chvilku jsem lítala do Pittsburgu (tam byl předseda naší správní rady) a do Bostonu (tam jsem měla asistentku a také tam byla jedna nadace, se kterou jsme úzce spolupracovali), vlakem jsem jezdila do Washingtonu (na ambasádu) a autobusem skoro každý týden do New Yorku. Velmi oblíbená je rovněž „kongresová turistika“, ta se zvlášť pěstuje na vysokých školách, které neustále pořádají všeliké semináře a konference. Různé profesionální asociace také organizují kongresy, moje nejlepší americká přítelkyně Rosemary Little jezdila léta pravidelně na kongresy knihovnické asociace a na kongresy historiků, manžel zase jezdil pravidelně na konference chemiků, pokaždé v nějakém jiném americkém či evropském městě.

Třetí důvod neustálého pohybu je stěhování. O tomto rysu americké společnosti už také panuje v této zemi obecná známost. V průměru se stěhuje americká rodina jednou za čtyři roky, což je pro Evropana hrůzná představa, pro Američana „normálka“. V roce 2002 se přestěhovalo něco přes 40 milionů Američanů!

Tento neustálý pohyb je pravděpodobně také jedním z důvodů, proč Američané nepřikládají dovoleným takový význam. Znala jsem dost lidí, pro které nejlepší dovolená byla – prostě jen zůstat doma.

Zato svátky mají Američané rádi. Mívala jsem pocit, že právě ty hlavní americké svátky spojují Ameriku vjedno, jsou jakousi organizační osnovou, která dává tomu hektickému kolotavému dění řád, asi jako náboženský kalendář svátků určoval život ve středověku. Federálních svátků je devět – tyto dny nefunguje pošta (kterou provozuje federální vláda) a všichni zaměstnanci federálních úřadů mají volno. Naprostá většina států tyto svátky také uznává a kromě toho jsou v různých amerických státech slaveny svátky další. Jednotlivé státy si například připomínají výročí dne, kdy se připojily k Unii (poslední byly Havajské ostrovy v srpnu 1959). Asi nejproslulejší státní svátek je karneval Mardi Gras v Louisianě.

Americké svátky jsou víc než z poloviny určeny nikoli datem, ale dnem v týdnu. Další americkou zvláštností je to, že padne-li nějaký svátek daný datem na sobotu či neděli, jeden den je v každém případě volný, buď předcházející pátek nebo následující pondělí – když tedy například Nový rok připadne na sobotu, volno bude v pátek, když připadne na neděli, volno bude v pondělí. Opět jeden z mnoha projevů americké velkorysosti.

První federální svátek v kalendářním roce je Nový rok. Na Times Square na Manhattanu začíná Nový rok v okamžiku, kdy obrovská neonová koule, vážící skoro půl tuny a rozzářená více než 400 žárovkami, pomalu klesá několik metrů z vrcholu centrální budovy na náměstí Times Square. Když koule symbolizující jablko, emblém New Yorku, dosedne, je půlnoc, všichni začnou zpívat *Valčík na rozloučenou* a Nový rok je tu. V teplejších místech Ameriky se konají na Nový rok průvody a po nich fotbalové zápasy (amerického fotbalu). Nejslavnější je zápas na stadionu Rose Bowl (česky „růžový amfiteátr“ – slovo „bowl“ znamená miska, ale používá se pro označení fotbalových stadionů) v Pasadeně v Kalifornii, další zápasy se konají na Floridě (Orange Bowl, pomerančový amfiteátr), v Texasu (Cotton Bowl, bavlněný amfiteátr) a v Louisianě (Sugar Bowl, cukrový amfiteátr).

Třetí pondělí v lednu se od roku 1986 slaví Den Martina Luthera Kinga Jr., který se narodil 15. ledna 1929 a v šedesátých letech vedl černošské hnutí za zrovnoprávnění. Jeho slova ze slavné řeči v srpnu 1963 jsou už dnes součástí amerického referenčního rámce:

Sním sen... Sním sen o tom, že jednoho dne malí černí chlapci a malé černé dívky si budou moci podat ruce s malými bílými chlapci a malými bílými dívkami jako sestry a bratři... (I have a dream... I have a dream that one day little black boys and black girls will be able to join hands with little white boys and white girls as sisters and brothers...)

Třetí pondělí v únoru se slaví Den prezidentů. Původně byly v únoru dva federální svátky připomínající prezidentské narozeniny – 12. února je výročí Abrahama Lincolna (který se narodil v roce 1809) a na 22. února připadají narozeniny prvního amerického prezidenta George Washingtona (narozen 1732). V roce 1971 Richard Nixon tyto dva svátky spojil v jeden, a tak vznikl Den prezidentů. Někde se mu ale stále říká Washingtonovy narozeniny. Tento den se konají slavnostní shromáždění ve Washingtonově domě v Mount Vernon, blízko Washingtonu – kde je mezi exponáty také postel, na níž Washington zemřel.

Velikonoce sice nejsou legálním federálním svátkem, ale většina zaměstnavatelů dává svým zaměstnancům volno na Velký pátek a ve školách jsou s Velikonocemi často spojeny jarní prázdniny. Na východním pobřeží a ve státech s velkou židovskou menšinou se také velmi viditelně slaví nejdůležitější židovský svátek – pesach neboli přesnice (anglicky passover).

Další federální svátek je Památka zesnulých (Memorial Day), poslední pondělí v květnu. To je jeden z vlasteneckých svátků, kdy si Američané připomínají padlé vojáky. Svátek byl poprvé zaveden v roce 1868, tři roky po skončení občanské války Severu proti Jihu, a byl nejdřív označen jako Den zdobení (Decoration Day), při němž lidé zdobili hroby vojáků květinami a vlajkami. V tomto svátku doznívá rozdělení Ameriky z doby občanské války, jinak už celkem zahojené – v řadě jižních států, členů tehdy odtržené Konfederace, se Památka zesnulých slaví jiný den, například čtvrté pondělí v dubnu v Alabamě, 10. května v Jižní i Severní Karolíně a 3. června v Louisianě.

Největší vlastenecký svátek je ovšem 4. července, Den nezávislosti. O tom je už pár odstavců na začátku tohoto tématu.

Léto končí Dnem práce (Labor Day), prvním pondělkem v září. Poprvé se tento den slavil průvody v New Yorku v roce 1882 a od roku 1894 je to svátek federální, uctívající pracující lid. Oslavy zahrnují projevy odborářů a politiků, ale pro převážnou většinu lidí je to prostě ukončení okurkové sezony a začátek dalšího pracovního cyklu. Odbory v posledních desetiletích v Americe skomírají, největší počet lidí organizovaných v odborech byl v roce 1945, kdy to bylo 35,5 procenta celkové pracovní síly, od té doby jde toto číslo dolů a v roce 2002 bylo v odborech už jen 13,2 procenta zaměstnanců.

Druhé pondělí v říjnu je Kolumbův den (Columbus Day). Už v roce 1792 se 12. října slavilo třísté výročí Kolumbova přistání u dnešních Bahamských ostrovů, ale oficiálně byl tento svátek ustaven prezidentem Benjaminem Harrisonem o sto let později, v roce 1872. Další, pětisté výročí, se slavilo v roce 1992, a tehdy se už ozvala i druhá strana, pro kterou objevení „nového světa" přineslo jen problémy. Kalifornská organizace amerických Indiánů navrhla, aby se Kolumbův den přejmenoval na „Den původních obyvatel" (Indigenous Peoples Day).

Veteráni všech amerických válek mají svátek 11. listopadu (Den veteránů, Veterans Day), který se původně nazýval Den příměří, protože připomínal výročí konce první světové války v roce 1918. Den příměří se slavil od roku 1926, ale formálně byl ustaven jako federální svátek až v roce 1938. V roce 1954 pak podepsal prezident Dwight Eisenhower zákon, který změnil název svátku na Den veteránů.

Čtvrtý čtvrtek v listopadu se slaví Den díkůvzdání (Thanksgiving Day), což byl náš nejmilejší americký svátek, který dodržujeme dodnes – celý ten den jsme vždycky v duchu v Americe. Je to také vlastenecký svátek, ale hlavně to je den pohostinnosti a rodinných sešlostí, a samozřejmě den krocanů, kterých jsou snědeny desítky milionů. Den díkůvzdání se slaví od roku 1863, kdy ho po konci občanské války vyhlásil prezident Abraham Lincoln. Svátek připomíná první dožínky poutníků z lodi Mayflower, kteří dorazili k americkým břehům v roce 1620 a v následujícím roce údajně s místními Indiány slavili to, že přežili krutou massachusettskou zimu a že sklidili svou první úrodu na novém kontinentu.

Poslední federální svátek jsou Vánoce, 25. prosince. Způsoby jejich slavení se liší podle etnických kořenů, ale hlavním bodem pro americké děti je nadělování dárečků, které roznáší Santa Claus v noci z 24. na 25. prosince.

Sociální zabezpečení v USA

7. července
Ministerstvo zdraví a sociálních služeb potvrzuje,
že program Medicare, pokrývající ceny léků pro seniory,
bude v příštích 10 letech stát až 600 miliard dolarů.

Evropské vlády se o své občany starají víc než vláda americká, což je v naprostém souladu s rozdílnou hodnotovou škálou na obou stranách Atlantiku. Od prezidenta F. D. Roosevelta zhruba platí, že demokraté preferují trochu širší sociální síť, kdežto republikáni jsou pro co nejmenší vládu, ale toto pravidlo má četné výjimky – například současného prezidenta George W. Bushe, za jehož administravy se vládní výdaje výrazně zvýšily. Existuje jen několik federálních sociálních programů, jinak se pobírání různých sociálních dávek a pojištění liší stát od státu, zaměstnavatel od zaměstnavatele. Většina lidí pobírá například penzi z několika zdrojů, zdravotní pojištění většinou funguje tak, že pacient u doktora nejdřív v hotovosti zaplatí a teprve pak se obrací na svou pojišťovnu a od ní dostane lékařskou péči proplacenou (obvykle ne celou). Zahrnuje to tedy spoustu papírování, vyplňování formulářů, sledování nových zákonů, a zvlášť starší lidé si někdy stěžují na přílišnou byrokracii.

Federální penzi pobírají Američané od roku 1936 na základě zákona o sociálním zabezpečení (Social Security Act), který schválil Kongres 14. srpna 1935. Důchodový věk je 65 let pro muže i ženy, ale je možno odejít do předčasného důchodu v 62 letech, a pak se důchod krátí zhruba o 24 procent. V roce 2003 byl nejnižší plný důchod 709 dolarů měsíčně a nejvyšší 1741 dolarů. Součástí tohoto programu jsou také vdovské a vdovecké důchody.

Z těchto peněz se ale dá jen těžko žít, jedna osoba s nejnižším možným důchodem by měla příjem nižší, než je hranice chudoby. Proto si naprostá většina Američanů na stáří nějakým způsobem šetří. Pokud jsou lidé zaměstnaní, mají většinou penzijní plán, do něhož jim přispívá i jejich zaměstnavatel, a také se na stáří připravují dalšími způsoby, mají akcie a pobírají dividendy. Iniciativní příprava na stáří je pro Američany něco naprosto samozřejmého: když si jedné mé známé Američance stěžovala její vzdálená česká příbuzná na nízký důchod, nedovedla to ta Američanka pochopit – „tak proč sis nešetřila, proboha?"

Zdravotní pojištění je už léta jedním z největších sociálních problémů Spojených států. Federální vláda poskytuje zdravotní pojištění pouze osobám starším 65 let (program Medicare) a lidem na chudinské podpoře (program Medicaid). Tyto programy zavedl prezident Lyndon B. Johnson v roce 1964. Měsíční poplatky na Medicare jsou velmi nízké, ale začátkem září 2004 byly zvýšeny o 17 procent, na 78 dolarů. Tato částka přitom pokrývá asi jen 25 procent skutečných výdajů, ostatních 75 procent hradí vláda.

V prosinci 2003 prosadil prezident Bush nový program přidružený k Medicare, který by měl od roku 2006 přispívat důchodcům na léky. V červenci 2004 se ukázalo, že tento program bude federální pokladnu stát až 600 miliard dolarů, což je o 50 procent víc, než uváděl Bílý dům při schválení zákona. Tradiční konzervativci jsou rozhazovačností Bushe Jr. značně znepokojeni a demokraté obviňují Bushovu administrativu z nekalých dohod s giganty farmaceutického průmyslu (které významně přispívají do republikánské pokladny) .

Většina zdravotního pojištění je ale poskytována soukromými pojišťovnami. Protože měsíční platby na soukromé pojištění jsou vysoké a stále se zvyšují, mnozí menší zaměstnavatelé nebo malé rodinné podniky si to prostě nemohou dovolit. Rostoucí měsíční poplatky na zdravotní pojištění jsou podle mnoha pozorovatelů důsledkem toho, že pojišťovny utrácejí mnohem víc na administrativní účely než na platbu lékařských úkonů.

Počet Američanů bez lékařského pojištění se v poslední době zvyšuje – v roce 2003 nemělo žádné zdravotní pojištění 15,6 procenta Američanů – což znamená zhruba 45 milionů lidí. To je samozřejmě pro tak bohatou zemi, jako jsou Spojené státy, ostudné. Proto také v mezinárodních zdravotních statistikách není Amerika na prvním místě. Většina Američanů má sice přístup k naprosto špičkové lékařské péči, ale nezanedbatelná menšina je na tom skoro jako lidé v rozvojových zemích.

Oba uchazeči o Bílý dům mají plán, jak tuto situaci zlepšit. Bushův program je lacinější, obsahuje různé stimuly jednotlivcům, a měl by v následujících letech vést k pojištění 11 až 17 milionů Američanů. Kerryho plán je dražší, federální vláda v něm hraje větší úlohu a měl by vést k pojištění 25 až 27 milionů lidí.

Federální mateřská dovolená v Americe neexistuje, ale mnohé podniky nabízejí krátké placené mateřské dovolené. Mladé maminky často používají kombinace krátkodobé neschopnosti, dovolené, osobního volna a tzv. „dnů na nemoc" (sick days) – zhruba šest až deset dnů, podle individuální pracovní smlouvy, kdy může zaměstnanec zůstat kvůli nemoci doma, aniž by k tomu potřeboval jakékoli potvrzení. V těchto dnech dostává normální plat.

Příspěvky na děti jako takové v Americe neexistují, ale rodiče jsou zvýhodněni tím, že si na každé dítě mohou odečítat určitou položku z příjmu v daňovém přiznání.

Podpora v nezaměstnanosti funguje jako pojištění, které v naprosté většině států platí zaměstnavatel. Tyto dávky jsou v pravomoci jednotlivých států, ale existují jistá federální pravidla – například doba, po kterou může nezaměstnaný člověk pobírat dávky, se prodlužuje, pokud v tom kterém státě míra nezaměstnanosti překročí daný limit.

V srpnu 1996, v druhém prezidentském období Billa Clintona, vstoupil v platnost nový zákon o chudinské podpoře (welfare), která byla přejmenovaná z Pomoci rodinám s nezletilými dětmi (Aid to Families with Dependent Children) na Dočasnou pomoc potřebným rodinám (Temporary Assistance to Needy Families). Hlavními rysy tohoto zákona bylo časové omezení chudinské podpory a zavedení programů, které by motivovaly lidi na chudinské podpoře, aby se postupně zapojovali do pracovního procesu. Reforma chudinské podpory je jedním z jasných úspěchů nedávné doby – počet rodin na podpoře klesl z 4,36 milionu v srpnu 1996 na 2 miliony v září 2003, počet jednotlivců na chudinských dávkách se v téže době snížil z 12,2 milionu na 4,9 milionu.

Tato podpora je doplněna dalšími programy, z nichž nejznámější jsou potravinové poukázky (food stamps), na které vydala federální vláda v roce 2002 přes 20 miliard dolarů.

Americká média

17. července
Deník *The New York Times* se v úvodníku
omlouvá za to, že před válkou v Iráku
nepodrobil zprávy o zbraních
hromadného ničení dostatečné kritice.

V roce 1976 podle výzkumu slavného Gallupova ústavu důvěřovalo tisku 70 procent Američanů, dnes, podle výzkumu Pew Research Center, se tento podíl zmenšil na 53 procent. V letošním rozjitřeném volebním roce jsou ze všech stran slyšet stížnosti. Pravice si stěžuje na liberální zaujatost médií, levice nařčení odmítá a demokrati poukazují na to, že jejich politikové jsou hlavními deníky kritizováni stejně nemilosrdně jako republikáni. Veřejnost se často dívá na novináře jako na kmen lidí posedlých skandálem, špínou a senzací. Jako by se také snižovala profesionalita – dokonce i tak prestižní deníky, jako jsou *The New York Times*, *USA TODAY*, *The Washington Post* a *Boston Globe*, mají za sebou nepříjemné aféry s lživými novináři. V *NYT* si v roce 2002 a 2003 vymýšlel zprávy černošský novinář Jason Blair, a když byly jeho podvody odhaleny, vedlo to k rezignaci dvou vedoucích redaktorů v červnu 2003.

V 19. století byl americký tisk jasně stranický a nebral si žádné servítky. Mezi světovými válkami byla většina tisku spíš konzervativní, například v roce 1936 bylo až 90 procent amerických novin proti Franklinu D. Rooseveltovi, který tehdy kandidoval na druhý termín. Zhruba tři desetiletí po druhé světové válce odrážel seriózní americký tisk středové postoje, na nichž se shodli umírnění republikáni i demokraté, ale s plným rozkošatěním „kulturní války" v osmdesátých letech se začal obraz tisku měnit.

Napětí mezi levicí a pravicí začalo v šedesátých letech a už za prezidenta Nixona vznikla tzv. Mlčící většina, ale teprve když přišel do Bílého domu Ronald Reagan, začali sociální konzervativci (tedy hlavně lidé brojící proti potratům a právům homosexuálů) masový útok na liberální postoje, v rozhlasových diskusích, na kabelové televizi, na internetu. Dnes mnozí pozorovatelé tvrdí, že média jsou už zase stranická – je to i důsledek informačního věku, kdy základní informace o tom, co se kde stalo (zprávy), dostává člověk prakticky okamžitě, přes internet nebo prostřednictvím takových stanic, jako je CNN, takže tisk a ostatní televize pak už nejen zprávy přinášejí, ale také je interpretují. A tyto interpretace pak téměř vždycky odrážejí jistý politický postoj. Už desetiletí jsem oddaná čtenářka newyorského deníku *The New York Times*, ale musím přiznat, že to nejsou plně nestranické noviny, snaží se sice být co nejférovější, leč politické názory nejen komentátorů jsou v těchto novinách snadno čitelné. Myslím si však, že přes téměř divokou stranickost některých médií je pořád ještě velká část americké společnosti středově umírněná. Ostatně důraz na obyčejný selský rozum a praktičnost jsou klíčovou součástí amerického kréda.

Jedny z nejstarších amerických novin jsou newyorské *The New York Times*, které vycházejí každý den včetně nedělí už od roku 1851. Roku 1904 se přestěhovaly do mrakodrapu na 42. ulici a byly už tehdy tak důležité, že po nich bylo pojmenováno náměstí – slavné Times Square. Teď sídlí ve velkém komplexu na 43. ulici, pár bloků od autobusového nádraží, mého oblíbeného příchozího a výchozího bodu, takže jsem při svých pracovních cestách do New Yorku kolem této budovy prošla snad třista nebo čtyřistakrát.

The New York Times spoluvytvářejí americkou historii – citují je politikové, historikové, sociologové. Přestože nejsou neutrální – hlásí se k liberálním postojům městských obyvatel východního pobřeží – systematicky se snaží o vyváženost, dávají hlas oběma stranám, a především v sobě nemají ani trochu bulvárnosti. A také jsou sebekritické. V úvodníku 17. července se například deník omluvil svým čtenářům za to, že začátkem roku 2003 nekriticky přijal tvrzení Bílého domu, že v Iráku existují zbraně hromadného ničení.

Saddám Husajn možná zničil své zásoby zakázaných zbraní s představou, že bude moci zbrojní programy nastartovat později. To, že si se zbrojními inspektory hrál jako kočka s myší, byl možná důsledek jeho paranoidního vidění světa, anebo to dělal proto, aby před iráckým obyvatelstvem vypadal jako drsný chlapík. Neklademe si za vinu to, že jsme nepochopili myšlenkové procesy nepředvídatelného diktátora. I kdybychom si byli před válkou vědomi toho, jak jsou americké zpravodajské odhady úplně chybné, nemohli bychom bývali s jistotou tvrdit, že v Iráku žádné chemické či biologické zbraně nejsou.

Klademe si však za vinu to, že jsme celou otázku zbraní hromadného ničení nepodrobili stejně důkladnému zkoumání, s jakým jsme prozkoumali otázku spojení mezi Irákem a Al-Kaídou, anebo i otázku daňových škrtů v době války. Nenaslouchali jsme dost pečlivě lidem, kteří s námi nesouhlasili. Naše jistota pramenila z toho, že tak naprostá většina současných i minulých vládních úředníků, předních zpravodajců i dalších expertů si byla jista, že zbraně tam jsou. Také jsme podlehli „skupinovému myšlení“.

Saddám Husajn byl nepochybně zuřivý a zlý tyran, ale nevyprovokovaný útok, který proti nám poštval muslimský svět a nalomil mezinárodní komunitu mírumilovných států, nebylo správné řešení. V jiných zemích byli a jsou u moci stejně brutální a potenciálně ještě nebezpečnější diktátoři. Saddám Husajn a jeho zahnívající armáda nepředstavovali ani regionální ohrožení, natož ohrožení Spojených států.

Když už jsme ale v Iráku, musíme udělat všechno pro to, aby země byla stabilizována, a teprve potom můžeme stáhnout své vojáky. Toto odhodlání však musí být založeno na poctivém přiznání stavu věcí. Stejně jako nemůžeme invazi „zrušit“, nemůžeme také předstírat, že to byl dobrý nápad – i kdyby to bylo bývalo provedeno dobře.

V New Yorku má také sídlo finančně orientovaný *Wall Street Journal*, jehož ediční zaměření je výrazně konzervativní a prorepublikánské. Noviny vycházejí nepřetržitě od roku 1889 a už šestadvacetkrát získaly prestižní Pulitzerovu cenu. Vlastníkem *WSJ* je Dow Jones & Company, vydavatel ekonomických a finančních publikací a burzovních ukazatelů – z nichž zdaleka nejdůležitější je Dow Jones Industrial.

V Bostonu, nejevropštějším americkém městě, vychází od roku 1872 *The Boston Globe*, podobně liberálně orientovaný jako *NYT*. Dlouho to byly jedny z mála novin, které existovaly samostatně, mimo velké mediální korporace, ale v roce 1993 se tento bostonský deník spojil s *NYT*, v největším novinářském sloučení v americké historii.

Washingtonský deník *Washington Post* vychází od roku 1878. Od roku 1963 až do své smrti v roce 2001 vedla tyto noviny Katharine Graham, jedna z nejvlivnějších žen amerických médií. Za jejího vedení se deník proslavil svou agresivní investigativní žurnalistikou, která zahrnovala například odhalení aféry Watergate, v jejímž důsledku pak v srpnu 1974 rezignoval prezident Richard Nixon.

Další seriózní deníky jsou *Chicago Tribune*, *Seattle Times*, *Los Angeles Times* a *Miami Herald*. *Chicago Tribune* vychází už od roku 1847. Vydavatel tohoto deníku je společnost Tribune, která dnes vlastní řadu periodik i rozhlasové a televizní stanice, jejichž prostřednictvím oslovuje víc než 80 procent amerických domácností. V říjnu 2004 tento deník podpořil kandidaturu George W. Bushe. *Seattle Times*, jejichž čtyřstránkový předchůdce poprvé vyšel v roce 1891, jsou zaměřené hlavně na regionální záležitosti a mezinárodní zprávy přebírají z agentur anebo z větších deníků. Politicky jsou tyto noviny středové, v roce 2000 podpořily kandidaturu George W. Bushe, letos se postavily za Kerryho. *Los Angeles Times* jsou nejdůležitější noviny západního pobřeží a jejich náklad dosahuje téměř jednoho milionu výtisků, což z nich dělá druhé největší metropolitní noviny po *NYT*. Začaly vycházet v roce 1884 a první období své existence byly výrazně konzervativní, ale od šedesátých let minulého století v nich začala převažovat liberální perspektiva, podobná politickému zaměření hlavních newyorských a washingtonských deníků. *The Miami Herald*, vycházející od roku 1903, je nejstarší deník jižní Floridy.

Zajímavý je deník *The Christian Science Monitor*, založený v roce 1908 náboženskou sektou Christian Science (Křesťanská věda), která zdůrazňuje léčivé účinky křesťanské víry. Přestože jde o nenáboženské periodikum, každé číslo obsahuje jeden článek s náboženskou tematikou. Noviny vycházejí od pondělku do pátku a jsou proslulé svou spolehlivostí a absolutním nedostatkem senzacechtivosti. Podle internetové encyklopedie *Wikipedia* jsou to nejoblíbenější noviny CIA a dalších zpravodajských služeb, protože jsou přesné a mají globální perspektivu.

V roce 1982 vznikl deník *USA TODAY*, kterému tehdy nikdo nepředvídal dlouhou budoucnost – vyznačoval se nápadnou grafickou úpravou, hlavně ve zprávách o počasí, a jeho celkový obsah a tón byly nekonfrontační, neutrální a neintelektuální. Cílem zakladatele Al Neuhardta, financovaného významnou společností Gannet, bylo vydávat takové noviny, které čtenáře spíš pobaví, uklidní a povzbudí. Noviny byly dlouho prodělečné, ale koncem devadesátých let začaly konečně vynášet a dnes mají největší náklad ze všech amerických deníků.

Ze seriózních populárních týdeníků jsou dobře známé *Newsweek*, vydávaný týmž vydavatelem jako *Washington Post*, a *Time*. V New Yorku vychází velmi prestižní týdeník *The New Yorker*, který je především orientovaný na literaturu a umění, a dále uznávaný literární týdeník *New York Review of Books*. Všechna tato periodika jsou dnes dostupná v České republice. Nikde v Praze jsem však zatím ještě nenašla washingtonský konzervativní týdeník *US News and World Report* – je to výborný časopis, několik let jsme jej odbírali na předplatné. Nejstarší americký liberální týdeník je *The Nation*, který vychází už od roku 1865. Neoliberální týdeník *The New Republic*, vydávaný od roku 1914, se v posledních desetiletích kloní k neokonzervatismu.

Z pravicových periodik stojí za zmínku deník *Washington Times*, který vznikl roku 1982 jako konzervativní alternativa k *Washington Post*. Deník vlastní kontroverzní Církev sjednocení (Unification Church), v jejímž čele stojí bizarní korejský podnikatel reverend Sun Muyung Moon. Dnes je čtyřiaosmdesátiletý Moon váženou osobností, ale začátkem osmdesátých let strávil 13 měsíců ve federálním vězení v Connecticutu za daňové úniky. Mnozí z jeho následovníků ho pokládají za mesiáše.

Weekly Standard je politický týdeník neokonzervativců, založený v roce 1995 a vlastněný mediální korporací Ruperta Murdocha. Vychází sice pouze v nákladu 55 000 výtisků, ale patří mezi nejvlivnější americká periodika. Akademičtější je čtvrtletník *The National Interest* (založený roku 1985), který také odráží neokonzervativní postoje. Mnohem starší je *National Review*, který vychází už od roku 1955 a je tradiční baštou konzervativců. Konzervativní měsíčník *The American Spectator*, který začal vycházet pod jiným názvem v roce 1967, je už na pomezí bulváru. Velkou pozornost věnoval například aféře prezidenta Clintona s Monikou Lewinskou.

Nejpopulárnější současná rozhlasová stanice s rozhovory (talk shows) je *The Rush Limbaugh Show*, v níž velmi pravicový Rush Limbaugh oslovuje denně kolem 20 milionů posluchačů. V březnu 2004 začala vysílat liberální rozhlasová stanice Air America, jejímž hlavním komentátorem je Al Franken. Od chvíle, kdy můj syn nainstaloval vysokorychlostní internet, je tato stanice v našem bytě slyšet skoro každý den.

Hlavní celonárodní televizní stanice jsou CBS, ABC a NBC. V první z nich, CBS (Columbia Broadcasting System), působil léta Walter Cronkite, jeden z nejvlivnějších amerických novinářů. Dívat se na zpravodajství CBS bylo pro lidi zajímající se o věci veřejné naprostou samozřejmostí. Po Cronkitově odchodu v roce 1981 převzal funkci hlavního zpravodaje Dan Rather, a protože se nám moc nelíbil (dávali jsme přednost druhému kandidátovi, o němž se uvažovalo, Roger Muddovi), začali jsme se dívat na zprávy ABC (American Broadcasting Company), které řídí Kanaďan Peter Jennings. Toho jsme také poslouchali 11. září 2001 v autě, když jsme jeli přes nehostinnou utažskou planinu Red Rock Plateau při našem putování po Skalnatých horách. Dnes je ale nejposlouchanější stanice NBC (National Broadcasting Company), kde je hlavním zpravodajem Tom Brokaw – ten se však chystá do důchodu. Peter Jennings je ve sledovanosti druhý a Dan Rather třetí. Na tyto stanice se však už dívá zřejmě menšina Američanů – nejrůznější kabelová vysílání, většinou kombinující informaci se zábavou v tzv. „infotainment" (ze slov „information" a „entertainment" neboli zábava), jsou mnohem populárnější. Jsou také většinou pravicově orientované, takže podle řady mých amerických přátel a známých vymývají milionům Američanů mozky.

Hlavní nekomerční stanice je PBS (Public Broadcasting Service), která vysílá bez reklam a má po Spojených státech téměř 350 poboček. Je financovaná z příspěvků jednotlivců a několika nadací a dostává také jistý obnos od federální vlády.

Ted Turner, americký mediální magnát, filantrop, největší majitel půdy ve Spojených státech a jistou dobu manžel herečky Jane Fondové, založil v roce 1980 kabelovou televizní stanici CNN (Cable News Network). Ta začala jako první vysílat zprávy 24 hodin denně. Dnes je tato stanice k dispozici v 86 milionech amerických domácností a navíc prakticky po celém světě. Stanice se poprvé výrazně proslavila během první války v Perském zálivu v roce 1991, kterou v podstatě celou vysílala v přímém přenosu. Na jaře 2003, pár měsíců po zahájení války v Iráku, jsem mluvila s Američankou Grace Vyborny, velkou kritičkou prezidenta Bushe („to není můj prezident," řekla mi), která už od roku 1992 žije v Praze. Tehdy se právě vrátila ze Spojených států a byla dosti pobouřená tím, jak výrazně se liší vysílání CNN v Americe a tady v České republice – americké vysílání bylo mnohem zaujatější pro Ameriku, o mezinárodní kritice Bushovy preventivní války bylo zpráv minimálně.

Pravicová kabelová televize Fox News vznikla v roce 1996, takže s ní nemám osobní zkušenost. Patří do impéria australského tiskového magnáta Ruperta Murdocha. Vedení této stanice prohlašuje, že je neutrální a že jeho zpravodajství je vyvážené, ale obecně převažuje názor, že Fox News se kloní k politické pravici.

Na závěr ještě pár vět o internetové stránce *Matt Drudge Report*, kterou od poloviny devadesátých let čtou miliony konzervativců a konzervativních novinářů. Matt Drudge je bojovný, má rád skandál a nenamáhá se ověřováním svých zpráv. Často se ale strefí, byl například první, kdo publikoval informaci o Clintonovi a Lewinské. V únoru 2004 ovšem nezabodoval – přišel se zprávou o poměru Kerryho s jakousi stážistkou, což bylo za pár dní zcela definitivně vyvráceno.

Přehledy

Hlavní zpravodajské agentury USA

CIA (Central Intelligence Agency
– Ústřední zpravodajská agentura).
Založena v roce 1947 prezidentem Trumanem, má za úkol koordinovat shromažďování zpravodajských informací důležitých pro národní bezpečnost. Ředitel CIA je hlavní prezidentův poradce v otázkách zahraničního zpravodajství. George Bush Sr. byl ředitelem CIA v letech 1976 až 1977. V sedmdesátých letech 20. století byla několikrát vyšetřována ilegální činnost CIA.

George Tenet, jehož rodiče byli imigranti z Řecka, byl v letech 1997 až 2004 druhým nejdéle sloužícím ředitelem CIA po Allenu W. Dullasovi, který agenturu vedl v nejostřejším období studené války v letech 1953 až 1961.

**FBI (Federal Bureau of Investigation
– Federální úřad pro vyšetřování).**
Založen v roce 1908 pod názvem Bureau of Investigation – Úřad pro vyšetřování, reorganizován v roce 1924, když se ředitelem stal J. Edgar Hoover. Úřad se zabývá vnitroamerickými záležitostmi spojenými se špionáží, sabotáží a dalšími podvratnými činy. Hoover řídil FBI od roku 1924 až do roku 1972, takže tato agentura byla v jistém smyslu jeho dítkem. Mezi světovými válkami byla FBI velmi aktivní v boji proti organizovanému zločinu, v období studené války vedla intenzivní protikomunistickou kampaň.

Komise pro 11. září obvinila obě agentury, CIA i FBI, z toho, že i když měly řadu informací o teroristech, nevyvodily z těchto informací patřičné důsledky a nedostatečně spolupracovaly.

Department of Defense (Ministerstvo obrany, často známé jen jako Pentagon podle pětiúhelníkové budovy – největší administrativní budovy na světě – kde sídlí od svého ustavení v roce 1947).
V rámci tohoto ministerstva také fungují zpravodajské služby.

Homeland Security Department (Ministerstvo domácí bezpečnosti).
Ustaveno prezidentem Georgem Bushem Jr. po útocích 11. září 2001, dohlíží na bezpečnost uvnitř Spojených států.

Američtí viceprezidenti

Viceprezident historicky bývá ve stínu prezidenta, ale často to je předstupeň prezidentství. Lidově se říká, že viceprezidenta od prezidentství dělí jeden úder srdce, protože viceprezident se automaticky stává prezidentem, když prezident zemře anebo je odvolán z funkce. Viceprezident také z titulu své funkce předsedá Senátu.

Ve dvacátém století měly Spojené státy celkem 18 prezidentů a z nich šest předtím zastávalo funkci viceprezidenta.

První z nich byl republikán **Theodore Roosevelt**, který byl zvolen viceprezidentem v roce 1900, když se William McKinley podruhé úspěšně ucházel o prezidentství. McKinley byl v září 1901 zavražděn anarchistou Leonem Czolgoszem a Roosevelt nastoupil na jeho místo. V roce 1904 byl Theodore Roosevelt zvolen prezidentem.

Demokrat **Harry Truman**, který byl zvolen viceprezidentem s Franklinem D. Rooseveltem v roce 1944, nastoupil jako prezident po Rooseveltově smrti v dubnu 1945 a pak byl zvolen prezidentem v roce 1948.

Další byl demokrat **Lyndon B. Johnson**, který byl zvolen viceprezidentem s Johnem F. Kennedym v roce 1960 a po zavraždění Kennedyho v listopadu 1963 nastoupil na jeho místo. Na prezidentskou funkci Johnson úspěšně kandidoval v roce 1964, ale v roce 1968 kandidovat odmítl vzhledem k sílícímu veřejnému odporu proti válce ve Vietnamu.

V roce 1968 byl prezidentem zvolen republikán **Richard M. Nixon**, který sloužil jako viceprezident za Dwighta Eisenhowera od roku 1952 do roku 1960.

Když Nixon rezignoval v srpnu 1974, nastoupil po něm jeho viceprezident **Gerald R. Ford**. Ford byl zatím v celé historii Spojených států jediným prezidentem, který nebyl řádně zvolen v prezidentských volbách. Nixonův viceprezident Spiro Agnew totiž na podzim 1973 rezignoval kvůli korupční aféře z doby, kdy byl guvernérem Marylandu. Na jeho místo, podle 25. ústavního dodatku, jmenoval prezident Nixon reprezentanta Geralda Forda.

Další muž číslo 2, který postoupil na první stupínek Ameriky, byl republikán **George H. W. Bush**, který byl viceprezidentem v letech 1980–1988 za Ronalda Reagana a pak vyhrál prezidentské volby v roce 1988.

SRPEN
2004

Události

1. srpna

Bílý dům varuje před hrozícími útoky na pět budov finančních institucí v New Yorku, Newarku a Washingtonu.

V Iráku útočí teroristé napojení na Abú Músu Zarkávího na šest křesťanských kostelů.

3. srpna

Ve státě Missouri souhlasí 71 procent voličů s dodatkem k ústavě státu Missouri zakazujícím manželství mezi osobami téhož pohlaví.

4. srpna

Organizace Veteráni rychlých člunů za pravdu (Swift Boat Veterans for Truth) začíná mohutnou kampaň, v níž zpochybňuje Kerryho bojové zásluhy ve Vietnamu.

5. srpna

V posvátném městě Nadžáfu začíná druhá vzpoura Muktady Sadra.

Zpěvák Bruce Springsteen se přihlašuje ke skupině Volte změnu (Vote for Change).

12. srpna

Nejvyšší soud Kalifornie prohlašuje, že manželství mezi osobami téhož pohlaví uzavřená v San Francisku mezi 12. únorem a 11. březnem 2004 nejsou legální, protože starosta překročil své pravomoci, když začal vydávat oprávnění k sňatku.

13. srpna
V Athénách začínají olympijské hry.

V Kalifornii umírá Julia Child.

14. srpna
Hurikán Charley, s rychlostí větru 232 kilometrů za hodinu, zasahuje Floridu a zanechává po sobě 13 mrtvých.

16. srpna
Při automobilové nehodě tragicky umírá Ivan Hlinka.

Prezident Bush oznamuje, že v průběhu příštích deseti let stáhnou Spojené státy ze zahraničí až 70 000 vojáků.

18. srpna
Pew Research Center vydává výsledky průzkumu, podle něhož 4 z 10 Američanů uvádějí mezinárodní vztahy a obranu jako nejdůležitější problémy země.

V Iráku je na celostátní konferenci ustaveno 100členné prozatímní shromáždění.

19. srpna
John Kerry se poprvé ohrazuje proti kampani skupiny Veteráni rychlých člunů za pravdu.

27. srpna
Boje v Nadžáfu končí, Muktada Sadr odchází se svými bojovníky, ale ponechávají si zbraně a prohlašují, že „Američanům půjdou po krku pořád“.

29. srpna
V New Yorku se koná řada demonstrací proti válce v Iráku a proti prezidentu Bushovi.

30. srpna
V New Yorku začíná republikánský nominační sjezd.

Komentář

Kampaň Johna Kerryho si v prvním týdnu srpna vede celkem dobře. Po nominačním sjezdu sice neposkočily Kerryho prerefence tak, jak by si byli demokrati přáli, ale zdá se, že se John Kerry cítí dosti sebejistě. Několik věcí ze začátku měsíce mu nahrává do karet. Velký teroristický poplach 1. srpna, kdy bylo údajně ohroženo pět velkých bankovních a pojišťovacích budov na Manhattanu, v Newarku a ve Washingtonu D.C., vyvolává v následujících dnech širokou debatu o tom, nepoužívá-li snad Bílý dům varování před terorismem z politických důvodů – tentokrát proto, aby se odvedla pozornost veřejnosti od celkem úspěšného demokratického sjezdu. Navíc vychází brzy najevo, že informace, na jejichž základě byl poplach vyhlášen, jsou tři roky staré.

Demokratické kampani také pomáhá veřejné vystoupení zpěváka Bruce Springsteena, který se poprvé ve svém životě zapojil do stranické politiky a v prohlášení pro *NYT* mimo jiné napsal:

Stejně jako mnozí ostatní i já jsem po 11. září cítil jednotu této země. Nevzpomínám si, že bych někdy zažil něco podobného. Podporoval jsem rozhodnutí jít do Afghánistánu a doufal jsem, že ze závažnosti té chvíle se v našich vůdcích zrodí síla, pokora a moudrost.

Místo toho jsme však po hlavě skočili do zbytečné války v Iráku a za dnes již nedůvěryhodných okolností nabídli životy našich mladých mužů a žen. Vytvářeli jsme rekordní deficity a zároveň omezovali a oklešťovali služby, jako je mimoškolní činnost dětí. Dali jsme daňové úlevy jednomu procentu nejbohatších lidí (šéfům firem a úspěšným kytaristům), zvýšili rozdíly v bohatství, kvůli čemuž hrozí zničení naší vzájemné sociální smlouvy a porušení našeho slibu o „nedělitelném národě".

...Naše americká vláda se příliš vzdálila americkým hodnotám. Je čas jít dál. Země, již nosíme ve svých srdcích, čeká.

Den po Springsteenově vystoupení, 6. srpna, vydává statistický úřad zprávu o nově vytvořených místech v předchozím měsíci a to také nejsou čísla, z nichž by se Bílý dům mohl radovat – v červenci přibylo pouze 32 000 nových zaměstnání místo očekávaných 200 000 (ani v červnu nebyla tato čísla nijak výrazná, přibylo pouze 78 000 míst). Konzervativní David Brooks píše 7. srpna:

Máme 46 milionů lidí bez zdravotního pojištění. Spoléháme na zdroje energie, které jsou politicky nebezpečné a ekonomicky neudržitelné. Mzdy nerostou tak, jak by měly růst, a včerejší čísla o nových místech naznačují, že silný ekonomický růst možná neznamená růst zaměstnanosti. Bylo by za těchto okolností snad nelegální, aby aspoň jeden z prezidentských kandidátů navrhl kroky, které by přinejmenším řádově odpovídaly problémům, jimž čelíme?

Zdá se, že ano. John Kerry a demokrati mluvili na svém sjezdu o obecných hodnotách, jako je jednota a vojenská služba, a nevěnovali skoro žádný čas konkrétním návrhům. A když nakouknete do nějaké akce republikánské kampaně, je to jako kočující divadlo správných emocí. Bush připomene davům, co jsme všichni cítili 11. září. Pak přijde několik odstavců o tom, jak je důležité milovat svého bližního, a nato se pár minut budou vyjmenovávat úspěchy prvního termínu…

Už osm měsíců Bush naznačuje, že brzy odhalí svůj plán na druhý termín, a pro nás, kteří na to tak čekáme, je to nejdelší striptýz v dějinách…

Z Texasu se však začínají přibližovat mraky. Už začátkem měsíce se na televizních obrazovkách objevuje reklama skupiny Veteráni rychlých člunů za pravdu (Swift Boat Veterans for Truth), která obviňuje Kerryho ze lži a tvrdí, že „zradil své spolubojovníky, lhal před Senátem a nemá schopnost velet“. Krátce nato vydává tato skupina knihu *Unfit for Command* (Neschopný velet), opět plnou útoků na demokratického prezidentského kandidáta. Okamžitě sice vycházejí zprávy, které nařčení vyvracejí – například údajní svědkové tvrdící, že Kerry vůbec nebyl zraněn a nevykonal žádný statečný čin, na místě akce nebyli, a jiní zase ještě před nedávnem Kerryho chválili. Novináři také během několika dnů zjišťují, že skupinu veteránů financují kruhy blízké Bushovu Bílému domu.

Špinavá kampaň nicméně přináší plody a Kerry začíná v druhé polovině měsíce v průzkumech veřejného mínění trochu ztrácet. Mnozí mají Kerrymu za zlé, že se proti nařčení neohradil okamžitě, trvalo mu to přes dva týdny, než se opravdu energicky ozval. Ve svém vystoupení 19. srpna přímo obvinil prezidenta Bushe za to, že je v pozadí této očerňovací kampaně, která tak za Bílý dům dělá špinavou práci.

Proti pomlouvačnému tažení veteránů se ozval i republikánský senátor za stát Arizona John McCain, jeden z nejpopulárnějších amerických politiků, který v roce 2000 usiloval o republikánskou prezidentskou nominaci, ale nakonec byl poražen George W. Bushem. McCain je také vietnamský veterán a je to přítel Kerryho, znají se léta ze Senátu a na jaře 2004 se dokonce týdny spekulovalo o tom, že McCain by se mohl stát Kerryho partnerem jako kandidát na viceprezidenta, údajně mu to několikrát Kerry nabídl. Bylo by to bývalo velmi neobvyklé, demokratický kandidát na prezidenta a republikánský kandidát na viceprezidenta, a asi by to byla neporazitelná sestava, ale McCain nakonec odmítl a začal se naopak sbližovat s Bushem, kterého v minulých letech často kritizoval – například za daňovou politiku či za omezování výzkumu kmenových buněk. V červnu se najednou objevil McCain po Bushově boku a od té doby je ho plno. Co ho k tomu vede, ptají se mnozí, vždyť jsou s Bushem jako magnety s opačným pólem. Několik zasvěcenců se domnívá, že McCain už myslí na rok 2008. Ať totiž Bush vyhraje či prohraje, v roce 2008 by se arizonský republikánský senátor mohl znovu ucházet o prezidentskou nominaci, a tak jeho sbližování s Bílým domem (a tím se špičkami republikánské strany) je možná jen taktickým krokem za velkým strategickým cílem.

Ve stínu demokratické a republikánské kampaně pokračuje ve svém tažení Ralph Nader, kterého v řadě států finančně i organizačně podporují republikáni, protože pro ně to je velice vítaný kandidát, zatímco demokrati mu háží klacky pod nohy. Je záhadné, o co

Naderovi jde, ví přece jasně, že on sám zvolen nebude a že ubere hlasy Johnu Kerrymu.

V Iráku se situace příliš nelepší. Terorista Abú Músa Zarkáví, druhý nejhledanější muž po Usámovi bin Ládinovi, dokonce zorganizoval útoky na křesťanské kostely, což se do té doby ještě nikdy nestalo. Další tři rukojmí, dva Turci a italský novinář, jsou zavražděni. Poslední den v srpnu je zavražděno 12 Nepálců.

Po předání moci prozatímní irácké vládě mnozí Američané získali dojem, že v Iráku dochází ke stabilizaci, ve skutečnosti ale široce rozšířené povstání pokračuje, teroristické útoky nepolevují, a ani počet zabitých Američanů neklesá – v červnu přišlo o život 42 vojáků, v červenci 54 a v srpnu 65. Celý měsíc se bojuje v posvátném městě Nadžáfu, kde se milice Muktady Sadra opevnily v mešitě imáma Alího. Nejvyšší irácký šíitský duchovní Alí Sistání koncem srpna dohodne se Sadrem, že jeho bojovníci mešitu opustí, ponechávají si ale zbraně, a tak se všeobecně očekává, že Muktada Sadr se dřív či později opět ozve.

Hlavní dobrá srpnová zpráva z Iráku je ustavení Prozatímního národního shromáždění, které má až do voleb plánovaných na leden 2005 kontrolovat činnost prozatímní vlády.

Koncem srpna začíná republikánský nominační sjezd v New Yorku, což znamená obrovské logistické problémy. Asi 7 milionů lidí denně používá newyorskou podzemní dráhu, přes tisíc vlaků přiváží na Manhattan každý den z jihu, ze severu a z východu (z Long Islandu) přes půl milionu přespolních neboli „commuters", kteří na Manhattanu pracují. Sjezd se koná v obrovské hale Madison Square Garden mezi 7. a 8. avenue a 31. a 33. ulicí, v podzemí je tam jedno ze dvou hlavních newyorských vlakových nádraží, Penn Station, kam přijíždějí vlaky z jihu. Mezi ranními a odpoledními davy na tomto nádraží jsem taky v první polovině roku 1970 byla já, když jsem nastoupila do svého prvního amerického zaměstnání v nakladatelství Holt, Rinehart and Winston a denně jsem do práce dojížděla z Newarku, kde jsme tehdy bydleli.

New York je bašta liberálů a tak se den před zahájením sjezdu, v neděli 29. srpna, konají mohutné demonstrace proti válce v Iráku a proti Bushově administrativě, odhaduje se, že se jich zúčastnilo víc než čtvrt milionu lidí. Republikáni se těšili, že dojde k potyčkám a že budou moci poukazovat na to, s jakými „živly" se demokraté spolčují, ale i když bylo 1700 lidí zadrženo, k žádnému většímu násilí nedošlo. Můj dávný kolega a přítel John Fitzpatrick z nakladatelství Scribners, obvykle velmi nepolitický, se také zúčastnil jedné demonstrace, protože, jak mi napsal, *Na Manhattanu bylo těžké se pochodům vyhnout. To nedělní odpoledne bylo velmi horko – byl to krásný den – a atmosféra na ulicích byla mírumilovná. Mnozí se báli občanských nepokojů, ale jak demonstranti, tak policie se chovali dobře.*

Téhož dne, 29. srpna 2004, vychází v *NYT* velmi výstižný článek o protibushovských postojích. Autor Jacob Weisberg začíná následujícím odstavcem:

Ještě před rokem bylo možné debatovat o tom, zda fenomén nenávisti k Bushovi nabývá podobné jedovatosti, jakou se vyznačovalo nenávidění Clintona v devadesátých letech. Před zahájením nominačního sjezdu republikánské strany ve volebním roce 2004 už žádná debata není možná. Ať použijeme jakéhokoliv měřítka, Bush dostává od svých nepřátel zabrat mnohem víc…

Dále píše Weisberg o protibushovských rozhlasových stanicích, o desítkách knih s tituly, jako *Lži George Bushe*, *Podvod: Strategie, která určuje Bushovy lži a proč vám o tom média nic neřekla*, *Čítanka pro lidi, kteří nenávidí Bushe*, a dále o hollywoodských producentech, kteří uvedli už několik jen nepatrně zastřených protibushovských filmů, o spisovatelích, kteří si současného prezidenta berou na mušku. Pak pokračuje:

Proč tito [umělci] tak Bushe nenávidí? Možná je nejdřív třeba poznamenat, že zde ve skutečnosti nejde o nenávist. Když pravice nenáviděla Clintona, týkalo se to jeho osoby. Samozřejmě že konzervativci měli námitky vůči politice předchozí administrativy, ale to, co je dovádělo k zuřivosti, byl prostě pohled na člověka, kterého pokládali za nemravného, nečestného a manipulativního (podobně jako levice reagovala na Nixona a Johnsona). To, že Clinton byl jako prezident úspěšný, je rozzuřovalo ještě víc.

Na rozdíl od nich Bushovi protivníci opovrhují samou substancí jeho prezidentství. Zaměří se třeba na takové iritující drobnosti, jako prezidentův úšklebek, jeho pocit oprávněnosti, jeho lenost, jeho verbální neobratnost nebo jeho sebejistou tupohlavost. Ale to jsou většinou pouze zástupné záležitosti – ve skutečnosti jsou hlavně pobouřeni katastroficky špatně naplánovanou okupací Iráku, narušením aliančních vazeb, což se dnes vrací jako bumerang, favoritismem Bushova Bílého domu vůči bohatým a vůči energetickému průmyslu, nepřátelstvím k ekologickým zájmům a k občanským svobodám, a v neposlední řadě pochybnou legitimností voleb z roku 2000. Bushovi kritikové pění až k šílenství, když napadají jeho špatné kroky, jeho plutokratické příznivce a jeho pochybná jmenování. Často však ale přiznají, že vlastně, když se to tak vezme, Bush jim je osobně docela sympatický…

Bushovi nepřátelé na levici jej vidí jako užitečného idiota zpátečnické pravice…

Na republikánský sjezd přijíždí téměř 5000 delegátů a zástupců a 15 000 novinářů (včetně Michaela Moora) a celá oblast kolem Madison Square Garden je ještě víc opevněna než střed Bostonu při červencovém nominačním sjezdu demokratů. O nominaci George W. Bushe na druhý termín pojedná kapitola ZÁŘÍ 2004.

Témata

Bon appétit

13. srpna
V Kalifornii umírá Julia Child.

Navzdory svému dávnému předsevzetí nevařit se ze mě stala docela dobrá kuchařka, a to hlavně díky dvěma lidem – mému mlsnému manželovi (který nejen kritizuje, ale i chválí) a Julii Child, mé kuchařské mentorce. Některé mé známé mají doma desítky kuchařských knih, zatímco já si vystačím jen s několika, starou českou Sandtnerkou, panem Vrabcem a pěti knihami od Julie Child. Její kuchařky jsou zcela unikátní, je to spíš taková škola vaření, jeden recept často zabere pět či šest stránek, ale zato se dozvíte, co udělat, když se vám něco srazí, a proč máte to či ono přidávat pomalu, zda si můžete jídlo napůl „předvařit" třeba den před servírováním, čím můžete to či ono nahradit, jaké víno je k tomu kterému jídlu nejlepší a tak dále a tak dále. Tohle všechno je psané příjemným, osobním stylem, občas se v textu mihne nějaký žertík, a hlavně je v tom nakažlivá radost ze života a z jídla, takže už jen při pročítání Juliiných kuchařek se člověku začnou sbíhat sliny.

Tato žena, která naučila Ameriku kultivovaně jíst, se objevila na veřejné scéně začátkem šedesátých let. V roce 1961 vydala svou první knihu, *Mastering the Art of French Cooking* (Jak zvládnout umění francouzské kuchyně), a následujícího roku představila tuto knihu na jedné bostonské lokální televizní stanici v roztomilém interview, v němž navíc předvedla, jak se dělá pravá francouzská omeleta. Hned bylo jasné, že Julia Child neovládá pouze kuchařské umění, ale má také naprosto přirozený televizní talent – chovala se před kamerou neodolatelně spontánně. A tak se ve věku 50 let v roce 1963 stala televizní hvězdou třináctidílného kuchařského pořadu *The French*

Chef (Francouzský šéfkuchař) a za krátkou dobu ji znala celá Amerika. Všichni Američané například vědí, že paní Julia Child občas něco upustí na zem a pak to opatrně sebere a s bohorovným klidem prohlásí, že v kuchyni vás nikdo nevidí. Její první kniha je dnes už klasika, stále se tisknou dotisky a podle předního newyorského kulinárního kritika je to pravděpodobně „definitivní dílo o francouzské kuchyni pro neprofesionály". V následujících desetiletích natočila Julia Child dalších osm televizních sérií (své prezentace vždycky končila veselým zvoláním „Bon appétit") a vydala dalších devět knih. Ovlivnila nejen vaření doma, ale i v restauracích, a řada dnešních známých šéfkuchařů jí vděčí za inspiraci.

Julia Child se narodila v zámožné kalifornské rodině, a když vyrůstala, nic nenasvědčovalo tomu, že se z ní stane hlavní americká autorita na vybrané jídlo a pití. Její maminka uměla uvařit asi tři věci a kuchařky krmily rodinu typickou nudnou americkou stravou, hlavně masem a bramborami. Mladá Julia byla vysoká, měřila 188 centimetrů, měla spoustu energie, zajímala se o sport, a po získání bakalářského titulu na prestižní Smith College v Massachusetts uvažovala o tom, že se stane spisovatelkou. Pár let psala různé reklamní texty a články pro periodika, a když Japonci napadli Ameriku v Pearl Harbor v roce 1941, jako správná vlastenka se přihlásila do vládních služeb. Krátce nato odjela do Indie jako zaměstnankyně jedné federální agentury. V Indii pak potkala Paula Childa, který také pracoval pro Washington, a to se jí stalo osudným – Paul byl totiž veliký milovník a znalec dobrého jídla a pití. Po válce se Julia a Paul vzali a za dva roky byl Paul vyslán jako zaměstnanec federální americké informační agentury do Francie. Když si po pětidenní cestě lodí zašla hladová dvojice na večeři v Rouenu, bylo to pro Julii úplné zjevení, o kterém se později často zmiňovala. V následujících letech absolvovala slavnou pařížskou kuchařskou školu Cordon Bleu a začala spolupracovat se dvěma francouzskými autorkami kuchařek, se kterými také otevřela neformální „Školu tří labužnic", v níž se pařížské Američanky učily vařit.

Zhruba ve stejnou dobu, kdy začala růst sláva Julie Child, v Americe mohutněla posedlost hubnutím a držením diety a dnes je z toho obrovský průmysl. Ve svých posledních knížkách se Julia občas tématu diety dotkla, třeba když při nějakém receptu poznamenala, že to je „lahůdka" pro člověka na dietě, ale jinak je její postoj k cílenému hubnutí perfektně shrnut v předmluvě ke krásné knížce *The Way to Cook* (Jak vařit) z roku 1989:

Kvůli mediální nadsázce a žalostně nedostatečným informacím se dnes příliš mnoho lidí až smrtelně bojí jídla, ale co způsobí strach z jídla trávicímu ústrojí? Jsem si jista, že nešťastný a podezíravý žaludek, stažený a stísněný starostmi, nemůže pořádně fungovat. A když je trávení špatné, trpí celé tělo...

Pokud jde o mě, mnohem raději budu omdlévat blahem nad několika tenkými plátky perfektního bifteku, nad malou porcí čokoládové pěny anebo nad kousíčkem foie gras [kachních jatýrek], *než abych se přecpávala takovými nicotnostmi, jako je netučný puding z želatiny.*

Julia Child mě také utvrdila v mé nelásce k jakémukoli umělému tuku. Když byla ve svých posledních televizních prezentacích občas dotlačena k tomu, aby připustila, že ano, možná by se v tomto receptu dalo nahradit máslo margarinem, neodpustila si nikdy varující poznámku, kterou pronášela hlouběji posazeným hlasem, než když mluvila normálně: „Ale budete toho litovat!"

Poslední výzkumy dávají rozumnému postoji Julie Child za pravdu – čím dál tím víc se totiž potvrzuje, že utkvělá představa o zdraví prospěšném netučném jídle je jedním z hlavních důvodů, proč se v posledních desetiletích tak v Americe rozmohla obezita. Historicky se mělo za to, že obezita souvisí s uhlohydráty – například Jean Anthelme Brillat-Savarin argumentoval ve své slavné knize o gastronomii z roku 1825, že ideální jídelníček, který zabraňuje tloustnutí, by měl zahrnovat spousty vajec, hovězího, skopového a kuřecího masa, máslo a dobře vařenou zeleninu. Podobná dietetická doporučení obecně platila ještě v padesátých a šedesátých letech minulého století, ale pak se začal postupně prosazovat opačný názor, že totiž tuk je pro tělo jedním z úhlavních nepřátel. Když v roce 1972 vydal Robert Atkins poprvé svou knihu propagující „revoluční dietu", v níž tvrdil, že se tloustne z uhlohydrátů, nikoli z tuku, americké lékařské organizace a asociace se na něj vrhly přímo zuřivě, zesměšňovaly ho, jeho dietu označily za bizarní a škodlivou a dokonce dotáhly kampaň proti Atkinsovi tak daleko, že musel svědčit před Kongresem a dokazovat, že jím propagovaná životospráva nikomu neublíží. Dogma „tuk je špatný" pak bylo úředně stvrzeno v lednu 1977, kdy jeden senátní výbor vypracoval dokument *Dietní cíle Spojených států*, v němž byli Američané nabádáni, aby omezili příjem tuku. Oficiální protituková politika poté vyvrcholila v roce 1984 doporučením federálního Národního institutu zdraví (National Institutes of Health, N.I.H.), aby všichni Američané už od útlého věku konzumovali méně tuku. To už byly police v samoobsluhách plné nízkotučných (low fat) výrobků – kdežto když jsme do Ameriky v roce 1969 přijeli, nic takového ještě nikde nebylo. Jak píše Gary Taubes v dlouhém článku na toto téma v *NYT* 7. července 2002, boj proti tuku zmobilizoval potravinářský průmysl:

Jakmile se N.I.H. podepsal pod „nízkotučnou doktrínu", daly se do pohybu společenské síly. Potravinářský průmysl začal rychle vyrábět tisíce výrobků s nižším obsahem tuku, aby to odpovídalo novým doporučením. Ze sušenek, bramborových či kukuřičných lupínků a z jogurtu byl odstraněn tuk. Problém byl, že se tuk musel nahradit něčím, co by chuťovým buňkám připadalo stejně chutné a příjemné, a to znamenalo nějakou formu cukru, často kukuřičného sirupu obsahujícího hodně fruktózy. Zároveň se vynořilo celé nové odvětví, které vyrábělo náhražky tuku… A protože tyto nízkotučné uzeniny, sýry, drobné zákusky a sušenky musely soutěžit s několika sty tisíci jiných výrobků prodávaných v Americe, potravinářský průmysl věnoval obrovské množství reklamy na potvrzení názoru, že méně tuku je dobré pro zdraví.

V následujících letech pak vydal N.I.H. několik stovek milionů dolarů na studie, které měly za cíl prokázat spojení mezi konzumací tuku a onemocněním srdce, avšak žádné takové spojení prokázáno nebylo.

V popředí „heretických" výzkumů napadajících tuto doktrínu je Lékařská fakulta na Harvardově univerzitě, jejíž vědci na základě dlouholetých výzkumů docházejí k názoru, že za obezitu mohou spíš netučné uhlohydráty (protože ty tak neutiší hlad jako tuk, takže člověk má tendenci jíst víc). Běžný argument, že americká otylost je způsobena nedostatkem pohybu (lidé pořád sedí v autech nebo před televizí), je snadno vyvratitelný: současný styl života (málo pohybu) trvá už od šedesátých let, a přitom v šedesátých a sedmdesátých letech zůstávala obezita víceméně na stejném bodě, zhruba u 13 až 14 procent obyvatel. V osmdesátých letech pak tento podíl začal prudce růst a dnes je obézních skoro čtvrtina Američanů. Když jsem poprvé po třech letech přijela z Prahy znovu do Ameriky, v roce 1996, všudypřítomná tloušťka mě okamžitě udeřila do očí – například za všechna ta léta chození po hlavní princetonské ulici, Nassau Street, jsem měla v hlavě jasný film, jak lidé vypadají, a tak vím, že po té tříleté pauze tam přibyla spousta kilogramů.

V roce 1992 vydal Robert Atkins přepracované a doplněné vydání své slavné dietní knihy, s názvem *Dr Atkins New Diet Revolution*, a během následujících let se jí prodalo více než 10 milionů výtisků. Atkinsova sláva dorazila i do České republiky a stejně jako v Americe i tady vzbudila jeho doporučení polemiku. V roce 2003 jsem se cítila Atkinsem přímo obklopena, aspoň sedm či osm lidí (jak Čechů, tak Američanů) mi bez vyzvání sdělilo, že to zkusili a že to funguje. A protože jsem měla zrovna v tu dobu pocit, že jsou mi sukně v pase trochu těsné, tak jsem úplně poprvé v životě taky zkusila držet dietu a po čtrnácti dnech mi už sukně těsné nebyly.

Sport

13. srpna
V Athénách začínají XXVIII. letní olympijské hry.

Stejně jako v Evropě i v Americe je sport jedním z nejdůležitějších odvětví veřejného života – točí se v něm obrovské peníze, pro miliony lidí je sport v té či oné podobě zdrojem obživy a pro ještě větší část obyvatelstva je hlavním zdrojem zábavy. Naši nejlepší „poameričtí" přátelé Hanka a Míra Pavlíčkovi nám po své cestě do Kalifornie vyprávěli, jak jejich hostitel Fred zapáleně fandí místnímu basketbalovému týmu v Sacramentu. Sacramentští nadšenci se nedávno zasloužili o vybudování velkého stadionu kousek za městem, asi pro 18 000 diváků, a teď tam intenzivně prožívají každý zápas. Na rozdíl od Evropy však fanouškové soupeřících týmů nedělají ve Spojených státech na stadionech výtržnosti a neperou se po zápasech, maximálně někdy vítězství a alkohol dav tak rozvášní, že dochází k vandalismu. Američané si ale zřejmě svou agresivitu vybíjejí jinými způsoby.

V olympijských hrách obvykle američtí sportovci nasbírají nejvíc medailí – v roce 2004 jich získali 103, druhé bylo Rusko s 93 medailemi a třetí Čína s 63. Jde tu o jednoduchou aritmetiku, rezervy talentu jsou v tak velké zemi obrovské. Odhaduje se, že na začátku každého čtyřletého období před olympijskými hrami se více než 5 milionů atletů a atletek pokouší o olympijskou nominaci. Nakonec jich je vybráno asi 600 – v roce 2004 to bylo 613 sportovců.

Nejpopulárnější a nejameričtější sport ve Spojených státech je baseball. Vznik této hry, v níž proti sobě stojí na každé straně devět hráčů, je opředen bohatou mytologií, ale experti se shodují na tom, že baseball začal někdy v prvních desetiletích 19. století jako americká forma britského kriketu. Časem se z tohoto sportu stala jakási páteř americké populární kultury. O baseballu byly napsány stovky knih, baseball přinesl do americké angličtiny obrovské množství slov a obratů, významní baseballoví hráči se stávají lidovými hrdiny. Téměř všichni američtí kluci aspoň nějakou dobu hrají baseball, a dokonce existují i dívčí týmy. Na baseballové zápasy chodí víc diváků než na všechny ostatní divácké sporty dohromady.

Baseball je také populární v několika karibských zemích, například v Dominikánské republice, a poněkud překvapivě i v Japonsku, kde je ze západních sportů zdaleka nejoblíbenější. V Japonsku se baseballu říká *basuboro* a hraje se tam už od konce 19. století.

Jediný týmový sport skutečně amerického původu je basketbal neboli košíková, který vymyslel massachusettský učitel tělocviku James Naismith v roce 1891. Do Evropy se basketbal rozšířil po první světové válce a v roce 1931 vznikla Mezinárodní federace pro basketbal. Tehdejší Československo bylo jedním z prvních členů. Dnes je v Americe profesionální basketbal téměř výlučně černošský sport, jako by mezi mladými bělochy nebylo dost vysokých mužů. Jeden z nejpopulárnějších basketbalových hráčů poslední doby, přes 205 centimetrů vysoký Earvin „Magic" Johnson, šokoval v roce 1991 veřejnost oznámením, že je nakažen virem HIV a ze sportu odchází. Zatím je Johnson ještě v pořádku, věnuje se podnikání a kromě jiného vlastní řetězec městských biografů, Magic Johnson Theatres.

Americký fotbal (football) je vlastně forma britského rugby. Je to drsné zápolení, hráči jsou navlečeni do vycpaných těžkých úborů, takže mohou vážit až 140 kilogramů, a touhle vahou do sebe strkají, přetlačují se a snaží se jeden druhého předběhnout. Fotbal se začal hrát koncem 19. století hlavně na elitních univerzitách východního pobřeží, a pak před první světovou válkou vznikl v průmyslových městech Ohia a západní Pensylvánie profesionální fotbal. Jako divácký sport dnes předstihuje v popularitě baseball.

Evropský fotbal, v Americe nazývaný *soccer*, začal být populární až poměrně nedávno, ale je to stále spíš jen hra dětí a mládeže. Evropskou posedlost fotbalem Amerika nezná.

Velmi oblíbený je box, což i nesportovci dobře vědí z amerických filmů. Boxování přivezli do Ameriky britští námořníci začátkem 19. století a už tehdy šlo v zápasech o velké peníze – jsou známy případy, kdy byla v sázce například celá bavlníková plantáž. Boxování kvetlo mezi světovými válkami, v době prohibice. V roce 1927 se uskutečnil první velký rozhlasový přenos sportovní události, když na rádiu NBC poslouchalo více než 50 milionů lidí reportáž ze zápasu dvou přeborníků v těžké váze, Jacka Dempseyho a Gena Tunneye. Boxér Muhammad Ali byl v sedmdesátých letech nejznámějším člověkem celé planety.

Lední hokej, který se zrodil v Kanadě kolem roku 1855, se začal v Americe hrát koncem 19. století a teď patří mezi oblíbené divácké sporty. Jména Dominik Hašek a Jaromír Jágr začínají být ve Spojených státech obecně známá – když jsem se podívala na internetový vyhledávač Google, bylo tam o Haškovi skoro 50 000 referencí a o Jágrovi 65 000 (pro srovnání – o Martině Navrátilové je referencí 96 000, a to už je v Americe několik desetiletí).

Asi nejkomerčnější divácký sport jsou automobilové závody, které začaly téměř okamžitě po vyvinutí automobilů. První takové závody v Americe se konaly v roce 1895 v Chicagu, kdy vítěz ujel 87,5 kilometru za 10 hodin a 23 minut. Nejznámější americké automobilové závody se konají od roku 1908 v městě Indianapolis ve státě Indiana.

Z koňských dostihů je nejpopulárnější trojice Kentucky Derby, Belmont Stakes a Preakness Stakes. Největší prestiž má Kentucky Derby, která se koná už od roku 1875 první sobotu v květnu. Diváků bývá na stadionu kolem 150 000, a další miliony sledují dostihy na televizi.

Golf je skotského původu a v Americe je to jakýsi neoficiální sport byznysu, říká se, že rozhodnutí na zasedáních správních rad často jen potvrzují dohody uzavřené na golfovém hřišti. Golf už ale dávno není jen hrou bohatých podnikatelů, odhaduje se, že ve

Spojených státech ho pravidelně hraje kolem 26 milionů lidí, což je skoro desetina obyvatelstva. Kromě exkluzivních golfových klubů, které přijímají nové členy jen velmi opatrně a selektivně, jsou i hřiště, kde si můžete zahrát za pár dolarů. Jedno takovéhle „lidové“ golfové hřiště jsme občas pozorovali při procházkách do Koloniálního parku západně od New Brunswicku, kam jsme jezdívali s naším malým Honzou.

Tenis je relativně mladá hra a podobně jako v případě basketbalu je přesně známo, kdo a kde ji vymyslil. Byl to major Walter Clopton Wingfield, který v prosinci 1873 upravil pro pobavení svých hostů na zahradní slavnosti na svém sídle v britském Walesu historický francouzský sálový tenis (který se hrál na francouzských aristokratických dvorech od 12. století). Obliba této nové hry se rychle rozšířila a v Americe se tenis poprvé hrál už v roce 1874. První americké tenisové kluby vznikly v roce 1881 a téhož roku se v Newportu na Rhode Islandu konalo první mistrovství U.S. Open. Davis cup se hraje od roku 1900. Od sedmdesátých let je tenis jeden z nejpopulárnějších diváckých sportů. Martina Navrátilová a Ivan Lendl byla nejznámější jména spjatá s Československem mezi érou Alexandra Dubčeka a Václava Havla.

K Americe neodmyslitelně patří lov a rybolov. Díky svému manželovi, který je celoživotní vášnivý pstruhový rybář, jsem s tímto světem přicházela často do styku, a dokonce jsem se naučila vidět pstruhy v potocích a pár jsem jich také chytila. Proti českým poměrům je americké rybářství jaksi přístupnější – dostat povolenku je ta nejsnadnější věc na světě, stačí zajít do rybářského obchodu. Taky jsme se občas na našich výletech potkávali s lovci, naposled ve Skalnatých horách, kde nám mladá dvojice z Minnesoty líčila, jak vypadá lov losů, a také nám předvedli speciální „losí roh“, jímž svou kořist lákali.

Lyžování je mnohem rozšířenější sport ve Skandinávii a střední Evropě než ve Spojených státech, ale říká že, že v Coloradu je naprosto nejlepší sníh na světě. Jistou variantou lyžování je snowboarding, které ve své moderní formě začalo v roce 1965 ve Wisconsinu, kde jistý inženýr Sherman Poppen spojil pro svou malou dceru dohromady dvě lyže a nazval tento nový klouzací prostředek „Snurfer". Vynález se brzy uchytil, nejdřív jen jako hračka pro děti, a v roce 1966 se „Snurferů" prodalo víc než půl milionu. Za pár let se jistému Dimitriji Milovichi ve státě New York zalíbilo sjíždět ze zasněžených kopců na velkých tácech ze samoobslužné restaurace a v roce 1969 začal tento pán vyrábět první „pravé" snowboardy. Od roku 1998 je sjíždění na snowboardech jednou z disciplín zimních olympijských her.

Z vodních sportů je velmi oblíbené vodní lyžování, to jsem viděla poprvé na pensylvánském jezeře Wallenpaupak, kam jsme si vyjeli na krátký výlet asi rok po příjezdu do Ameriky. Vodní lyžování vymyslel Ralph Samuelson v Minnesotě v roce 1922 a dnes je to populární sport v mnoha bohatších zemích, kde jsou velké vodní plochy.

Mořské surfování, provozované na Havajských ostrovech už od 15. století, dorazilo do Ameriky začátkem století dvacátého, a pak se stalo nesmírně populární v padesátých a šedesátých letech. Hlavní oblastí surfování je samozřejmě jejich kolébka Havajské ostrovy, pak kalifornské pobřeží, pobřeží u východní Floridy a u Severní Karolíny.

Kanoistika, rafting a další varianty sjíždění řek jsou jaksi všudypřítomné, řeka Delaware, ke které jsme často jezdili, byla někdy jako říční dálnice. O raftingu (sjíždění divokých řek v nafukovacích člunech) jsem poprvé slyšela začátkem sedmdesátých let, když se jedni naši přátelé vydali do Grand Canyonu a projeli ho právě na těchto člunech.

V posledních desetiletích vznikla také řada extrémních sportů, kterým se v Česku občas říká adrenalinové. Patří k nim například „bungee jumping", skákání z velké výšky, při kterém je člověk uvázán u kotníku na pružném laně. Detailně mi tento zážitek před lety vylíčil jeden asi pětatřicetiletý Čech, který takhle skočil z mostu nad Orlickou přehradou – prý se potom třásl ještě dva dny. Slovo „bungee“ je neznámého původu a až do vynálezu tohoto podivného sportu se používalo především pro pružná lana na letadlových lodích, která pomáhají zastavit přistávající letadla. V padesátých letech natočila britská televize BBC na jednom z ostrovů Vanuatu v jižním Tichomoří reportáž o mladých mužích, kteří skokem z vysokých dřevěných platforem, s liánami připevněnými ke kotníkům, skládali jakousi zkoušku dospělosti. První „bungee jumping“ v západním světě se odehrálo 1. dubna 1979 v anglickém Bristolu, kdy čtyři členové Klubu nebezpečných sportů skočili tímto způsobem z mostu ze 76metrové výšky. Skokani byli krátce nato zatčeni, ale po propuštění odjeli do Kalifornie a tam skočili ze slavného sanfranciského mostu Golden Gate. V osmdesátých letech se skákání na pružném laně rozšířilo po celém světě a do dnešního dne se uskutečnilo několik milionů úspěšných skoků. Tragických nehod je údajně minimálně.

Profesionalizace sportu v Americe je staršího data a také je masovější než v Evropě. Sport je prostě velký kšeft a amatéři to nemohou nikam dotáhnout. Jak mi napsal Petr Bísek, vydavatel krajanských *Amerických listů* a zároveň veslařský trenér dorostenců, „pokud v tom nejsou peníze, nemá to naději na úspěch“. Veslařský trenér si vydělá na živobytí jen tehdy, je-li hlavním trenérem na nějaké vysoké škole, jinak musí mít jiný zdroj příjmů, a toto platí všeobecně. Zato když se dobře uchytíte, o peníze je postaráno – nedávno například proběhla tiskem zpráva, že trenér amerického fotbalu na jedné druhořadé vysoké škole vydělává téměř milion dolarů ročně.

Už v roce 1993 napsal o americkém sportu konce 20. století Warren Goldstein v třetím díle třídílné publikace *Encyclopedia of American Social History* (Encyklopedie americké sociální historie). Jeho postřehy platí dodnes:

Jako obchod se zábavou má zřejmě moderní sport nevyčerpatelný potenciál. Velké sportovní podívané jsou dnes hlavní složkou masové kultury a přitahují téměř všechny demografické skupiny. Ještě v poslední čtvrtině devatenáctého století se publikum při sportovních utkáních většinou skládalo z dělníků a jen menšina byla ze střední a vyšší třídy. Neustálá snaha televizních stanic o větší a větší publikum, které je ochotno utrácet peníze, dnes jednotlivé sporty jaksi domestikuje a homogenizuje. Sportovní „sezony“ vytvořené televizí se tak překrývají a téměř bez přestávky přecházejí jedna v druhou – pro reklamu jsou však přestávky povolené. Díky sponzorům dokončili atleti svou přeměnu v celebrity, a teď už jsou skoro nerozlišitelní od televizních hvězd, které se objevují v seriálech a zábavných pořadech.

To, že se ze sportu stal obchod, v němž vidí mladí sportovci i chtiví manažeři příslib obrovského bohatství, zároveň zaručuje, že sport bude i nadále důvěrně napojen na odvrácenou stránku společnosti: na hazardní sázení, alkohol, drogy, sexuální promiskuitu. Sportovci jsou pod obrovským tlakem, aby uspěli – aby se tak dostali k velkým penězům, a když se jim to podaří, aby se udrželi v čele – a to je často vede k alkoholismu a drogám. Protože tolik záleží na správném fungování dokonale trénovaného těla, někteří sportovci si také pomáhají drogami, které zvyšují výkon (například léky proti bolesti nebo steroidy).

Automobilismus

16. srpna
Při automobilové nehodě tragicky umírá Ivan Hlinka.

V první polovině 19. století napsal Alexis de Tocqueville v poslední kapitole prvního dílu své slavné knihy *Demokracie v Americe*:

Pošta, tato veliká spojnice mezi lidskými myslemi, dnes proniká do srdce divočiny, a parní lodi umožňují denní spojení mezi všemi body na pobřeží. Po řekách se oběma směry s nevídanou rychlostí pohybují obchodníci. Ale stejně důležité jako tyto prostředky přírody i lidského umu je nestálost přání a tužeb nepokojných myslí a navíc láska k bohatství, které neustále nutí každého Američana, aby opouštěl svůj domov a vydával se na cesty za svými krajany. Američan nepřestává cestovat napříč svou zemí všemi směry a navštěvovat ostatní komunity. V žádné francouzské provincii se lidé tak dobře vzájemně neznají jako těch třináct milionů lidí, kteří dnes žijí na území Spojených států.

Kdyby se byl Tocqueville dožil automobilového věku, asi by ho to příliš nepřekvapilo – jedna z věcí, která ho na dávných Spojených státech nejvíc fascinovala, byl všudypřítomný pohyb, jakési permanentní vření. Moderněji než Tocqueville to formuloval v roce 1993 John Lauritz Larson ve svém článku „Transportation and Mobility" ve třetím dílu *Encyclopedia of American Social History*:

Mobilita prakticky definuje americkou společenskou historii. Tažení Evropanů a jejich potomků napříč severoamerickou krajinou, od roku 1607 do dnešního dne, které přetvořilo tvářnost země, přeorganizovalo čas i prostor v neustálém usilování o bohatství, svobodu a uspokojení, to je příběh celých amerických dějin. Imigrace do Ameriky je společným výchozím bodem, spojujícím dávné poutníky se současnými příchozími. Potenciál pohybu v Americe utvářel a řídil životy všech, kteří měli kuráž vydat se na tuto cestu…

Mobilita je součást americké sebedefinice. Osobní svoboda v rámci celého kontinentu vyžaduje přístup k snadné transportaci a Američané už dnes pokládají své právo na neomezený pohyb za stejně základní, jako je ústava. Vlastnictví auta je v Americe mnohem univerzálnější než zaměstnání a přiměřený plat… Nejenom však mobilita, nýbrž i jen pouhá možnost najednou se rozhodnout a někam odjet, připadá už dnes Američanům stejně důležité jako život, svoboda a usilování o osobní štěstí.

Když se koncem 19. století objevil způsob, jak pohyb z místa na místo urychlit, přijali Američané nový vynález s naprostým nadšením. Do začátku 20. století bylo ve Spojených státech vyrobeno asi 800 automobilů, do roku 1912 jich už jezdilo po silnicích víc než milion, v roce 1920 to bylo přes 9 milionů a v roce 1930 kolem 26 milionů.

Začátkem století vznikly nejdůležitější americké automobilové firmy, které pak až do šedesátých let tvořily páteř amerického průmyslu. Henry Ford založil svou Ford Motor Company v roce 1903 v Detroitu ve státě Michigan a o pět let později začal vyrábět svůj slavný Model T, první masově vyráběné auto pro lidovou spotřebu, které se nejdřív prodávalo za 850 dolarů, ale jehož cena pak v roce 1916 klesla na 360 dolarů. Spokojení vlastníci nového dopravního prostředku pokřtili Fordův model Cínová Lízinka (Tin Lizzie). V září 1908 vznikly, také v Detroitu, General Motors, které založil William C. Durant, do té doby majitel společnosti Buick. V roce 1925 se pak několik menších automobilových továren spojilo do firmy nazvané Chrysler, a následující léta ovládla velká trojka – Ford, General Motors a Chrysler – většinu amerického automobilového trhu.

Já mám speciální vztah ke značce Buick, protože to bylo první americké auto, ve kterém jsem kdy seděla – v srpnu 1969 nás vezlo z letiště v New Yorku do bytu jednoho známého, kde jsme prvních šest týdnů bydleli. Připadalo mi jako koráb, který tiše pluje po neuvěřitelně hladké naleštěné silnici, kolem níž je všechno čisťounce uklizeno. Později jsme ale byli hlavně oldsmobilová rodina. Zakladatelem této značky byl Ransom E. Olds, který v roce 1897 založil společnost Olds Motor Vehicle Company a v roce 1901 vyrobil první úspěšné laciné auto, Veselý Oldsmobile (Merry Oldsmobile). Pak se jeho firma stala součástí General Motors, ale značka zůstala. Naše poslední oldsmobilka byl velký stříbrošedý sedan s vínově červeným plyšovým potahem na sedadlech, ve kterém jsem poslední léta v Americe jezdila hlavně já, auto už sice trochu chátralo, ale cítila jsem se v něm bezpečně, tak trochu jako v tanku. Když jsme se stěhovali do Prahy, prodali jsme za pár stovek oldsmobilku Zoře a Martinovi Bútorovým (Martin Bútora je dnes slovenským velvyslancem v USA), kteří tehdy přijeli do Ameriky na roční stáž. Ti si auto docela oblíbili, projezdili s ním velký kus Ameriky, a pak mi v Bratislavě řekli, že naší dávnou oldsmobilku pojmenovali Opera.

Kdybych byla sentimentální, tak bych 6. května 2004 trochu zaslzela – to totiž byla výroba oldsmobilů pro dlouhodobou ztrátovost definitivně ukončena.

Rozvoj automobilismu po první světové válce změnil americkou krajinu k nepoznání. Do té doby žádný technologický vynález neovlivnil životy Američanů tak zásadně jako automobilismus. Jak aut přibývalo, rostla potřeba silnic s pevným povrchem a nějakou dobu se řešil problém, kdo bude silnice budovat a kdo bude odpovědný za jejich údržbu. V roce 1916 schválil Kongres zákon, který vyčlenil 75 milionů dolarů na budování silnic v následujících pěti letech a poté se na výstavbě silnic začaly podílet i jednotlivé státy. Kolem silnic nejdřív vyrůstaly benzinové pumpy, stánky s občerstvením a velké reklamní tabule, pak turistické ubytovny pro motoristy z větších dálek a restaurace pro náročnější jedlíky. Už v dvacátých letech také začala vznikat první předměstí, ale jejich masové rozbujení přišlo až koncem čtyřicátých a začátkem padesátých let. To sebou zase přineslo budování velkých obchodních středisek, která jsou čím dál tím větší a zahrnují čím dál tím víc atrakcí. To už ale známe i z České republiky.

Na východním pobřeží je Amerika vlastně jedno obrovské propojené dosti hustě obydlené území a zástavba volných míst pořád pokračuje. Když jsme se v roce 1970 nastěhovali do malého zahradního komplexu Barrett Gardens, ve střední New Jersey, byla silnice 27 taková venkovská, ne moc rušná cesta. Dnes je to čtyřproudá dálnice a tam, kde dřív byla pole a louky, jsou stovky nových obrovských domů. Při naší předposlední návštěvě Ameriky jsme si nerozumně chtěli zkrátit cestu z Middlebury ve Vermontu do Danbury v Connecticutu, a proto jsme si vybrali silnici číslo 7, která vypadala jako nejkratší spojení – ale bylo na ní snad 150 křižovatek se světly. Velkou objížďku po dálnici bychom asi ujeli rychleji.

V Americe historicky vždycky bylo všeho dostatek – půda i energie se zdály nevyčerpatelné. Proto ropná krize začátkem sedmdesátých let přišla jako šok a fronty u benzinových pump byly první fronty v Americe od druhé světové války. Pak nastoupila éra menších, úspornějších aut, kdy se stala velmi populární japonská auta (my jsme taky pár let měli Toyotu), ale Američani prostě malé věci nemají rádi. V posledních letech jsou zas ve velké oblibě osmiválcová terénní „sportovní užitková auta" (sport utility vehicle, SUV), která mají náhon na čtyři kola a snadno se vyškrábou po příkrých horských cestách. Dnes jich jezdí po amerických silnicích 24 milionů, což představuje 12 procent všech osobních automobilů. Při našem výletu po Skalnatých horách v roce 2001 jsme si na měsíc pronajali tohle mohutné vozidlo a mohu dosvědčit, že opravdu snadno zdolalo velmi drsné úseky. Kolik spotřebovalo benzinu jsme si ani nezjistili, ale málo to nebylo.

Za našich časů stával benzin kolem 1,30 dolaru za galon (3,78 litru) a v roce 1990 cena klesla dokonce na 1,16 dolaru, což ovšem vzhledem k inflaci byl pokles ještě mnohem vyšší. V letošním létě se cena benzinu vyšplhala na 2 dolary za galon, a to podle některých pozorovatelů ovlivní prezidentské volby.

Američané jsou dnes už s autem tak sžití, že se nepotřebují nad nikým vytahovat, a tak jezdí pomalu, umírněně, většinou neklíčkují, dávají ochotně přednost. Atmosféra na amerických dálnicích a silnicích je pohodová, jedete sice třeba obklopen zezadu, zepředu i ze stran automobily (newjerseyská dálnice Parkway je na některých místech až pětiproudá), ale všichni se sunou dopředu víceméně stejnou rychlostí. Když v Americe automobilismus začínal, taky se muži vysmívali ženským řidičkám, ale to by už teď nikoho nepadadlo – na absolutní řidičskou rovnoprávnost nebylo zapotřebí ani žádné hnutí, stačilo jen pár generací života s automobilem. V roce 2000 mělo ve Spojených státech řidičský průkaz téměř 200 milionů lidí, přičemž žen bylo jen o pár set tisíc méně než mužů. Taky se zlepšila bezpečnost: zatímco v roce 1970 zahynulo při automobilových nehodách téměř 55 000 lidí (což znamenalo 27 mrtvých na 100 000 lidí), v roce 2000 klesl počet mrtvých na 43 354 (neboli 15 na 100 000).

Přestože jsem v Americe najezdila tisíce mílí bez nehody, u nás se za volantem cítím nejistě a řízení většinou přenechávám manželovi. Zvlášť mi nahání hrůzu smrtonosná D 1 na Brno. Před dvěma lety jsem po ní jednou v lednu jela s Alexandrem Vondrou, bývalým velvyslancem ve Spojených státech, do Opavy, kam nás oba pozval na debatu o Americe senátor Josef Jařab. Byl tehdy sníh a mrzlo a já jsem měla před cestou trochu obavy, ale Saša Vondra mě hned ze začátku „varoval", že pojede pomalu, protože se to naučil v Americe, a tak se mi ulevilo. Bohužel předepisovat českým neukázněným a bezohledným řidičům několikaletý pobyt v Americe není praktické, takže by se jim spíš měly dávat mastné pokuty a odebírat řidičské průkazy.

Přehledy

Významné osobnosti světa sportu

Zdroj: *The World Almanach and Book of Facts 2004*

Ve výčtu asi 380 význačných osobností ze světa sportu jsou zastoupeni hlavně Američané, ale i špičkoví sportovci z jiných zemí. Z Američanů vybírám jména, která jsou známá širokému, i nesportovnímu publiku.

Muhammad Ali (původním jménem Cassius Clay, nar. 1942), černošský boxer, kromě boxu se proslavil svým kritickým postojem vůči válce ve Vietnamu.

Arthur Ashe (1943–1993), tenista, v roce 1975 vyhrál Wimbledon, dosud jediný černoch, který vyhrál ve Wimbledonu v mužských singles, zemřel na AIDS (nakazil se při transfuzi krve).

Ty Cobb (1886–1961), baseballový hráč, jedna z prvních sportovních celebrit. Byl velmi agresivní a zištný a zemřel jako osamělý milionář.

Jimmy Connors (nar. 1952), temperamentní tenista, dvakrát vyhrál ve Wimbledonu. Často se hádal s rozhodčími, ale ke konci své tenisové kariéry se poněkud zklidnil.

Howard Cosell (1920–1995), velmi ostrý sportovní komentátor, podle jednoho průzkumu zároveň nejoblíbenější a nejnenáviděnější televizní reportér, koncem svého života však na sport velmi zanevřel.

Joe DiMaggio (1914–1999), baseballový hráč, obdivovaný nejen pro svou hru, ale i pro svou lidskou noblesu. V roce 1954 byl necelý rok manželem Marilyn Monroe.

Joe Frazier (nar. 1944), boxer, v letech 1971 až 1975 sehrál tři zápasy s Muhammadem Ali, které sledovali fanoušci na celém světě.

Dorothy Hamill (nar. 1956), krasobruslařka, získala zlatou medaili na olympiádě v roce 1976.

Earvin („Magic") Johnson (nar. 1959), basketbalista, miláček publika, výborný týmový hráč.

Sugar Ray Leonard (nar. 1956), boxer, vyhrál mistrovství v pěti váhových kategoriích.

John McEnroe (nar. 1959), tenista, vyhrál Wimbledon v letech 1981, 1983 a 1984. V roce 2004 se začal veřejně angažovat pro podporu demokratické strany.

Jack Nicklaus (nar. 1940), profesionální hráč golfu, vyhrál řadu světových mistrovství.

Jesse Owens (1913–1980), běžec, vyhrál čtyři olympijské medaile v roce 1936.

Jackie Robinson (1919–1972), černošský baseballový hráč, jako první prolomil rasovou segregaci baseballu, když se v roce 1947 stal členem jednoho bělošského brooklynského týmu.

Babe Ruth (1895–1948), baseballový hráč a legendární americký hrdina.

O. J. Simpson (nar. 1947), černošský fotbalista, známý především tím, že byl v roce 1994 obviněn z vraždy své bílé manželky. Nakonec byl osvobozen.

Mike Tyson (nar. 1966), boxer, přeborník v těžké váze, velmi agresivní, už v mládí byl několikrát ve vězení za menší přestupky, v roce 1992 byl odsouzen za znásilnění k třem letům vězení, v roce 1997 ukousl svému protivníkovi kus ucha.

Johnny Weissmuller (1903–1984), plavec, vyhrál pět olympijských zlatých medailí, překonal 67 světových rekordů, v roce 1932 hrál Tarzana.

Ze sportovců jiných zemí jsou zde uvedeni například anglický fotbalista David Beckham, rumunská gymnastka Nadia Comaneci, německá tenistka Steffi Graf, finský běžec Paavo Nurmi, brazilský fotbalista Pelé, australské tenistky Monica Seles a Serena Williams.

Čechů je v seznamu pět; jsou to Dominik Hašek, Jaromír Jágr, Ivan Lendl, Martina Navrátilová a Emil Zátopek.

Američtí vojáci v cizině

Zdroj: *Mladá fronta Dnes*, 17. srpna 2004

Asie:	
Irák	138 000
Japonsko	51 470
Jižní Korea	36 100
Afghánistán	asi 10 000
Turecko	1 490

Evropa:	
Německo	71 700
Itálie	15 500
Velká Británie	11 960
Španělsko	2 770
Island	1 600
Portugalsko	1 050
Belgie	1 000
Nizozemsko	560
Řecko	500
Celkem	asi 350 000

ZÁŘÍ
2004

Události

1.–3. září

Teroristický útok na školu v zakavkazském městě Beslanu v Severní Osetii, jedné z republik Ruské federace. Po útoku speciálních bezpečnostních sil zůstává celkem 365 mrtvých, včetně 156 dětí a 30 teroristů.

2. září

Na sjezdu republikánské strany v New Yorku je George W. Bush oficiálně nominován na republikánského kandidáta na prezidenta.

5. září

Průzkumy týdeníků *Time* a *Newsweek* udávají, že George W. Bush má před Johnem Kerrym náskok 11 procent – Bushe by volilo 52 procent registrovaných voličů, kdežto Kerryho jen 41 procent.

6. září

V týdnu po Dnu práce začíná ve většině amerických škol nový školní rok.

Bill Clinton se podrobuje čtyřhodinové operaci srdce, při níž je mu voperován čtyřnásobný by-pass.

V Canonsburgu v Pensylvánii prohlašuje John Kerry, že se bude snažit dostat americké vojáky domů z Iráku během svého prvního termínu.

7. září

Pentagon oznamuje, že od začátku války v Iráku tam zahynulo 1000 amerických vojáků a že povstalci kontrolují velkou část středního Iráku.

8. září

Televizní stanice CBS referuje o čtyřech dokumentech, které zpochybňují službu George W. Bushe v Národní gardě. Během dvou týdnů se prokáže, že dokumenty jsou padělky.

Kanadský ústav Globescan zveřejňuje výsledky průzkumu v 35 zemích, podle něhož by v mezinárodních volbách přesvědčivě vyhrál John Kerry nad Georgem Bushem. Největší podporu má Bush na Filipínách, v Polsku a v Nigérii. V České republice by Kerryho volilo 42 procent a Bushe 18.

11. září

Amerika a svět si připomínají teroristické útoky na Spojené státy z roku 2001.

V České republice se začíná promítat film Michaela Moora *Fahrenheit 9/11*.

13. září

Končí platnost zákazu vyrábět a prodávat poloautomatické útočné zbraně.

14. září

V rozhovoru pro *Lidové noviny* říká Martina Navrátilová: *Další čtyři roky současné administrativy by byly úplnou pohromou pro tuto zemi a pro celý svět.*

16. září

V rozhovoru pro britskou stanici BBC prohlašuje generální tajemník OSN Kofi Annan, že z hlediska OSN bylo svržení Saddáma Husajna ilegální.

20. září

Na prestižní New York University (NYU) prohlašuje John Kerry, že invaze Iráku způsobila „krizi historických rozměrů".

Do České republiky se z Afghánistánu vrací poslední ze 111 českých průzkumníků, kteří se podíleli na operaci Trvalá svoboda; podrobnosti o půlroční misi jsou tajné, ale Češi jsou za svou profesionalitu všemi oceňováni.

21. září

V proslovu před Valným shromážděním OSN prohlašuje prezident Bush, že Irák se znovu stal členem mezinárodní komunity a postupně se stává „bezpečnou, demokratickou, federální a svobodnou" zemí.

Ve Washingtonu je slavnostně otevřeno Národní muzeum amerických Indiánů.

22. září

Senát potvrzuje nominaci Portera J. Gosse na funkci ředitele CIA.

23. září

Dočasný irácký premiér Ajád Aláví promlouvá ke společnému zasedání obou komor amerického Kongresu, děkuje Američanům za sesazení Saddáma Husajna a ujišťuje posluchače, že volby v Iráku se opravdu budou konat v lednu 2005.

29. září

Týdeník *The Lone Star Iconoclast* v texaském městečku Crawford, kde má prezident Bush svůj ranč, vyslovuje v úvodníku nazvaném „Kerry vrátí Americe důstojnost" svou podporu demokratickému kandidátovi.

30. září

Ruská vláda ratifikuje Kjótský protokol, což znamená, že protokol vstoupí v platnost, jakmile ho schválí ruský parlament (to se očekává do tří měsíců). Spolu s Ruskem dohodu prozatím ratifikovalo 126 států.

Na floridské University of Miami ve městě Coral Gables se koná první debata mezi prezidentem Bushem a Johnem Kerrym.

Komentář

Zatímco v zakavkazském městečku Beslan se odehrává další šokující tragédie, v New Yorku vrcholí v prvních zářijových dnech republikánský nominační sjezd. Setkání sice začíná vystoupením umírněných republikánů, jako jsou bývalý newyorský starosta Rudolph Giuliani a kalifornský guvernér Arnold Schwarzenegger, ale pak nabírá na bojovnosti. Klíčový projev pronáší demokratický odpadlík Zell Miller, senátor za stát Georgia, který se do Kerryho pouští s obrovskou vervou:

Senátor Kerry dal jasně najevo, že použije vojenskou sílu jen tehdy, odsouhlasí-li to OSN.

Kerry by nechal rozhodovat Paříž, jestli je třeba bránit Ameriku. Já chci, aby rozhodoval Bush.

John Kerry sice říká, že nemá rád vyvážení pracovních míst do ciziny, ale zároveň chce do ciziny vyvézt rozhodování o naší bezpečnosti.

To je ze všeho nejnebezpečnější. A tento politik chce být vůdcem svobodného světa!

Jak dlouho ještě svobodného?

Víc než dvacet let, ve všech velkých otázkách svobody a bezpečnosti, se John Kerry mýlil častěji, víc váhal a byl nejistější než jakýkoli jiný vrcholný politik. Když protestoval proti válce [ve Vietnamu], obviňoval naši armádu.

Jako senátor volil vždycky tak, že to oslabovalo naši vojenskou sílu. Nic to nedokazuje smutněji a jasněji než jeho hlasování tento rok [chybné tvrzení, šlo o hlasování v roce 2003], *kdy hlasoval proti výdajům na vybavení našich vojáků, kteří byli v daleké zemi vystaveni nebezpečí.*

Ironické je, že Miller měl hlavní projev na demokratickém sjezdu v roce 1992, kde byl na prezidentského kandidáta nominován Bill Clinton, který pak hladce porazil Bushe staršího. Millerův útok na Kerryho je ovšem symptomatický. Hlasování v americkém Kongresu je totiž velmi komplexní, obvykle se hlasuje pro celý souhrn zákonů a pozměňovacích dodatků, takže prakticky každý senátor a reprezentant je snadno napadnutelný, pokud se jeho hlasování zjednoduší na prosté „pro" a „proti".

Po Millerovi přichází republikánská „těžká váha", viceprezident Dick Cheney, který přijímá svou opětnou nominaci na viceprezidenta v proslovu, v němž se o Usámovi bin Ládinovi nezmiňuje ani jednou, ale o senátoru Kerrym čtrnáctkrát. Hlavně napadá jeho rozporné hlasování:

Pokud jde o Irák, senátor Kerry nesouhlasil s mnoha svými demokratickými kolegy. Avšak senátor nejintenzivněji nesouhlasí sám se sebou. Jeho lavírování odráží návyk nerozhodnosti a vysílá signál zmatenosti. Všechno to zapadá jedno do druhého. V několika minulých letech byl senátor nejdřív pro nový zákon o školství, a pak byl proti. Nejdřív mluvil na podporu Dohody o svobodném trhu Severní Ameriky, a pak byl proti. Hlasoval pro protiterotistický zákon PATRIOT, a pak byl proti. Senátor Kerry říká, že vidí dvě Ameriky. Ono to je vzájemné, Amerika zase vidí dva Johny Kerry.

Jeden z bojových pokřiků republikánů je už delší dobu „Flip--Flop", což česky zhruba znamená „sem-tam", „ano-ne", „jednou tak - podruhé onak". Pro republikány je prostě senátor Kerry „flip--flopper" a na jejich shromážděních zní toto skandování čím dál tím častěji, až to skoro připomíná orwellovské pětiminutovky nenávisti. Vyvracení a vysvětlování jistých nekonsistencí v tom, co kdy Kerry řekl nebo udělal, je totálně ignorováno.

Zajímavé dva komentáře se objevily 6. září v konzervativním týdeníku *US News and World Report*. V jednom z nich píše novinář Kenneth T. Walsh o obrovském vlivu Bushova poradce Karla Rovea, který v prezidentovi podporuje jeho už tak silné konzervativní postoje. Podle rodinných přátel údajně i prezidentova manželka Laura a jeho maminka Barbara se domnívají, že Rove tlačí kampaň příliš doprava, přestože většina voličů je spíš středově umírněná. V druhém komentáři se Michael Barone zamýšlí nad dvěma problémy, o kterých se vášnivě diskutovalo v devadesátých letech a které teď trochu ustoupily do pozadí – totiž o kontrole zbraní a umělém přerušení těhotenství:

Demokrati se totiž domnívají, že kvůli kontrole zbraní ztratil Al Gore prezidentství, a republikáni si myslí, že téma potratů Bushovi vítězství nepřinese. [Ale tato témata se také vytratila proto], *že ti Američané, kteří chtěli zakázat potraty a ti, kteří chtěli zakázat zbraně – dvě téměř naprosto nepřesahující se skupiny – si uvědomili, že svého nedosáhnou. V následujících letech se v této zemi budou provádět umělé potraty a bude tu spousta zbraní…*

V zemi, kde mnozí lidé věří, že mají právo na potrat (říká to Nejvyšší soud) a že mají právo nosit zbraně (říká to druhý dodatek k ústavě), není ani jeden z těchto trendů překvapivý. Co je překvapivé je to, že i když se vytratí tyto dva problémy, složení dvou armád v kulturních válkách zůstává víceméně stejné. A objeví se nové problémy – demokrati v Bostonu hodně mluvili o Bushově údajném zákazu výzkumu kmenových buněk (on ve skutečnosti jen omezil federální financování výzkumu embryonických kmenových buněk), a republikáni hodně mluví o podpoře tradičního manželství… Ale výzkum kmenových buněk, většinou financovaný soukromě, se určitě bude rozšiřovat, a partnerství osob stejného pohlaví, ať už legálně posvěcené nebo ne, budou stále četnější. Stejně jako v případě potratů a zbraní, Američané jsou svobodní žít tak, jak chtějí, ať si politikové říkají, co chtějí.

Po Dnu práce nabývá kampaň na intenzitě a tak to bude pokračovat další dva měsíce. Nejde totiž jen o prezidenta, i když ten je nejdůležitější – ale 2. listopadu budou Američané také volit všechny členy Sněmovny (tj. 435 reprezentantů), jednu třetinu členů Senátu (tj. 34 senátorů), a navíc bude ve státních volbách voleno 11 guvernérů a tisíce členů státních zákonodárných sborů.

Republikánský bojovný sjezd přinesl výsledky, řada průzkumů potvrzuje, že Bush nad Kerrym vede. Kerry však je ve svých proslovech také čím dál tím útočnější, prohlašuje, že operace v Iráku je „špatná válka na špatném místě ve špatnou dobu“, ale téměř po celý měsíc nedokáže svého rivala dohonit. Dva dny před svou srdeční operací radí bývalý demokratický prezident Bill Clinton v devadesátiminutovém telefonickém rozhovoru z newyorské nemocnice Johnu Kerrymu, aby byl v kampani mnohem agresivnější, a demokrati naříkají, že by Clinton vedl lepší kampaň i pod narkózou.

V září také demokraty poškozuje aféra s padělky na televizní stanici CBS. Na hlavního zpravodaje této stanice, Dana Rathera, mají republikáni pifku, protože jeho liberální postoje jsou dobře známé, několikrát v minulých desetiletích se dostal s republikánskými vrcholnými politiky do střetu, a jednu chvíli se dokonce zdá, že se pod Ratherem houpe jeho křeslo, ale celá aféra vyšumí po omluvě vedení stanice velmi rychle. Všelijakých podrazů, podvůdků, nepravd a křivých pomluv bylo v letošní kampani už tolik, že jedna aféra navíc jako by nehrála roli. Když denně hodiny sleduju americkou politickou scénu ze své vinohradské pozorovatelny, zdá se mi, že útoky na Bushe jsou někdy velmi iracionální, jeho liberální kritikové na něm nevidí absolutně nic pozitivního, cokoli řekne, udělá, okamžitě napadají. Několik mých amerických přátel však znovu a znovu osočuje republikánskou kampaň z fašistických praktik – dávný blízký kamarád mi třeba napsal začátkem září:

Nevidíš to dost zblízka, tady se vede nesmírně sofistikovaná propaganda, že by se Goebels mohl leccemus přiučit. Všechna televizní média jsou nyní vlastněna průmyslovými giganty, jako General Electric, Westinghouse, TimeWarner, Murdoch. Přirozeně jsou místa reportérů vyplněna lidmi od mírné pravice až do hysterické náboženské pravice a fašisty.

Ještě ostřejší je jeden americký známý z raných princetonských let, jehož doktorská práce se jmenovala „Nacionalismus, pluralismus a švejkovství v politické kultuře Československa“. Krátce po newyorském sjezdu se rozepsal:

Z republikánského sjezdu byl cítit fašismus, a řeknu ti, že strach funguje. Až do Ameriky přijde fašismus, nebude to vypadat jako v nacistickém Německu nebo jako v Pinochetově Chile. Počet politických vězňů bude relativně malý v porovnání s počtem občanů, které nenávistné a netolerantní kampaně dotlačí k tomu, aby byli zticha. Opozice bude napadána pomocí lží a bude zesměšňována za takové vlastnosti, jako je citlivost a komplexní přemýšlení. A věrní budou zpívat Bůh žehnej Americe...

Moje instinkty jsou však někdy špatné, takže snad je tu ještě naděje...

Necelé dva týdny po konci republikánského sjezdu končí platnost zákona z roku 1994, který zakázal výrobu i prodej poloautomatických útočných zbraní. Přestože více než dvě třetiny Američanů tento zákaz podpořily a dokonce i prezident Bush ještě v létě prohlašoval, že pokud prodloužení tohoto zákona doputuje na jeho stůl, podepíše to, tlak konzervativní Národní asociace držitelů zbraní (NRA) nakonec převážil. Prezident totiž nevyvinul žádnou iniciativu, aby byl zákaz prodloužen, přestože dobře věděl, že bez jeho vlastního podnětu se nic dít nebude. NRA je však pro kandidáta Bushe velmi důležitá, organizace se chystá utratit do 2. listopadu spoustu peněz na reklamy, v nichž bude označovat Kerryho „za největšího nepřítele majitelů zbraní, jaký kdy na prezidenta kandidoval". Kerry přitom rád loví, často o tom mluví, ale republikánská mašinérie ho zatím pokaždé dokáže přehlušit.

V průběhu měsíce pokračují v Iráku násilné útoky a začátkem září dosahuje počet amerických vojáků zabitých od počátku války 1000. Na 262 místech probíhají různé rekonstrukční práce, zvláště na infrastruktuře, ale většina z 18,4 miliardy dolarů schválených Kongresem na budování Iráku je zatím ještě nepoužita. Přesto ve své řeči k Valnému shromáždění OSN 21. září líčí americký prezident situaci v Iráku téměř růžově a za pár dní mu v tom sekunduje prozatímní irácký premiér Aláví.

To už se ale schyluje k první prezidentské debatě 30. září, na kterou se dívám s několikahodinovým zpožděním přes internet. Debatu moderuje náš „starý známý" Jim Lehrer, kterého jsme pravidelně poslouchali od poloviny sedmdesátých let na zpravodajském pořadu s jeho kolegou Robertem MacNeilem, „The MacNeil/Lehrer Report“, na PBS (jakési americké ČT 2). Zdá se mi, že Lehrer ani moc nezestárl, jen je v obličeji trochu pomačkanější. Za pár dnů se dozvídám, že debatu sledovalo na obrazovkách 62,5 milionu Američanů.

Podle předem dohodnutých pravidel neměly kamery zabírat prezidentské soupeře ve chvíli, kdy mluvil ten druhý, ale televize tento zákaz ignorovaly – což bylo především v neprospěch George Bushe. Když mluvil prezident, Kerry zachovával dekorum a dělal si poznámky, zato když mluvil Kerry, objevovaly se na prezidentově tváři výrazné emoce, nejistota, nervozita, někdy i dokonce náznaky vzteku. Mně se samozřejmě víc líbil Kerry, ale i mnozí republikáni neochotně připustili, že v tomto střetu „muže proti muži“ byl Kerry lepší. I má „oblíbená republikánka“ Linda Michael si postěžovala na to, jak špatně Bush debatu zvládl:

I když jsem nečekala, že promluví jako velký řečník, jeho výkon byl obzvlášť chabý. Vypadal unaveně a rozzlobeně a jako by ho Kerry vyváděl z míry, a jeho grimasy a mračení mi připadaly netypické – normálně ho znám jako pozitivního, dobromyslného, lidového člověka. Vždycky tajím dech, když mluví, protože ho pořád trápí ty jeho „mozkové křeče“. Jeho vystupování bohužel nemohlo přesvědčit mnoho údajně nerozhodných voličů – kteří tentokrát volby rozhodnou.

Témata

Vzdělávání v Americe

6. září
V týdnu po Dnu práce začíná ve většině
amerických škol nový školní rok.

Již v koloniálním období kladli kolonisté velký důraz na vzdělání – generální soud ve státě Massachusetts například vydal v roce 1642 (dvacet dva let po přistání lodi Mayflower s Poutníky) zákon, který stanovil, že komunální úředníci musí zajistit vzdělání dětí, a pokud tak neučiní, dostanou pokutu. Podobné zákony byly brzy vydány téměř v celé Nové Anglii. První škola druhého stupně byla bostonská Latinská škola, která vznikla v roce 1635. Za rok nato byla založena první americká univerzita, Harvardova, která pak získala plný právní statut v roce 1650.

V americké ústavě není o vzdělání ani jedna zmínka, a proto tedy podle desátého dodatku (*Práva, která ústava výslovně nepřiznává Unii ani je nevylučuje z pravomoci států, náležejí jednotlivým státům nebo lidu*) přísluší kontrola nad vzděláním státům, přesto však americká federální vláda od samých počátků vzdělávání ovlivňovala a navíc vydávala miliardy dolarů na různé vzdělávací projekty. Už v jedné vyhlášce z roku 1785, devět let po prohlášení nezávislosti, rezervoval Kongres v každé komunitě v Severozápadním teritoriu (to jest na západ od Pensylvánie) část půdy na vybudování veřejné školy. Koncem 18. a začátkem 19. století se vzdělávací systém prudce rozvíjel především v Nové Anglii a v New Yorku – vznikaly nové školy, vycházely důležité učebnice, vytvářely se dobrovolnické spolky na podporu vzdělávání.

Také se začaly formovat školní obvody (school districts), které do dneška tvoří základní územní jednotku školní správy. První systém školních obvodů byl zákonem ustaven ve státě Massachusetts v roce 1789. V Massachusetts také v roce 1837 vznikla první státní školní rada (state board of education). Tyto rady dnes fungují po celých Spojených státech a dohlížejí na školní systém od školek až po univerzity.

První školka vznikla v Americe v roce 1856 ve Wisconsinu. V roce 1862 byl přijat Morrillův zákon o přídělech veřejné půdy státním vysokým školám, které by vyučovaly „umění zemědělskému a strojnickému". Z těchto původně úzce orientovaných vysokých škol se časem vyvinuly velké státní univerzity na středozápadě a západě. V roce 1867 vznikl první federální „úřad" pro vzdělání, který pak několikrát změnil název a dnes je to Ministerstvo pro vzdělání (Department of Education). Koncem 19. století se také začal široce rozvíjet druhý stupeň základního vzdělání neboli „vysoká škola" (high school). Toto čtyřleté studium, zhruba pro mládež od 14 do 18 let, je důležitým stavebním blokem amerického školství – dnes je v těchto školách zapsáno asi 90 procent všech amerických dospívajících této věkové kategorie.

Ve Spojených státech je v současné době něco přes 14 500 školních obvodů. Ve státních školách připadá v průměru na jednoho učitele (prvního a druhého stupně) 16 žáků a průměrný plat učitelů je přes 44 500 dolarů ročně, což je asi 3700 dolarů měsíčně. Přes 90 procent škol je vybaveno počítači a v roce 2001 připadal jeden počítač na pět žáků. Počet žáků navštěvujících soukromé školy prvního a druhého stupně se už desetiletí drží něco nad 10 procenty. Zhruba 2 miliony amerických dětí jsou také vyučovány doma, o čemž píšu podrobněji v tématu „Náboženství" v kapitole ÚNOR 2004.

Na školní léta svého syna vzpomínám ráda, byla jsem hodně aktivní v rodičovském sdružení, znala jsem spousty učitelů a všechny tři školy, do kterých chodil, jsem tak měla jaksi „pod dohledem". Viděla jsem, jak je to úplně jiné než za mých mladých let, a v podstatě se mi to líbilo, i když jsem se občas nad něčím pozastavila, jako třeba nad jeho učitelkou angličtiny, která mi asi ve druhé nebo třetí třídě řekla, že on ten pravopis zas tak hrozně moc důležitý není a že spousta velmi chytrých a úspěšných lidí taky semtam dělá při psaní chyby. Můj poněkud staromilecký manžel se někdy pohoršoval nad tím, jak neucelené a útržkovité vzdělání syn dostává, ale to mě nikdy příliš neznepokojovalo – to, co nevěděl, si Honza vždycky uměl najít. S encyklopediemi a referenčními příručkami se učil zacházet od pěti let.

S americkými „high schools" mám zkušenost jen zprostředkovanou, ale tam bývají velké problémy, znala jsem několik lidí, které pár let učení na druhém stupni úplně odrovnalo. V době, kdy jsem žila v Americe, se na druhém stupni zvyšovalo násilí, děti začaly nosit zbraně a tak se některé školy měnily v pevnosti. Blízko nás, v New Brunswicku, jednou zastřelil asi patnáctiletý žák učitelku.

Nejvíc osobních zkušeností mám s univerzitním světem, především s Princetonskou univerzitou, kde jsem několik let pracovala, nejdřív jako asistentka několika profesorů a pak v knihovně. I když jsem později už s Princetonem neměla žádné pracovní vazby (léta jsem pracovala jako externí redaktorka pro řadu newyorských nakladatelství), zůstávala univerzita jakýmsi středobodem mého života – měla jsem tam přátele, chodila jsem tam do knihovny, občas na veřejné přednášky slavných i méně slavných lidí, moji známí mě občas zvali na oběd do univerzitní restaurace Prospekt, brávala jsem do Princetonu naše návštěvy z Československa a pyšně jsem jim ukazovala tohle někdy až kýčovitě krásné městečko. Když dneska přijedu do Ameriky, chození po hlavní princetonské ulici, Nassau Street, mě přímo hladí po duši, a vždycky taky zajdu do knihovny, kde si třeba jen na chvilku sednu ve vstupní hale na lavici a dívám se na bílou, asi půlmetrovou skulpturu uprostřed, které už léta říkám děravý aspirin.

Někdy jsem mívala pocit, že na Princetonu je tak hustá koncentrace inteligence, že by se to skoro dalo krájet – to se ostatně říká i o slavném Institute for Advanced Study, kousek od univerzity, kde si už od dob Alberta Einsteina géniové a jiní velmi chytří lidé promýšlejí své nápady. Tohle prostředí ve mně vzbuzovalo velkou pokoru, mockrát jsem si říkala, jak mám vlastně štěstí, že jsem mohla takový kus života strávit na této intelektuální výspě. Na Princetonu jsem se také spřátelila s mnoha fajnovými, obdivuhodnými lidmi, se kterými se stále aspoň jednou za čas vídám nebo si s nimi vyměňuji e-mailové dopisy.

Ale dost vzpomínek.

Masové vysokoškolské vzdělání začalo ve Spojených státech po druhé světové válce, kdy vláda vyčlenila značné prostředky na finanční pomoc americkým vojákům, kteří se vrátili z bojišť druhé světové války. Do roku 1955 využilo této podpory přes 2 miliony mladých lidí. V roce 1957 pak byla Amerika šokovaná tím, že ji Sovětský svaz vypuštěním svého Sputniku předběhl v kosmickém programu, a to v následujícím roce vedlo k zvýšení federální podpory vzdělávání. Vysokoškolské vzdělání je základně dvoustupňové: první stupeň, obvykle čtyřleté studium zvané „undergraduate", končí získáním titulu bakaláře. Malý počet studentů pak pokračuje na druhém stupni, „graduate", který končí titulem PhD. Magisterské tituly, po prvním roce studia směřujícího k doktorátu, se udělují čím dál tím méně. Existují však dva důležité magisterské tituly, MBA (Master of Business Administration neboli Magister podnikového řízení) a MPA (Master of Public Administration neboli Magister veřejné správy).

V sedmdesátých a osmdesátých letech se o problémech vzdělávání mluvilo pořád, jednu dobu vycházely spousty článků o tom, jak je Amerika plná „funkčních analfabetů", kteří si ani neumějí přečíst obyčejný návod či titulky v novinách. Tyto nedostatky se hlavně týkají chudých dětí a dětí minorit (například Indiánů). Když George W. Bush kandidoval na prezidenta, jeden z jeho plánů byla velká reforma vzdělání, která zapadala do jeho slibu, že přinese Americe „soucitný konzervatismus". Reforma pod názvem No Child Left Behind (Žádné dítě nesmí zůstat stranou) byla skutečně v roce 2001 vypracovaná a prezident ji podepsal začátkem roku 2002. Nový zákon především vyžaduje, aby jednotlivé státy stanovily vysoké učební standardy a pak kontrolovaly školy, zda tyto standardy dodržují. Za to pak budou dostávat finanční podpory z Washingtonu. Chvályhodný cíl programu – totiž zmenšit do roku 2013 obrovský rozdíl v akademické úrovni mezi většinou škol pro střední třídu a školami pro děti z nejnižších sociálních vrstev – je však zatím stále v nedohlednu. Kritici poukazují na to, že v programu jsou vážné nedostatky a některé státy se proti direktivám z Washingtonu bouří, ale jiní argumentují, že vývoj jde naprosto správným směrem, ale že podstatné změny vyžadují více času.

Argumentace z obou stran o této Bushově iniciativě je pro laiky příliš složitá a nepřehledná, zahrnuje spousty byrokratických detailů, nicméně v tom nejobecnějším mi připomíná spory o válku v Iráku: prezidentovi zastánci odmítají připustit, že existují nějaké problémy, a jeho kritikové naopak tvrdí, že i když zákon je dobrý (*NYT* dokonce tvrdí, že to je potenciálně nejdůležitější školní reforma od zavedení povinné školní docházky), jeho provádění se děje špatným způsobem. Demokrati zvlášť kritizují současné ministerstvo školství za přílišnou političnost (tzn. vstřícnost vůči požadavkům náboženské pravice).

Zásadní reforma školství je ale jasně na programu dne, ať už v Bílém domě zasedne začátkem roku 2005 republikán nebo demokrat. V mezinárodních testech zaostávají američtí školáci za dětmi z jiných vyspělých zemí a v poslední době se také objevilo několik varujících signálů, že i výsadní postavení americké vědy začíná oslabovat. Dokonce se mluví o „obráceném úniku mozků", menším počtu zahraničních studentů, kteří dnes studují ve Spojených státech (částečně v důsledku přísnějších vizových kritérií po září 2001). Myslím si však, že jakýsi „kolektivní génius" Ameriky, který podle mého názoru problémy řeší ochotněji a důsledněji než většina jiných zemí na světě, si s tímto oříškem dřív či později poradí.

Původní Američané

21. září
Ve Washingtonu je slavnostně otevřeno
Národní muzeum amerických Indiánů.

Po patnácti letech plánování, přípravných prací a výstavby bylo ve Washingtonu slavnostně otevřeno Národní muzeum amerických Indiánů jako další součást proslulé Smithsonian Institution. Tato organizace, ustavená v roce 1846, je největší světový soubor muzeí a patří mezi nejvýznamnější federální agentury. Dnes zahrnuje 15 muzeí a Národní zoologickou zahradu a celkem disponuje 100 miliony exponátů.

Na otevření muzea věnovaného původním obyvatelům západní polokoule přijelo kolem 25 000 jejich potomků a nálada byla velmi povznesená, protože mezi americkými Indiány dnes panuje nebývalý optimismus. Jejich ekonomické a sociální problémy sice přetrvávají, jsou stále na dolním konci společenského žebříku, ale zároveň se zdá, že čím dál tím víc původních Američanů dokáže „chodit ve dvou životech" neboli skloubit návrat ke tradiční kultuře a hodnotám s úspěšnou kariérou v některé z moderních profesí. Nebývalý počet Indiánů je také na vysokých školách, kam mnozí přicházejí už jako trochu starší, poté, co poznali, že bez vzdělání se dopředu nedostanou – průměrný věk indiánských studentů na vysokých školách je přes 30 roků. Tex Hall, prezident Národního kongresu amerických Indiánů, řekl při otevření muzea: *Až příliš dlouhou dobu nebylo dobré být v této zemi Indiánem. Ale znovu to začíná být dobrá věc.*

Ředitel muzea, Richard West, ukončil svůj zahajovací projev rčením v šajenském jazyce:

Naa ma'heo'o
Tseo-aam-e-vehe-tseme
Naa
Tseo-aam-e—vehe-hahtse

Ho-sehe-oo-heeste
Naa
Tseeme-xane
Nehe-dao-hoh-vah-eehe
Tse-peve-vaah'e
Tseo-nehe-shh-ne-shh-vee-toho,

což česky zhruba znamená: *Maheo, Velké tajemství, kráčí vedle tebe a také kráčí vedle tvé práce a dotýká se všeho dobrého, o co se pokoušíš.*

Američtí Indiáni jsou dnes nejrůznorodější etnickou součástí Ameriky. Existuje 562 federálně uznávaných kmenů a kromě toho desítky dalších, které se odlišují jen na lokální úrovni. Indiáni jsou téměř ve všech státech a asi 66 procent lidí, kteří sami sebe při sčítání lidu v roce 2000 označili za americké Indiány nebo aljašské domorodce (American Indian or Alaska Native), žije ve městech, mimo rezervace. Když se podíváme na výsledky posledních tří sčítání lidu, z let 1980, 1990 a 2000, je zcela jasné, že být Indiánem přestává být chápáno jako něco negativního: v roce 1980 zaškrtlo kolonku „American Indian or Alaska Native" 1 420 400 respondentů, v roce 1990 to bylo 1 959 234 lidí a v roce 2000 tato cifra vzrostla víc než dvojnásobně, na 4 119 301. Necelá polovina z tohoto počtu se sama identifikuje jako patřící k více než jedné rase nebo jednomu kmeni (mezi nimi je například Joe Podlasek, ředitel indiánského střediska v Chicagu, napůl Polák a napůl Odžibvej, neboli Ojibwe). Jaká změna od roku 1920, kdy se za Indiány prohlásilo pouze 350 000 Američanů!

Když k východním břehům dnešních Spojených států dorazili první kolonisté z Evropy, odhaduje se, že v celé Severní Americe (to jest na sever od Mexika) bylo asi sedm až deset milionů lidí. Severoameričtí Indiáni žili v malých skupinách, živili se věsměs lovem nebo sběračstvím, a jejich animistická náboženství odrážela jejich těsné sepětí s přírodou.

Britové sice na rozdíl od Španělů formálně uznávali jakési právo Indiánů na půdu, a proto s nimi uzavírali smlouvy, ale v těchto smlouvách byli Indiáni systematicky okrádáni. První formulace politiky americké vlády vůči Indiánům po vyhlášení nezávislosti roku 1776 obsahovala dva základní principy: legální uznání práva Indiánů na půdu, kterou tradičně používali, a přesvědčení, že Indiáni potřebují pomoc a ochranu vlády, protože nejsou dosti sofistikovaní na to, aby se mohli dobře orientovat ve způsobech bělošské (evropské) společnosti. V revolučních bojích se řada indiánských kmenů přidala k Britům, ale stíhala je jedna porážka za druhou. Když boje skončily, snažila se nová americká vláda hlavně nejdřív Indiány zpacifikovat, a zároveň získat kontrolu nad obchodním stykem s nimi. Po několik desetiletí fungoval federální úřad odpovědný za obchodní stanice, do nichž Indiáni přinášeli na prodej kožešiny, medvědí tuk a další produkty a kde nakupovali různé zboží. Tento úřad byl předchůdcem vládní agentury, která několikrát změnila název, ale funguje dodnes. Od poloviny 20. století se jmenuje Úřad pro indiánské záležitosti (Bureau for Indian Affairs).

Od roku 1778, kdy americká vláda uzavřela první smlouvu s indiánským kmenem Delavarů (Delaware), až po rok 1871, kdy federální vláda dostala pod svou kontrolu všechnu půdu od Atlantiku po Pacifik, byly podepsány desítky smluv s jednotlivými indiánskými kmeny, v nichž byli Indiáni nuceni zříkat se svých dávných území. Ale nejen to, už od osmdesátých let osmnáctého století začali být Indiáni odsunováni na západ. V roce 1830 schválil Kongres zákon o odsunu Indiánů (Removal Act) a v následujících dvaceti letech byla většina indiánských kmenů z východu odsunuta na západ od řeky Mississippi. Jedno z nejdrsnějších dějství této tragédie byla „slzavá stezka" Čerokíjů (Cherokee). Tento kmen dlouho vzdoroval nátlaku odejít ze svých historických sídlišť, ale nakonec podlehl a v roce 1838 se 15 000 členů kmene vydalo ze státu Georgia na západ v krušné pouti, nechvalně proslulé tím, jak neurvale a krutě se k nim chovali vojáci a bělošské obyvatelstvo. Z původních 15 000 jich 4000 cestu nepřežilo. Několik skupinek Čerokíjů však odejít odmítlo a časem získalo právo na malé území v Severní Karolíně. Tam jsme jejich rezervací projížděli v roce 1977.

Po občanské válce v letech 1861 až 1865 se politika federální vlády vůči Indiánům soustředila jednak na konečné podrobení posledních nepřátelských západních kmenů a za druhé na asimilaci prostřednictvím vzdělání. Poslední velký střet mezi bělochy a Indiány byl masakr u vesnice Wounded Knee v Jižní Dakotě v roce 1890, kdy americká kavalerie pobila více než 200 neozbrojených Indiánů Siouxů.

V řadě smluv uzavíraných v průběhu 19. století získávali Indiáni americké občanství a do začátku 20. století se asi dvě třetiny z nich stali zároveň občany Spojených států amerických. V roce 1924 pak získali občanství všichni zbývající.

Indiánské rezervace vznikaly různými způsoby a dnes jich je přes 400. V některých patří půda rezervace celé kmenové komunitě, v jiných je půda vlastněná soukromě. Hlavním administrátorem rezervací je Úřad pro indiánské záležitosti. Od šedesátých let 20. století se federální vláda snaží přenášet co nejvíc odpovědnosti za řízení rezervací do rukou samých Indiánů.

V osmdesátých letech 20. století začala na rezervacích vznikat kasina, s cílem poskytnout Indiánům zaměstnání a finance na různé sociální programy. Kasina mohou provozovat pouze kmeny uznané federální vládou, a dnes si tímto způsobem přivydělává zhruba 200 kmenů. Jen něco málo přes deset procent z nich jsou opravdu profitabilní; největší a nejznámější je kasino Foxwoods Resorts v jihovýchodním cípu státu Connecticut. Tuto hráčskou oázu kousek na sever od New Yorku, která zahrnuje hotely, restaurace a přes 7000 hracích automatů, provozuje kmen Mashantucket Pequot, oficiálně uznaný teprve v roce 1983. Jeho 880 členů jsou údajně potomci 11 Indiánů tohoto kmene, kteří žili v rezervaci začátkem 20. století – ale jejich indiánské geny jsou zřejmě značně rozředěny, na první pohled vypadají totiž jako běloši nebo černoši. Některé z nejchudších kmenů, například Navahové a Hopiové, kasina odmítají, protože hazard je v rozporu s jejich kmenovými hodnotami.

Já jsem samozřejmě jako každé správné české dítě zažila období „májovek“, do školy nám je v salátovém vydání nosila spolužačka Karla Kotrbová a pamatuji si, jak jsem byla uchvácená Vinnetouem a Old Shatterhandem a jak jsme v naší partě začali říkat „howgh“. O kmenech Navahů a Hopiů jsem se dozvěděla až mnohem později, ale zaujali mě mnohem víc než pistolníci z kovbojek. A pak jsme se na ně v roce 2001 jeli podívat zblízka.

Navahové jsou druhý nejpočetnější americký indiánský kmen, je jich skoro 300 000. Jejich rezervace je obrovská, zabírá velký kus severovýchodní Arizony a přesahuje i do tří přilehlých států, Utahu, Colorada a Nového Mexika. Je to nehostinný kraj, skoro beze stromů, někde tak trochu jako měsíční krajina. Kolem cest je nepořádek a během čtyř dnů jsme narazili na několik míst, kam se zřejmě mladí Navahové chodí opíjet – byly to obrovské skládky plechovek od piva. Jak je dobře známo, Indiáni nejsou geneticky dobře vybaveni na trávení alkoholu, a tak se velmi snadno opijí, což je problém, který jejich komunitu trápí už od 19. století.

Velkým přítelem Navahů je autor detektivních románů Tony Hillerman, jehož hlavní protagonisté jsou Joe Leephorn and Jim Chee, členové navažské kmenové policie. Hillerman dostal od Navahů řadu uznání a zřejmě se zasloužil o to, že ve svých sedmnácti knížkách (které vyšly v celkovém nákladu přes 18 milionů výtisků) přiblížil navažský styl života i jejich mentalitu většinové společnosti. Mám ty detektivky moc ráda, přečetla jsem jich sedm nebo osm. Jedna z nich, *Zloděj času* (*The Thief of Time*), také už vyšla česky, začátkem roku 2004, v přetlumočení vynikající překladatelské dvojice Luby a Rudolfa Pellarových.

Hlavně jsme ale jeli k Hopiům, kteří mají svou vlastní malou rezervaci uvnitř rezervace Navahů – s nimiž se moc nemají rádi.

Hopiové patří mezi kmeny s pueblanskou kulturou, je jich něco přes 10 000 a pokládají se za jedny z nejstarších obyvatel Severní Ameriky. Proslulé jsou jejich tradiční Slavnosti tanců s chřestýši (Rattlesnake Dances), jimiž přivolávají déšť – slavnosti většinou nejsou bělochům přístupné, a pokud ano, nesmí se na nich fotografovat. Ostatně fotografování je zakázáno v celé rezervaci Hopiů.

Když jsme vjeli do první hopijské vesnice zvané Hotenvilla, na Třetí mese, nečekaně jsme narazili na menší slavnost, později jsme se dozvěděli, že to byl Den Indiánů. Na prašném prostranství před školou tam v jednotvárném rytmu podupávalo 12 mužů a 12 žen, čtyři z nich běloši (to byli učitelé, účastnit se domorodých radovánek je jedna z jejich povinností), všichni byli oblečení do barevných krojů, a k tomu čtyři staříkové zpívali a jeden bušil do bubnu. Publikum se srdečně smálo, někteří se doslova popadali za břicha, lidé si ukazovali na jednotlivé tanečníky a báječně se bavili. My jsme samozřejmě ničemu nerozuměli, ale smáli jsme se taky. Ta pohodová atmosféra podivně kontrastovala s vyschlou, drsnou krajinou.

Pak jsme omylem a nevědomky proti pravidlům zajeli do vesnice Old Oraibi, údajně nejstarší (přes tisíc let) kontinuálně osídlené komunity v USA. Při vší úctě k etnickým zvláštnostem mě bohužel napadlo, že toho za těch tisíc let moc nedokázali – bylo to neutěšené místo, nevzhledné krychlové kamenné domky, ani jedna kytka, ale zato moderní nepořádek, rozbité židle, papundekl, rezavé nářadí...

Ubytovali jsme se ve velmi moderním kulturním středisku na Druhé mese, a když jsem se v podvečer šla po areálu projít, najednou jsem zaslechla češtinu, *Já už jsem dnes najela dost, Honzíku*, a pak jsem uviděla čtyři mladé lidi kolem starého Buicka z padesátých let, plně naloženého, se značkou z Chicaga, jeden mladík měl hlavu skoro celou vyholenou, jen malý proužek vlasů si nechal uprostřed. Chvilku jsem je zdálky pozorovala a usoudila jsem, že to jsou Češi ilegálně pracující v Americe, a než jsem se rozmyslela, zda je oslovit, ujeli mi. Od velmi milé Hopijky prodávající šperky jsme se pak dozvěděli, že druhý den se na První mese konají dožínky a že bychom si tuhle slavnost neměli nechat ujít. Na večeři jsme zašli do místní restaurace, kde se nepodával žádný alkohol a nesmělo se kouřit, ale kde přesto panovala bujará nálada, bělochů nás tam bylo asi šest, ostatní byli Hopiové, ti starší spíš v tradičních oblečeních, někteří mladší městsky nastrojení, a skoro všichni minimálně s nadváhou nebo až obézní. Hopijskou specialitu – vařené skopové s kukuřicí – nedoporučuji, zato nám ale velmi chutnaly smažené hopijské topinky z bílého chleba.

Dožínky (Harvest Festival) ve vesnici Walpi na První mese nás nadchly. Na místo slavnosti nás dovezl z parkoviště miniautobusek a pak už jsme byli obklopeni davy spokojených, fantasticky pomalovaných Indiánů. Bělochů bylo pár desítek. Na posvátném náměstí (jehož estetické kvality mi v té pohodě připadaly irelevantní) pak začaly tance. Účinkující i diváci se mleli kolem sebe, byla v tom bezprostřednost a uvolněnost, nic stylizovaného. Líbily se mi mladičké Indiánky ve slavnostních krojích z jemné bílé kůže i přitloustlí kluci s načerněnými tvářemi. Skupina bojovníků pěkně zajódlovala a taky se nám moc líbil bizoní tanec. Ze všeho nejvíc nás však fascinovala ta téměř hmatatelná radost ze života, to nakažlivě veselé rozpoložení.

Můj celoživotní kamarád Ivan Jonáš, divý muž, který se dokáže kdekoliv na světě s kýmkoliv domluvit, měl u Hopiů pěkný zážitek. Byl tam někdy v sedmdesátých letech, a když projížděl rezervací, zastavil poněkud podroušenému mladému hopijskému stopaři. Ivan ho zavezl domů a skamarádil se s jeho tatínkem, panem Adamsem, váženým hopijským předákem, a paní Adamsovou z kmene Navahů. Pan Adams vystupoval velmi moderně, ale zároveň litoval toho, jak se ztrácejí staré kmenové zvyky, a byl velmi rozčilený z toho, že se jeho syn opíjí. Také Ivanovi vyprávěl, že byl kdysi v mládí v jistých kmenových záležitostech vyjednávat ve Washingtonu, a potom mu povídal o svých dlouholetých zkušenostech policisty v apačské rezervaci. Vrcholem jejich konverzace bylo prohlášení: *To víš, ti Apači, to jsou jiní lidi než ty a já, když se na Apače podíváš, tak vůbec nevíš, co on si vlastně myslí!*

George W. Bush versus John F. Kerry

30. září
Na floridské University of Miami ve městě Coral Gables se koná první debata mezi prezidentem Bushem a Johnem Kerrym.

Asi půl století staré prohlášení prezidenta Harry Trumana o politice, *Když nesnášíš horko, nelez do kuchyně (When you can't stand the heat, don't go into the kitchen)*, platí dnes snad ještě víc, než když ho poprvé vyslovil. O americkém prezidentském úřadu Truman také řekl, že to je neustálé potýkání s krizemi – takže vyrovnanost, nezlomnost a chladnokrevnost patří mezi základní nutné vybavení každého, kdo vůbec na tento cíl pomyslí.

O americkém prezidentství vyšly tisíce publikací, tady se zmíním jen o několika. Princetonský politolog Fred I. Greenstein vydal v roce 2004 druhé vydání své knihy *The Presidential Difference: Leadership Style from FDR to George W. Bush* (Rozdíly mezi prezidenty: styl vládnutí of FDR po George W. Bushe), v němž vyjmenovává šest základních vlastností klíčových pro úspěšné úřadování v Bílém domě. Jsou to (1) schopnost komunikovat s veřejností, (2) organizační schopnost, (3) politická obratnost (tj. umění získat podporu pro svá rozhodnutí), (4) schopnost prezentovat obecnější cíle, (5) obecná a strategická inteligence a (6) citová vyrovnanost. Tuto poslední vlastnost pokládá Greenstein za nejdůležitější a varuje: *Mějte se na pozoru před každým uchazečem o prezidenství, který není citově vyrovnaný. Propadá-li totiž prezident přílišným emocím, všechny jeho úspěchy se mohou obrátit vniveč.*

Hedley Donovan, šéfredaktor časopisu *Time*, vyjmenovává ve svém dávném článku z roku 1982 dokonce 31 nezbytných vlastností k získání Bílého domu. Na prvním místě je obrovská fyzická výdrž, kterou si každý kandidát ověří už v kampani – když čtu o Kerryho a Bushově programu, o tisících naježděných mílích, stovkách proslovů před davy, každodenních poradách s poradci, bývám unavená už jen z toho, že si to tempo snažím představit. Další potřebné vlastnosti jsou přiměřená ctižádost, vytrvalost, velkorysost, jistá důstojnost, ale zároveň nějaká drobná slabůstka nebo záliba, která prezidenta přiblíží obyčejným lidem. Pak je důležitá inteligence, ale vysoké IQ úspěšné prezidentství zdaleka nezaručuje (ostatně ani úspěch v normálním neprezidentském životě). Prezident musí umět zjednodušovat, aby mu lidé snadno porozuměli. Měl by to být dobrý komunikátor, schopný formulovat nějaké dlouhodobnější cíle, přesahující jeho dobu v úřadě. Aby se nezbláznil, musí mít prezident smysl pro humor, a také musí být optimista. Zároveň však musí myslet na všechny možné eventuality a být připraven na nečekané události. Protože šéfuje největšímu úřadu na světě, musí mít navíc empatii pro lidi a vynikající manažerské schopnosti.

A do třetice uvádím prezidentského historika Roberta Dalleka, který ve druhém vydání své knihy *Hail to the Chief: The Making and Unmaking of American Presidents* (Ať žije prezident: Vzestupy a pády amerických prezidentů), 2001, prohlašuje, že aby byl prezident úspěšný, musí mít pět základních schopností: (1) Každý úspěšný americký prezident měl nějakou jasnou vizi, kam chtěl Ameriku dovést. (2) Nejúspěšnější prezidenti byli velcí pragmatikové a realisté, kteří plně chápali to, že politika je umění možného. (3) Prezidenti, kteří nedokázali pro svou politiku najít obecný konsensus, nikdy neuspěli. (4) Nejlepší prezidenti si vždycky vytvořili s většinou společnosti jakýsi blízký, téměř osobní vztah. (5) Prezidenti, jimž většina lidí nedůvěřuje, nemohou dobře vládnout.

Na závěr ještě pár vět o hodnocení amerických prezidentů, které v roce 1997 prezentoval v jednom svém článku významný prezidentský historik Arthur M. Schlesinger, Jr. Na základě „známkování" třiceti dvou historiků, politologů a politiků sestavil vysvědčení všem americkým prezidentům od Washingtona po Clintona. Výbornou dostali jen George Washington, Abraham Lincoln a Franklin D. Roosevelt. Hned za nimi byli, asi tak jedna minus, Thomas Jefferson, Woodrow Wilson, Harry Truman a tři další. Celkem sedm prezidentů, včetně Dwighta Eisenhowera, Johna F. Kennedyho a Lyndona Johnsona, bylo ohodnoceno jako trochu lepší než průměr. Průměrnou známku dostalo dvanáct prezidentů, mezi nimi Bill Clinton, George Bush Sr., Ronald Reagan, Jimmy Carter a Gerald Ford. Čtyři dnes obecně už téměř neznámí prezidenti dostali čtyřku (podprůměrní), a mezi sedmi „propadlíky" byl ze známějších prezidentů Richard Nixon.

Jak se tyto obecné úvahy a pozorování vztahují na dva letošní kandidáty? Částečné odpovědi si čtenář najde na nejrůznějších místech této knížky, ale také v následujícím dlouhém citátu z výborného článku dvou korespondentů, Kennetha T. Walshe a Dana Gilgoffa, v týdeníku *US News and World Report* z 30. srpna 2004.

George W. Bush a John Kerry jsou sice v mnoha věcech velmi odlišní, ale oba mají jednu společnou vlastnost: v kritických situacích oba reagují tím nejlepším způsobem. Když věci nejdou dobře, ani jeden z nich nemá tendenci panikařit nebo propadat malomyslnosti, a když se jednou rozhodnou jít jistým směrem, oba jsou výjimečně houževnatí. Ve své nejslavnější chvíli válečného důstojníka ve Vietnamu prokázal Kerry chladnokrevnost pod palbou nepřítele, a Bush v historických chvílích po 11. září jasně demonstroval železné odhodlání. Oba se v těchto situacích rychle soustředili na to, co je třeba udělat, a přikročili kráznému činu – Kerry zachránil člena posádky na člunu, kterému velel, a Bush sešikoval celou zemi na podporu své ofenzivy proti Al-Kaidě, kterou začal rychlou invazí do Afghánistánu.

Osmapadesátiletý Bush je intuitivní a ochotný vsadit na velké, odvážné myšlenky. Šedesátiletý Kerry je uvážlivý a dává přednost opatrným, postupným řešením. Bush nemá žádnou intelektuální zvídavost.

Kerry je nekonečně zvídavý. Zatímco Bush vidí morální rozhodování černobíle, Kerry rozeznává šedé odstíny. Bush se rozhodne na základě nejlepší dostupné informace, zaujme pozici a pak už odmítá něco na svých postojích měnit. Kerry je vždycky ochotný položit ještě jednu otázku a uvažovat ještě o jedné eventualitě, a než se rozhodne, využije veškerého dostupného času a později se ke svému rozhodnutí často vrací. Bush usiluje o jednoduchost, Kerry miluje složitost. Bush by se cítil nejlépe v zasedací síni správní rady, Kerry v univerzitní učebně.

Málokdo si všiml jedné kuriózní věci, totiž jak se Kerryho přístup k protivenství podobá přístupu Bushe staršího. George H. W. Bush byl také uvážlivý a opatrný a hluboce nedůvěřoval překotnému jednání v krizi...

O čtrnáct dní později, 13. září 2004, píše Kenneth T. Walsh v témž týdeníku:

A najednou je to všechno osobní. Republikánský sjezd minulý týden posloužil Georgi W. Bushovi a Johnu F. Kerrymu jako ústřední bod, který rozptyluje všechny iluze o tom, že by snad podzimní kampaň mohla být něco jiného než zuřivá šarvátka. Ta možná víc než kdykoliv předtím odradí Američany od politiky. Pár dní před výročím 11. září a krátkou vzdálenost metrem od Ground Zero [což před 11. zářím znamenalo „epicentrum jaderného výbuchu“] *zostudili Bushovi republikáni Kerryho jakožto slabošského váhavého liberála, který nesouzní s Amerikou a kterému prostě není možno svěřit vedení národa v době války. Nepřekvapuje, že to Kerryho hluboce urazilo a že pouhou hodinu poté, co Bush pronesl svou řeč přijímající nominaci, se Kerry obořil na viceprezidenta Cheneyho a označil ho za pokrytce, který „odmítl sloužit ve Vietnamu, když k tomu byla příležitost“, a taky zaútočil na Bushe za to, že „pod falešnou záminkou zavedl zemi do války v Iráku“. Rozzuřený nad neustálými útoky na své válečné působení velitele rychlého člunu, Kerry konečně poslechl své poradce, kteří ho už týdny nabádali, aby palbu ostře opětoval...*

„Musíme porazit teroristy na celém světě, abychom jim nemuseli čelit doma,“ řekl Bush tomuto týdeníku... Kerry nám řekl: „Jsem přesvědčen,

že válka s terorem je největší výzva naší generaci," ale zároveň prohlásil, že „v důsledku Bushovy politiky extremismus posílil", a dodal: „Pokud jde o Irák, nejde o to, že bych jednu věc udělal jinak. Byl bych udělal skoro všechno jinak."...

Massachusettský senátor říká, že Bushova administrativa ignorovala rady zkušených generálů, že na okupaci Iráku bude zapotřebí víc vojáků, nezajistila irácké hranice, nepřesvědčila OSN a NATO, aby se spravedlivěji podílely na finačních a vojenských nákladech, a dostatečně nevyzbrojila a nevytrénovala irácké bezpečnostní síly. Kerry upozorňuje na to, že od chvíle, kdy Bush vyhlásil konec „hlavních bojových operací", se násilí v Iráku rozšířilo. Argumentuje, že Irák se stal živnou půdou pro teroristy a pro nenávist vůči Americe, že Írán nebezpečně rozšířil v celé oblasti svůj vliv a že mír mezi Izraelem a Palestinci je stále v nedohlednu...

Ale massachusettský demokrat má ve své minulosti také rozpory. Před dvěma lety dal Kerry svým hlasem Bushovi souhlas, aby odstranil Saddáma Husajna od moci, a nedávno řekl, že by dnes hlasoval stejně, protože za tehdejších okolností si prezident zasloužil tento souhlas. Kerry je však přesvědčen, že Bush to potom všechno pokazil. Říká, že Bushova administrativa chybně stáhla vojáky z Afghánistánu, kde tálibánský režim poskytoval útočiště teroristům z Al-Kaídy, a místo toho zaútočil v preventivní válce na Irák, který pro Spojené státy nepředstavoval žádné bezprostřední nebezpečí. „Bez plánu, jak vyhrát mír, bych býval nikdy nešel do války," říká demokratický kandidát. Nemá v úmyslu okamžitě stáhnout americkou armádu z Iráku, ale říká, že jako prezident by usiloval o to, aby aspoň část vojáků byla doma příští rok, snažil by se totiž přesvědčit spojence, aby převzali část iráckého břímě...

Kerry tvrdí, že Bushova kampaň na ochranu Ameriky samé je plná protikladů a chaosu. Říká, že americké přístavy, chemické a nukleární provozy, dráha a další důležité části infrastruktury nejsou dostatečně chráněny a že na to nebylo vyhrazeno dost peněz. Administrativa také ohrozila občanské svobody v důsledku protiteroristického zákona

PATRIOT, který posiluje pravomoci policie. Kerry hlasoval pro tento zákon a je pro jeho obnovení příští rok, pokud se v něm udělají jisté změny...

Jedno z největších zklamání Bushova prezidentství je jeho role v polarizaci Ameriky. Před čtyřmi lety kandidoval jako člověk, který Ameriku „sjednotí, ne rozdělí", ale jeho úsilí dosáhnout konsensu skončilo naprostým nezdarem. Mnozí demokraté jsou stále přesvědčeni o tom, že v roce 2000 vyhrál Bush volby nelegitimním způsobem, a jiní se cítí oklamáni, protože jeho politika je konzervativní, nikoli středová.

Na závěr dva osobní komentáře. Moje dávná kamarádka Kitty Druck, původem pražská židovka, mi o Kerrym napsala, že je to „trapný pokrytec", a má nová republikánská kamarádka Linda Michael komentovala Kerryho plán, co dělat v Iráku, následovně:

Když jsem slyšela ten jeho údajný „plán", znělo to PŘESNĚ jako to, co už současný prezident dělá. Jeho tvrzení, že byl ve svém žvanění o Iráku konsistentní, je nesmysl. Když to ale řekl, tak ani nehnul brvou a tvářil se „prezidentsky". Dávám mu body za jeho nestydatost. Tvrdí, že ten svůj plán provede „rychleji". Žije ve světě fantazie, když si myslí, že jeho osobní magnetismus pomůže Americe získat víc spojenců, než získal prezident – naši „spojenci" už jasně dali najevo, v čem pomůžou a v čem nepomůžou, a taky je jasné, že nezáleží na tom, KDO bude prezidentem USA. Čím víc přemýšlím o hlasech z protilehlých politických táborů, tím víc si potvrzuji, že v politice je velmi silný iracionální element. Úporné rozpory mezi příznivci Bushe a Kerryho mi připomínají hádky mezi táborem Václava Klause a Václava Havla – přestože často jde o protivníky se srovnatelnou mírou inteligence a smyslu pro férovost, dohoda není možná. Já jsem se takhle kolikrát pustila do křížku se svým „úhlavním přítelem" Františkem Vrhelem a nikdy jsme ten spor nevyřešili. Jsem samozřejmě přesvědčena, že pravda byla na mé straně, ale František zase ví, že pravdu měl on.

Přehledy

Nejpočetnější indiánské kmeny v USA

Zdroj: *The World Almanach and Book of Facts 2004*

Sčítání lidu z roku 2000, podle vlastní sebeidentifikace (někteří respondenti se hlásí ke dvěma nebo více kmenům nebo rasám). Zahrnuje kmeny v kontinentálních Spojených státech a na Aljašce.

Čerokíové (Cherokee)	729 533
Navahové (Navaho)	298 197
Kanadské a latinskoamerické kmeny	192 770
Siouxové (Sioux)	153 360
Čipevajové (Chippewa)	149 669
Čoktóové (Choctaw)	158 774
Pueblané (Pueblo)	74 085
Apačové (Apache)	96 833
Lumbee	57 868
Irokézové (Iroquois)	80 822
Kríkové (Creek)	71 310
Černonožci (Blackfeet)	85 740
Yupik	24 237
Čikasóvé (Chickasaw)	38 351
Tohono O'Odham	20 087
Inupiat Eskimo	19 365
Potawatomi	25 595
Yaqui	22 412
Tlingit-Haida	22 365
Aljaští Athabaskové (Alaskan Athabacsan)	18 838
Seminolové (Seminole)	27 431

Šajenové (Cheyenne)	18 204
Sališové z Puget Sound (Puget Sound Salish)	14 631
Komančové (Comanche)	19 376
Pajutové (Paiute)	13 532
Celkem	4 119 301

George W. Bush a John F. Kerry – chronologie

6. července 1946	**George Walker Bush** se narodil v New Havenu, Connecticut, kde jeho otec studuje na Yalské univerzitě. Je první z šesti dětí.
1948	Bushovi se stěhují do Texasu.
1953	Georgeova tříletá mladší sestra umírá na leukemii, George utěšuje maminku.
1961–1964	GWB studuje na prestižní střední škole v Andoveru v Massachusetts.
Podzim 1964	GWB začíná studovat na Yalské univerzitě, jeho známky jsou spíš horší, ale je oblíbený a často dělá různé kanadské žertíky.
Květen 1968	GWB žádá o přijetí do Národní gardy v Texasu a díky rodinné protekci je přijat, naučí se létat, letecký výcvik zakončuje v červnu 1970.
1970–1972	GWB pomáhá svému otci v politické kampani, střídá několik zaměstnání.
1971	George Bush Sr. se stává vyslancem USA u Spojených národů.
1972	V září žádá GWB o přesun k Národní gardě do Alabamy, avšak protože se v srpnu nedostavil na povinnou zdravotní prohlídku, ztrácí svou leteckou licenci.

Léto 1973	GWB opouští Národní gardu, začíná studovat na Harvard Business School.
1975	GWB získává titul MBA (Master of Business Administration) a poté se vrací do Texasu, kde začíná pracovat v naftařském průmyslu.
1977	V červenci se potkává GWB s Laurou Welch a v listopadu mají svatbu.
Listopad 1978	GWB prohrává ve volbách do Kongresu, kde se ucházel o místo reprezentanta za Texas.
Listopad 1980	George Bush Sr. je zvolen viceprezidentem ve vládě Ronalda Reagana.
1981	Bushovům se narodí dvojčata Barbara a Jenna, GWB má neúspěchy ve svém naftařském podnikání, hodně pije, rodina má málo peněz.
Duben 1984	GWB prožívá silnou náboženskou zkušenost.
Červenec 1986	GWB se na svých narozeninách opije, druhý den přestává definitivně pít alkohol.
Duben 1987	GWB se stěhuje do Washingtonu, pomáhá svému otci v prezidentské kampani, uvědomuje si politickou váhu náboženské pravice, pro svého otce získává konzervativní hlasy.
Listopad 1988	George Bush Sr. zvolen prezidentem USA.
Duben 1989	GWB kupuje texaský baseballový klub Texas Rangers, investuje do vybudování stadionu.

Listopad 1992	George Bush Sr. je poražen v prezidentských volbách Billem Clintonem.
Listopad 1994	GWB je zvolen guvernérem Texasu. Brzy si získává reputaci jako rozhodný a schopný administrátor.
Listopad 1998	GWB je podruhé zvolen guvernérem Texasu.
Červen 1999	GWB oznamuje, že bude kandidovat na úřad prezidenta USA.
7. listopadu 2000	Volební den, výsledky sčítaní hlasů na Floridě nejasné.
13. prosince 2000	Al Gore přiznává porážku, GWB se stává 43. prezidentem USA.
Únor 2001	GWB předkládá Kongresu svůj desetiletý plán daňových škrtů.
11. září 2001	Teroristické útoky na New York a Washington, D.C.
7. října 2001	USA a Velká Británie útočí na Afghánistán, 13. listopadu je dobyt Kábul.
Leden 2002	GWB podepisuje nový zákon o vzdělání.
29. ledna 2002	Ve své Zprávě o stavu Unie označuje GWB Severní Koreu, Írán a Irák za „osu zla“.
14. června 2002	GWB poprvé veřejně formuluje svou doktrínu preventivního úderu.

12. září 2002	V projevu k Valnému shromáždění OSN vyzývá GWB světové politické vůdce, aby donutili Saddáma Hussajna zlikvidovat své zbraně hromadného ničení.
19. března 2003	Začíná válka v Iráku.

11. prosince 1943	**John Forbes Kerry** se narodil v Denveru, Colorado, jeho rodina se krátce nato stěhuje do Massachusetts.
1950	Kerryovi se stěhují do Washingtonu.
1957	Kerryho otec pracuje jako diplomat na americkém velvyslanectví v Norsku, JFK je studentem na střední škole v Massachusetts.
1958	JFK začíná studovat na prestižní střední škole St. Paul's v Concordu, New Hampshire.
1959	JFK zakládá na škole debatní společnost, která existuje dodneška.
1962	JFK pracuje jako dobrovolník v senátorské kampani Teda Kennedyho, začíná studovat na Yalské univerzitě, dvakrát se setkává s prezidentem Johnem F. Kennedym, má krátkou známost s nevlastní sestrou Jacqueline Kennedyové.

1966	V únoru se JFK dobrovolně hlásí do armády, na jaře končí univerzitní studia, v prosinci povolán do armády.
1967	JFK prochází vojenským výcvikem, v prosinci nastupuje službu na fregatu USS Gridley.
1968	V únoru patroluje Gridley u vietnamského pobřeží, ale JFK se nedostává do žádného kontaktu s nepřítelem, v červnu se Gridley vrací do USA, v prosinci JFK nastupuje na druhou službu jako velitel rychlého člunu č. 44, který patroluje v Mekongské deltě v jižním Vietnamu, je lehce raněn a dostává své první vyznamenání, Purpurové srdce.
1969	Od začátku roku do poloviny března je JFK třikrát raněn, zastřelí asi 20 vietcongských bojovníků, zachraňuje člena své posádky Jima Rassmanna, který spadl z člunu, když na ně zaútočil nepřítel, získává další dvě Purpurová srdce, jednu Stříbrnou hvězdu a jednu Bronzovou hvězdu, v dubnu se JFK vrací z Vietnamu domů.
1970	V lednu odchází JFK z námořnictva, v květnu si bere za manželku Julii Thorne, v létě se z vlastní iniciativy setkává v Paříži se severovietnamskou delegací, která tam přijela na mírová jednání.
22. dubna 1971	JFK svědčí před senátním výborem ve svém prvním veřejném politickém vystoupení, prohlašuje, že američtí vojáci ve Vietnamu se dopouštějí brutalit a chovají se jako zločinci, následující den ještě s několika dalšími veterány odhazuje

	na protest proti válce vyznamenání přes plot kolem Kongresu. V následujících měsících se však JFK postupně s radikálními kritiky války ve Vietnamu rozchází, chce pracovat uvnitř politického systému.
Listopad 1972	JFK se uchází o místo reprezentanta za Massachusetts v Kongresu, volby prohrává.
Září 1973	Kerryům se narodila dcera Alexandra, pár dní nato se JFK zapisuje na Právnickou fakultu Boston College.
Květen 1976	JFK získává právnický titul z Boston College, poté začíná pracovat v advokátní kanceláři v okresu Middlesex.
Únor 1978	JFK odchází ze záložního vojska amerického námořnictva.
Květen 1979	JFK si otvírá soukromou právnickou praxi.
1982	V květnu se JFK rozchází se svou ženou Julií, v listopadu je zvolen zástupcem guvernéra státu Massachusetts.
Listopad 1984	JFK je zvolen senátorem za stát Massachusetts.
Únor 1985	JFK se stává členem prestižního senátního výboru pro zahraniční záležitosti.
Červenec 1988	Po několika letech odloučení se JFK rozvádí se svou ženou Julií.

Listopad 1990	JFK je podruhé zvolen senátorem.
1991	JFK předsedá senátnímu výboru, který se snaží získat informace o stále ještě nezvěstných amerických vojácích z vietnamské války.
Květen 1995	V občanském sňatku si JFK bere za ženu Teresu Heinz.
Listopad 1996	JFK je potřetí zvolen senátorem.
Květen 1997	JFK veřejně potvrzuje, že požádal o anulování svého sňatku se svou první ženou.
Únor 1999	Po více než ročních dohadech, zda se bude ucházet o nominaci na prezidenta, JFK oznamuje, že kandidovat nebude.
2000	JFK je jedním z uvažovaných kandidátů na viceprezidenta v kampani Al Gora, ten si však vybírá Josepha Liebermana.
Listopad 2002	JFK je počtvrté zvolen senátorem.
12. ledna 2003	JFK oznamuje, že se bude ucházet o Bílý dům.

ŘÍJEN 2004

Události

1. října

Ve Filadelfii v Pensylvánii začíná turné rockové hudby nazvané Volte změnu (Vote for Change).

5. října

V Clevelandu se koná debata mezi viceprezidentem Dickem Cheneym a demokratickým kandidátem na viceprezidenta Johnem Edwardsem.

6. října

Americký zbrojní inspektor Charles A. Duelfer vydává zprávu, že pod tlakem OSN Irák zlikvidoval své zbraně hromadného ničení už v devadesátých letech a že zároveň Saddám Husajn vytvořil obrovskou úplatkářskou síť, v jejímž rámci dostali zahraniční politikové a obchodníci miliardy dolarů.

8. října

Ministerstvo práce oznamuje, že v září přibylo 96 000 nových míst, což znamená, že poprvé od třicátých let 20. století končí prezidentské období s méně pracovními místy, než s kterými začínalo.

V druhé prezidentské debatě, ve městě St. Louis ve státě Missouri, si oba kandidáti vedou dobře, takže výsledek je obecně hodnocený jako nerozhodný.

9. října

V Afghánistánu se konají historicky první volby, přes jisté problémy probíhají klidně, účast je obrovská. Vítězství dosavadního prezidenta Hamída Karzáího bylo potvrzeno 3. listopadu 2004.

11. října
Milice Muktady Sadra začínají odevzdávat zbraně, za každou odevzdanou zbraň dostávají peníze (až 640 dolarů za pušku).

V Hollywoodu má premiéru kreslený film *Team America: World Police*.

12. října
V *NYT* vychází článek o tom, že řada katolických biskupů varuje věřící, že když budou volit Kerryho, spáchají hřích.

13. října
Třetí debata mezi Georgem Bushem a Johnem Kerrym na Arizonské státní univerzitě v Tempe.

Ralph Nader je vyškrtnut z prezidentské kandidátky v Pensylvánii, protože dvě třetiny podpisů na peticích žádajících o jeho umístění byly neplatné nebo zfalšované.

Skupina vojáků v zásobovací jednotce číslo 343 v Iráku odmítá rozkazy, prohlašuje, že vozidla jsou ve špatném stavu a že plánovaný konvoj nemá dostatečnou ochranu, takže jejich mise (dopravit palivo z jedné báze blízko Nasirije na vzdálenou bázi na severu země) by byla sebevražedná.

17. října
The New York Times vyjadřují ve svém redakčním úvodníku podporu Johnu F. Kerrymu.

18. října
Voliči ve 31 státech mohou od tohoto data předčasně volit prezidenta (pro srovnání: v roce 2000 nabídlo předčasnou volbu

pouze 13 států). Na některých místech se před volebními místnostmi tvoří dlouhé fronty.

21. října

Druhý voják je odsouzen za týrání vězňů v Abú Ghraíb.

22. října

Nejvyšší soud státu Ohio zamítá žádost Ralpha Nadera o přezkoumání seznamu voličů na petici žádající umístění jeho jména na prezidentské kandidátce.

23. října

Článek v *NYT* uvádí, že podle vysoce postavených protiteroristických činitelů ve čtyřech evropských zemích odjely stovky mladých muslimských mužů z Evropy bojovat do Iráku.

V Iráku, 95 kilometrů východně od Bagdádu, je při návratu z výcviku zabito 49 iráckých armádních rekrutů a 3 civilní řidiči. K útoku se hlásí skupina teroristy Zarkávího.

24. října

Deník *The Washington Post* vyjadřuje podporu Johnu Kerrymu.

Al Gore se na Floridě připojuje ke kampani Johna Kerryho.

25. října

Podle článku v *NYT* poslala 10. října prozatímní irácká vláda dopis OSN, že téměř 350 tun silných výbušnin zmizelo ze skladu Al-Kakáa krátce po invazi amerických vojsk do Iráku na jaře 2003.

Bývalý prezident Bill Clinton se sedm týdnů po velké srdeční operaci zapojuje do kampaně senátora Kerryho, ve Filadelfii ho nadšeně vítají desetitisíce lidí.

26. října

Irácký premiér Ajád Aláví viní mezinárodní síly z nedbalosti, která vedla k masakru armádních rekrutů. Je to poprvé, kdy veřejně kritizuje Spojené státy.

Izraelský parlament souhlasí s návrhem premiéra Šárona stáhnout asi 8000 izraelských osadníků z jednadvaceti osad v pásmu Gazy.

27. října

New York oslavuje stoleté výročí svého metra, jehož 27 tras se 468 stanicemi měří k dnešnímu dni 1161 kilometrů (pro srovnání: pražské metro má 3 trasy, 53 stanic a celkovou provozní délku 53 kilometrů).

V St. Louis v Missouri vyhrává ve Světové sérii baseballový tým z Bostonu, Red Sox, nad týmem Kardinálů z Missouri a následující den vítá vítězné hráče v Bostonu víc než milion fanoušků.

28. října

Na internetu se objevuje informace o studii týmu Johns Hopkins University v Baltimore, Delaware, která má vyjít po volbách v britském lékařském časopisu *The Lancet* a která tvrdí, že od začátku invaze do Iráku v březnu 2003 tam v přímém i nepřímém důsledku tohoto konfliktu zahynulo minimálně 100 000 civilistů.

29. října

Katarská televize Al-Džazíra vysílá jednominutový výňatek z asi pětiminutové videonahrávky, v níž Usáma bin Ládin oslovuje americký lid, kritizuje George W. Bushe a říká, že dalším atentátům mohou předejít, když nebudou Araby dráždit.

Redakce konzervativního britského týdeníku *The Economist* vyjadřuje podporu Johnu Kerrymu, byť „s těžkým srdcem".

31. října

Na regulérnost voleb se chystá dohlížet 250 000 demokratických dobrovolníků a 18 000 právníků obou stran je připraveno okamžitě intervenovat v případě nesrovnalostí.

Svátek Halloween.

Komentář

Kerry začíná říjen energicky, povzbuzen výsledky první debaty, ve které si zcela jasně vedl lépe než jeho protivník. Pět dní po první prezidentské debatě se v Clevelandu, na Case Western Reserve University, utkávají kandidáti na viceprezidenta, Dick Cheney a John Edwards. Cheney je zkušený politický harcovník, který nemůže být obviněn z nestálosti – celý život patřil mezi nejpravicovější křídlo republikánské strany. Narodil se v roce 1940 v Nebrasce, v roce 1969 začal pracovat v Bílém domě za administrativy Richarda Nixona, v roce 1976 byl zvolen do Kongresu jako reprezentant za stát Wyoming a v letech 1989 až 1992 byl ministrem obrany ve vládě George Bushe st. Po Bushově porážce v roce 1992 působil Cheney v nejvyšším vedení olejářské firmy Halliburton, kde zůstal do roku 2000. Jako reprezentant hlasoval v Kongresu proti potratům i v případě znásilnění, proti školním obědům pro chudé děti, proti finanční pomoci studentům a různým programům na pomoc seniorům. Cheney je jakási šedá eminence Bushova Bílého domu a mnozí odpůrci prohlašují, že on je vlastně hlavním tvůrcem Bushovy politiky.

Edwards má naopak politických zkušeností málo, je senátorem za Severní Karolínu teprve od roku 1999. Jeho oblíbené téma je existence „dvou Amerik".

Debata mezi Cheneym a Edwardsem je ostrá až nepřátelská a Edwards si vede dobře, takže střet končí vyrovnaně. „Věřte vlastním očím a ne slovům z Bílého domu," vyzývá posluchače demokratický kandidát. Jediný okamžik, kdy napětí trochu povoluje, přichází ve chvíli, kdy se vynořuje téma manželství mezi osobami téhož pohlaví. Cheney má dceru lesbičku, která se s tímto svým založením nijak neskrývá, a viceprezident opětně potvrzuje svůj snad jediný rozpor s politikou prezidenta Bushe, spočívající v tom, že nepodporuje ústavní dodatek, který by zakázal manželství mezi osobami téhož pohlaví. Podle viceprezidenta by lidi měli mít svobodu vybrat si takový svazek, jaký jim vyhovuje, načež Edwards Cheneyho chválí za to, že jako milující otec stojí na straně své dcery, a Cheney mu děkuje za jeho „laskavá slova".

Den po klání Cheney – Edwards vychází téměř tisícistránková zpráva Charlese A. Duelfera, který vedl oficiální vyšetřovací komisi zřízenou na podnět Bushovy administrativy a Kongresu (nazvanou Iraq Survey Group neboli Skupina pro průzkum Iráku) kvůli zjištění pravdy o iráckých zbrojních programech v letech 1991 až 2003. Zpráva potvrzuje, že Irák zlikvidoval většinu svých zbraní hromadného ničení krátce po první válce v Perském zálivu, ale že Saddám Husajn měl v úmyslu výrobu těchto zbraní obnovit, jakmile by byly zrušeny mezinárodní sankce, o což se nejrůznějšími způsoby snažil – především podplácením v rámci programu Ropa za potraviny. Reakce na tento dokument jen dokládá, jak je v dnešní Americe možno cokoli interpretovat dvojím způsobem. Odpůrci prezidenta Bushe samozřejmě argumentují tím, že neexistence zbraní hromadného ničení je Duelferovou zprávou definitivně potvrzena, zatímco Bílý dům a jeho příznivci se soustřeďují na ty části zprávy, v nichž se hovoří o Husajnových plánech zbrojní programy obnovit.

Ráno před druhou prezidentskou debatou, 8. října, je zveřejněn průzkum veřejného mínění provedený agenturou Associated Press, podle něhož Kerry vede nad Bushem 50 ku 46. Podle týdeníku *Time* mají oba kandidáti podporu 45 procent voličů a pro Kerryho by hlasovalo více žen. Demokraté začínají používat bojové heslo „země si nezaslouží čtyři další takové roky". Večer se na Washington University v St. Louis ve státě Missouri koná druhý přímý střet prezidentských uchazečů, který sleduje na svých obrazovkách 46,7 milionu Američanů. Tentokrát je hlavním tématem domácí politika a napětí mezi Bushem a Kerrym se zdá velmi osobní. Podle svědectví přátel připomíná senátor Kerry prezidentovi nafoukané spolužáky z jeho studií na Yale, kteří nad mladým Texasanem ohrnovali nos, zatímco Kerry pokládá Bushe za „intelektuálně líného a cynického". Jedna z posluchaček žádá prezidenta, aby jmenoval tři chyby, jichž se dopustil v Bílém domě a aby vysvětlil, jak je následně napravil. Prezident – zřejmě věren zásadě „nikdy se neomlouvat" – odmítá jakékoli chyby jmenovat a pouští se do vášnivé obrany invaze do Iráku.

Třetí debatu 13. října moderuje další „známý", Bob Schieffer, jehož vlasy od našich časů v Americe už úplně zbělely. Je to opět celkem vyrovnaný střet, ani jeden z kandidátů neudělá žádnou botu, ale kvůli krátké zmínce Kerryho o lesbické dceři viceprezidenta Cheneyho vyvolává debata několikadenní bouři. Zajímavé je, že když se toto téma objevilo ve viceprezidentské debatě, obešlo se to bez problémů a Cheney dokonce svému protivníkovi poděkoval. Na otázku moderátora, co si myslí o homosexualitě, je-li to je volba nebo vrozená věc, Kerry odpovídá: *Všichni jsme děti Boží, Bobe. A myslím, že když se zeptáš dcery Dicka Cheneyho, která je lesbička, řekne ti, že je tím, čím je, že se tak narodila. Myslím, že když budeš mluvit s kýmkoli, tak zjistíš, že to není volba. Setkal jsem se s lidmi, kteří s tím bojovali léta, kteří vstoupili do manželství, protože tak to žádala konvence... Setkal jsem se s manželkami i manžely, kteří podpořili své protějšky, když otevřeně promluvili, a pak je nechali žít tak, jak to odpovídalo jejich založení, jak je stvořil Bůh...* Kerryho vyjádření charakterizují mnozí – i někteří demokrati – jako ránu pod pás, jako by demokratický kandidát udělal nějakou nehoráznost, dopustil se podlosti, vytáhl na veřejnost utajované rodinné špinavé prádlo. Druhý den Dick Cheney prohlašuje, že je velmi rozčilený otec, a jeho manželka se nechává slyšet, že Kerry je schopen udělat cokoliv, aby byl zvolen, a že jeho zmínka o Mary byl „laciný a nevkusný politický trik". Je v tom velká dávka neupřímnosti a pokrytectví, pobouření naznačuje, že pro mnoho republikánů je slovo „lesbička" stále jaksi nepřístojné a na veřejnosti nepřípustné. Přitom pětatřicetiletá Mary Cheney se ke své sexuální orientaci už léta otevřeně hlásí a ani její rodiče tuto věc netají.

Na téma „homosexualita a republikáni" píše Frank Rich v *NYT* v článku 24. října:

V republikánské straně je řada homosexuálů – jen se zeptejte lidí, kteří se pohybovali kolem republikánského nominačního sjezdu – ale Bushova volební kampaň nechce, aby se o tom dozvěděly důležité čtyři miliony [nejzarytějších fundamentalistů]. Jenže v této volební sezoně stačí, když si na internetu chvilku pohrajete s vyhledávačem Google, a brzy zjistíte, kteří z republikánských kongresmanů a jejich poradců jsou tajní homosexuálové. Tihle lidé ale zároveň podporují protihomosexuální politiku. Přitom někteří z nich pocházejí právě z oblastí, kde žijí ony důležité čtyři miliony.

Dřív či později povede tato neudržitelná míra pokrytectví k občanské válce uvnitř republikánské strany. Ale pokrytectví se netýká pouze homosexuality – týká se sexuality jako takové. Není ovšem divu, když republikánská strana volá po zrušení Roe versus Wade *a chtěla by potlačit otevřenou sexuální výchovu, přestože taková výchova může snížit jak počet těhotenství mladistvých, tak výskyt AIDS.*

Zpátky k debatám. Komentátoři se většinou shodují, že debaty byly k věci a že jaksi pročistily politickou atmosféru. Dick Meyer ze CBS News prohlašuje 13. října: *V politickém ovzduší, které oba kandidáti dnes označili jako polarizované, a v dlouhé kampani, kterou všichni pokládají za zvlášť špinavou, jsou tyto debaty triumfem argumentace nad reklamou, podstaty nad překrucováním a jasné řeči nad propagandou.*

Čeští novináři, mnozí z nich mladíci s malými zkušenostmi a zřejmě s povrchním vzděláním, občas píší o Americe věci, které svědčí o jejich hlubokém neporozumění – chytnou se nějakého detailu, ten zveličí a pak dojdou k definitivnímu závěru. O to víc mě vždycky potěší, když narazím na text, který vystihuje něco podstatného. To se podařilo v redakčním komentáři Milanu Vodičkovi v *Mladé frontě Dnes* 15. října 2004, v němž hodnotil prezidentské debaty následovně:

Kerry třikrát po sobě vypadal prezidentštěji než prezident. Působil silněji, přesvědčivěji, důvěryhodněji. Kdyby Američan ztroskotal na pustém ostrově před první debatou, cítil by se líp, kdyby tam s ním byl kromě Chucka Norrise ještě George Bush. Teď by tam chtěl spíš Kerryho.

Kandidáti vedli kampaň celé měsíce, teď jejich obraz změnilo pouhých 270 minut. Jak to?

Debaty jsou rentgen, jímž voliči náhle vidí kandidátům do hlav i srdcí. Debata ukazuje znalosti, kulturu vystupování i to, jak se politik chová ve stresové situaci, kdy jde možná o všechno. Je to i divadlo, a tak se občas divák baví: Bushovi před včerejší debatou asi řekli, aby se usmíval, ale vyšel z toho spíš počínající zánět trojklanného nervu. Kerry zůstal pořád svůj, takže vystupoval jako majitel pohřebního ústavu.

Debata kandidáty pozře, sežvýká a vyplivne to dobré i špatné z nich. Náhle jsou na pódiu sami a nemohou se skrýt za plotem svých štábů.

Debaty jsou politický darwinismus v pozitivním slova smyslu.

Ať už se Američanům víc líbil Bush nebo Kerry, na jedno mohou být pyšní: mají systém, který vymyslel velmi náročné síto. A jejich země vyprodukovala dva muže, kteří mají poměrně jasnou vizi, dokážou o ní inteligentně a bez zadrhávání hovořit a ještě přitom vystupují velmi důstojně, tedy pokud se zrovna nekření.

A teď to hlavní. Kdo vyhraje? … Amerika má dva muže, dvě rozdílné vize a necelé tři týdny před sebou.

Moji přátelé z Ameriky mi v polovině měsíce posílají občas až zoufalé vzkazy, jako třeba jeden dobrý newjerseyský kamarád, který nechce být jmenován:

Proč demokraté Bushe nenávidí? Protože obrací vše, čeho bylo v posledních letech dosaženo. Bude to mít dlouhodobé následky. Když skončil Clinton, byl ohromný přebytek, lidé se cítili dobře, republikáni, demokraté, zelení, téměř všichni. Po třech a půl letech Bushovy vlády máme historicky rekordní dluh, válka v Iráku stojí miliardy a všechno jde od desíti k pěti, a pan prezident dá nejbohatšímu jednomu procentu přes osmdesát miliard dolarů úlevu na daních. Je to správné? Má to smysl?

Kdo se dnes cítí dobře?!? Země je nejvíc polarizovaná od dob vietnamské války, hippies a studentských bouří. Proč? Když Bush nastoupil do Bílého domu, jeden z jeho hlavních slibů byl, že bude prezidentem všech, že zemi sjednotí!!! Atd. atd. atd., do nekonečna.

Jiřinko, jsou to mé deváté prezidentské volby a poprvé se mně téměř dělá špatně z vědomí, že „incumbent" bude znovu zvolen.

Jiný přítel, významný ekonom a člověk s přístupem do vyšších kruhů, mi píše 12. října (den před poslední debatou):

Všichni jsme tu velmi deprimovaní, protože navzdory několika nadějným náznakům není Kerryho pozice dobrá... Neustále přemýšlím o tom, že budu emigrovat.

Jediný optimistický tón zaznívá ze Seattlu, od téměř devadesátiletého bývalého unitářského duchovního Dicka Henryho, který před časem vydal monografii o Norbertu Čapkovi, zakladateli českého unitářského hnutí. Dick mi píše 13. října:

Odmítám věřit, že jsou Američané natolik stupidní, že jsou v tak hlubokém spánku, aby dali těm destruktivním „neokonzervám", kteří ničí zákony této země, lesy, potoky, vzduch a moře, a kteří zničili kdysi dobré jméno této země po celém světě, další čtyři roky na to, aby dokonali své dílo zkázy... a udělali kdovíjakou další škodu, pokud budou znovu zvoleni. Skálopevně věřím, že Kerry má nejen šanci, ale lepší šanci, než předvídají většinou republikánsky orientované průzkumy veřejného mínění a náš jasně republikánsky kontrolovaný tisk a další média.

Ale abych dala hlas také druhé straně. Známá jedné dobré známé, Češka žijící v Americe od roku 1949 a celoživotní republikánka, která však s iráckou válkou nesouhlasila, mi píše:

Mnozí pochybují o Kerryho upřímnosti... jeho senátní kariéra je bezvýrazná, nehorázně útočil na vojáky válčící ve Vietnamu při slyšení v Kongresu, využívá své krátké vojenské služby pro osobní politické zvýhodnění, jeho postoj ke katolicismu je ambivalentní... Mnozí pochybují, že neexistující Kerryho šarm přesvědčí Francii, Německo a možná Rusko, aby poslaly vojáky do Iráku a pomohly nám financovat tento tragický podnik. Jiní zas nevěří tomu, že Kerry opravdu rozumí oby-

čejnému Američanovi vzhledem k jeho celoživotní snaze pohybovat se mezi boháči a svému „úspěchu" u výjimečně bohatých žen. Ani jeho domácí návrhy nedávají moc smyslu. Přesto však mám obavu, že Kerry vyhraje, protože má adoptovaná země nemá dost trpělivosti...

Den po poslední debatě, 14. října, shrnuje Thomas L. Friedman v *NYT* Bushovo prezidentství následovně:

Prezident zneužil terorismu k politickému cíli – pokusil se udělat z něho stejně rozvratné téma, jako je potrat, zbraně nebo práva homosexuálů a lesbiček, aby sešikoval republikánskou základnu a prosadil svou vlastní politickou linii. Ale právě toto zneužití 11. září zavedlo jak prezidenta, tak celou zemi do slepé uličky, protože to vytvořilo nejen klín mezi demokraty a republikány, ale také klín mezi Amerikou a ostatním světem, mezi Amerikou a její vlastní historickou identitou, a mezi prezidentem a selským rozumem.

Prezident zneužil emocí po 11. září k tomu, aby nastolil kurz extrémní pravice, pokud jde o daňové škrty, životní prostředí a společenské otázky – na což neměl od voličů mandát... Stal se z něho prezident, za něhož se Amerika v moderní historii nejvíc rozdělila a polarizovala...

Tím, že zpolitizoval 11. září, vrazil prezident klín mezi nás a naši historii. Bushův tým z této země udělal „Spojené státy bojující s terorismem". Jak říká expert na Střední východ Stephen P. Cohen, „Bush je zřejmě schopen vyjadřovat pouze náš hněv, ne naše naděje. On se výlučně zaměřuje na Ameriku, jejíž jediná role ve světě je zničení teroristů. Ale v Americe vždycky šlo o potvrzení něčeho pozitivního. A to dnes chybí..."

V polovině měsíce, 13. října, vychází v *NYT* zajímavý článek o týdeníku *Iconoclast*, vydávaném v texaském městečku Crawford, kde má prezident Bush ranč. Koncem září podpořil týdeník kandidaturu Johna Kerryho a podle majitele novin pana Smithe, obdivovatele prezidenta Reagana, kleslo po tomto prohlášení předplatné týdeníku zhruba o polovinu, z 920 předplatitelů na 482, ale zároveň se přihlásilo 100 nových předplatitelů. Na adresu týdeníku navíc přišla řada výhrůžek fyzického násilí.

Za pár dní nato, 17. října, vyjadřují Kerrymu podporu *The New York Times*. Češi se občas této americké zvyklosti diví a ptají se, jak se podpora jednoho kandidáta srovnává s cílem nestranného zpravodajství, ale je to dlouhá tradice, která je součástí americké předvolební diskuse. Články na podporu toho či onoho kandidáta bývají uvážlivé, racionální a analytické a často shrnují hlavní témata předcházející prezidentské kampaně.

Úvodník *NYT* je hlavně zhodnocením čtyřletého prezidentování George W. Bushe, které vyznívá velmi negativně. Začíná tím, že Bush měl nedostatečný mandát (volilo ho o půl milionu méně voličů než Al Gora), a proto Američané doufali, že bude vládnout spíš středově, on však místo toho stočil svou politiku prudce doprava. Po 11. září se země sjednotila a prezident měl krátce naprosto bezprecedentní popularitu, ale místo aby v této změněné situaci upustil od dramatických daňových škrtů, prosadil je a tím výrazně ohrozil finanční situaci země. Pak prosadil útok na Irák pod falešnou záminkou, že Saddám Husajn bude mít brzo nukleární zbraně. V boji proti terorismu byly sice zatčeny desítky lidí, ale většinou to byli jen pěšáci, a ochrana Ameriky je stále nedostatečná: do dneška není 90 procent všech lodních nákladů přijíždějících do země kontrolováno. V současném arabském světě – i mezi umírněnými Araby – je Bushova vláda jakoby „radioaktivní". Bushova administrativa také systematicky podkopávala úsilí o ochranu životního prostředí, a přestože prezident podepsal důležitý zákon o reformě škol, nevyčlenil na něj dost peněz. Deník se nejvíc obává, že když bude George W. Bush zvolen na druhý termín, bude to znamenat výrazné posunutí Nejvyššího soudu k pravé části politického spektra – v příštích čtyřech letech bude totiž prezident určitě jmenovat několik nejvyšších soudců, protože osm z devíti soudců je starších než 65 let, takže někteří jistě odejdou do důchodu (nebo zemřou). Navíc v důsledku amerického deficitu hrozí pokračování pádu dolaru.

Podle *NYT* je Kerry spíš politik sjednocující, brání občanská práva, plně respektuje odluku církve od státu a má velmi slibný plán na rozšíření zdravotního pojištění. Má také zajímavé nápady na změnu energetické politiky, chce snížit závislost USA na dovozu ropy, a podporuje výzkum kmenových buněk. Úvodník končí následujícím odstavcem:

Volba prezidenta je vždycky obrovské rozhodnutí. I když kandidát vysvětlí své postoje naprosto detailně, může pak čelit nepřátelskému Kongresu, který mu znemožní, aby své plány realizoval. Nějaká katastrofa může všechny plány přivést vniveč. Občané mohou jen hádat a doufat, přemýšlet o tom, co udělali kandidáti v minulosti, jaké jsou jejich priority a jaký mají charakter. Na základě těchto tří faktorů jednoznačně podporujeme Kerryho.

Prestižní newyorský kulturní týdeník *New Yorker* vyjadřuje podporu prezidentskému kandidátovi poprvé ve své osmdesátileté historii. Podle redakčního vyjádření se Bushova administrativa vyznačovala selháním, arogancí a neschopností, kdežto Kerry nabízí „jasnou, korigující alternativu k Bushově zvláštní směsici samolibosti, radikalismu a demagogie". Kerrymu dokonce vyjadřuje podporu i světově uznávaný britský deník *Financial Times*, podle něhož způsobil George W. Bush polarizaci celého světa a navíc prováděl neodpovědnou ekonomickou politiku.

Devět dní před volbami, 24. října, mi jeden americký známý posílá článek z časopisu založeného „tradičním" konzervativcem Pat Buchananem, *The American Conservative*, v němž redakce časopisu vyhlašuje svou podporu Kerrymu. Pár krátkých odstavců stojí za ocitování:

V osobě Johna Kerryho a v jeho platformě je jen málo věcí, které se líbí konzervativcům. Obvinění z nestálosti a přelétavosti – což tvoří základ republikánské kampaně proti Kerrymu – je přehnané, protože „nekonsistence" Kerryho hlasování je zátěž, kterou nashromáždí každý délesloužící senátor... Kerry je však jasně typický liberál...

Tyto volby se však netýkají Kerryho. Pokud vyhraje, jeho nedostatek charismatu pravděpodobně způsobí, že bude prezidentem jen jeden termín... Značnou část jeho prezidentství zabere úsilí vybřednout z průšvihu v Iráku. Také ho bude omezovat nafouklý deficit...

Tyto volby jsou však hodnocením prezidentství George W. Bushe. K všeobecnému překvapení se z Bushe stal důležitý prezident a v mnoha věcech nejradikálnější americký prezident od 19. století...

Bush se však choval jako karikatura toho, jak by měl vypadat pravicový prezident, a pokud by zůstal v úřadě, zdiskreditoval by jakýkoli konzervatismus na generace. Invaze do země, která nepředstavovala pro Spojené státy žádné nebezpečí, udělování válečných zakázek politicky spřízněným korporacím, financování války obrovským deficitem, který zdědí další generace, neustálá snaha snižovat daně lidem z nejvyšších tříd – vypadá to, jako by se Bush snažil vzkřísit všechna levicová klišé z šedesátých let o bezohledném imperialismu a udělat z nich svou prezidentskou politiku...

Bush dokázal [zneuctít mezinárodní pověst Ameriky] tím, že formuloval novou zahraničněpolitickou doktrínu, podle níž má Amerika právo napadnout jakoukoli zemi, pokud se cítí ohrožená. Je to americká verze Brežněvovy doktríny, ale ta byla omezena pouze na východní Evropu...

Pokud vyhraje Kerry, bude tento časopis v opozici ode dne inaugurace. K nejdůležitějším bitvám však dojde uvnitř republikánské strany a konzervativního hnutí. Porážka Bushe zahájí obrovskou sebeanalýzu řadových republikánů, kteří se budou snažit přijít na to, jak a v čem Bushovo prezidentství pochybilo...

Bush dnes představuje politiku, která je v protikladu k téměř jakémukoliv druhu uvážlivého konzervatismu. Jeho mezinárodní politika je založena na beznadějně naivní víře, že jiné národy touží po tom, aby je osvobodila americká armáda – toto přesvědčení má ale víc společného s teorií Lva Trockého o globální revoluci než s jakýmkoli konzervativním státotvorným přístupem...

Na kritiku zprava je to docela „silné kafe“.

V průběhu října stoupá předvolební horečka každým dnem o několik stupňů. Johnu Kerrymu se zdánlivě daří trochu lépe – jeho kandidatuře vyjadřuje podporu víc deníků a periodik než kandidatuře jeho soka a do volebního boje se zapojuje pohublý Bill Clinton (kterému to ovšem velice sluší a který stále působí na davy jako magnet) a také Al Gore a bývalý prezident Jimmy Carter. Zprávy o očekávané vyšší volební účasti podle mnohých komentátorů jsou rovněž pro demokratického kandidáta příznivé – obecně se odhaduje, že nově registrovaní voliči budou spíš volit Kerryho.

Z Iráku navíc přicházejí poslední dny před volbami jedna špatná zpráva za druhou, což je pro demokraty jako voda na mlýn. Povstalci převlečení za policisty, zřejmě na základě informace zevnitř, napadají tři miniautobusy s 50 mladými neozbrojenými iráckými rekruty, kteří jedou z výcviku domů na víkend, a všechny je zabíjejí a pak demonstrativně naskládají do řad vedle sebe na silnici. Deset dní před 2. listopadem se objevuje zpráva, že ze skladu Al-Kakáa asi 50 km jižně od Bagdádu zmizelo v první době po americké invazi v březnu 2003 asi 350 tun velmi silných výbušnin – kterých se zřejmě zmocnili rebelové. Přitom Mezinárodní agentura pro atomovou energii na tyto nebezpečné výbušniny veřejně upozorňovala už před válkou a po americké invazi explicitně žádala Američany, aby výbušniny zajistili. John Kerry a další demokraté se okamžitě chápou této zprávy a prezentují zmizení výbušnin jako další důkaz neschopnosti Bushovy administrativy, Bílý dům za několik dnů nařčení odmítá, objevují se zprávy o tom, že výbušniny zmizely ještě před příchodem Američanů, pak se objevují další zprávy, které potvrzují, že výbušniny byly ve skladu ještě začátkem dubna. Pravdu se dozvíme nejspíš dlouho po volbách.

Příznivci prezidenta Bushe však neumdlévají, a když si ráno sednu k počítači a pomocí vyhledávače Google si začnu prohlížet zprávy z celé Ameriky, je to někdy jako lavina. Vojenský historik

Victor Davis Hanson, vědecký pracovník v konzervativní Hoover Institution, píše v *San Francisco Chronicle* 27. října:

O pravé podstatě naší hlasité rozdělenosti se málokdy mluví. V průběhu minulých tří desetiletí se politické postoje většiny voličů pozvolna měnily z liberálních v umírněně konzervativní, což dokládá jak řada nedávných republikánských prezidentů, tak i promyšlený posun prezidenta Bila Clintona k politickému středu. Nyní jsou v republikánských rukou jak Sněmovna, tak Senát, prezidentský úřad i většina funkcí státních guvernérů a státních legislativ. Bushovo vítězství pak zaručí konzervativní Nejvyšší soud na několik generací.

Na rozdíl od většiny voličů jsou univerzity, umělci, největší vlivná média a Hollywood převážně liberální – a zuřiví. Do politického zápolení přinášejí obrovské množství peněz, talentu, vzdělání a kulturního vlivu – ale politický vliv přitom stále ztrácejí. Talentovaná elita hraje stejnou roli vůči ostatní Americe, jako Evropané hrají vůči Spojeným státům – vztekle si vybíjejí zlost nad tím, že ti domněle míň sofistikovaní, ale mnohem mocnější průměrní Američané nejsou nijak nadšeni jejich utopickými vizemi.

Do kampaně se 29. října zapojuje dokonce i nejhledanější terorista planety Usáma bin Ládin, který na videonahrávce vypadá docela svěží. Komentátoři se shodují, že nahrávka americké voliče nijak neovlivnila. Jako by to byla jen další reklama.

A tak se přibližuje 2. listopad 2004 a Američani včetně mě mají nervy napjaté k prasknutí. Úvodník týdeníku *US News and World Report* z 25. října cituje newyorskou psycholožku Mary Margaret Frederick: *Mnozí z mých pacientů [levicově zaměřených demokratů] mají z dalších čtyř let Bushova prezidentství stejnou hrůzu jako z teroristů. Bojí se opravdu moc. Nekteří mají úplně čítankové symptomy úzkosti a deprese, podobné těm, které zažívali po 11. září. Jak se volby blíží, někteří jsou ve svých každodenních životech téměř paralyzováni.*

Historické vítězství bostonského baseballového týmu Red Sox, první výhra ve světovém mistrovství po 86 letech, povzbuzuje demokratické voliče na východním pobřeží, radují se, že to je dobré znamení – tým z liberálního Massachusetts porazil tým z konzervativního Missouri! Prezidentští i viceprezidentští kandidáti křižují klíčové státy Wisconsin, Iowa, Nové Mexiko a Michigan, ale hlavně Ohio a Pensylvánii. Poslední den v říjnu je svátek Halloween, po Americe běhají dospělí i děti převlečení za strašidla, do voleb zbývají dva dny, už aby bylo rozhodnuto!

Témata

Umělci a politika

1. října
Ve Filadelfii v Pensylvánii začíná turné rockové hudby nazvané Volte změnu (Vote for Change).

Turné Volte změnu zorganizovala organizace MoveOn.org, která se angažuje za sesazení George Bushe již od podzimu 2003 a kterou částečně financuje George Soros. Nejslavnějším zpěvákem této akce je Bruce Springsteen a jeho skupina E Street Band, ale účastní se jí i řada dalších slavných kapel, jako například R.E.M., Pearl Jam, Dave Matthews Band, Dixie Chicks a mnohé další. Že rockoví, metáloví a neopunkoví muzikanti nebudou volit republikány je nabíledni, nicméně Springsteenovo srpnové prohlášení na podporu demokratů veřejnost trochu překvapilo, zpěvák sice nikdy nevystupoval apoliticky, ale vždycky odmítal jakoukoli přímou angažovanost ve stranickém zápolení. Tentokrát však zřejmě došel k názoru, že už mlčet nemůže. Turné skončilo 13. října 2004 ve Springsteenově rodném státě New Jersey v městě East Rutherford (asi 7 kilometrů severně od North Arlingtonu, kde jsme bydleli prvních šest týdnů v Americe) a pořadatelé si libovali, že získali „tisíce" dobrovolníků a nasbírali „miliony dolarů" pro jednu z nejvlivnějších protibushovských organizací, America Coming Together (Amerika se spojuje).

Ke konci října se pak Springsteen připojil přímo ke Kerryho volební kampani a týden před 2. listopadem přitáhl tento populární zpěvák na Kerryho vystoupení ve městě Madison ve Wisconsinu víc než 80 000 lidí. Po zdravicích, projevech a bujarém skandování volebních hesel se za skupinou Kerryho dobrovolníků s transparenty „Následuj mě!" (Follow me!) sešikovaly tisíce voličů, kteří se poté vydali na pochod směrem k volební místnosti vzdálené necelý kilometr, aby využili možnosti předčasného hlasování a dali svůj hlas demokratickému kandidátovi.

V protibushovské kampani se sice neobjevili tak významní zpěváci jako Joan Báez či Pete Seeger, kteří se proslavili svými protestními písněmi proti válce ve Vietnamu, ale o to jsou současné protestní písně jedovatější a podle Davida Brownea, hlavního hudebního kritika deníku *Christian Science Monitor*, je jich od začátku roku 2003 dokonce i víc než koncem šedesátých let. Jsou také osobnější, útočí spíš na prezidenta samého než na válku v Iráku. Do volebního úterka však nebude jisté, zda opravdu přimějí mladé posluchače, aby šli volit.

Mezi rockovými zpěváky je jen pár Bushových příznivců, asi nejznámější je Kid Rock. Jinak se už tradičně mohou republikáni spolehnout spíš na country muziku, jejíž interpreti jsou hodnotově blíž venkovské, konzervativní Americe.

Za druhé světové války jezdili mnozí zpěváci za americkými vojáky na frontu, kde je vlastenecky povzbuzovali svými vystoupeními. Jedna z největších amerických vlastenek v té době byla slavná filmová herečka Marlene Dietrich, narozená sice v Německu, ale od roku 1939 americká občanka. Vojáky také neúnavně bavil legendární komik Bob Hope, který pak jezdil za vojáky i do Koreje a do Vietnamu. Frank Sinatra nikdy za americkými vojáky nejel a to mu mnozí měli za zlé, zvlášť američtí mladíci. Ti se v době největší Sinatrovy slávy často hádali se svými slečnami, protože slečny na Sinatru nedaly dopustit a na jeho koncertech omdlévaly blahem.

Populární hudba kritická k oficiální politice se pak objevila v době vietnamské války, ale když tento konflikt skončil, opět se na několik desetiletí cesty politiků a muzikantů rozešly.

V polovině 20. století, v době antikomunistického tažení senátora Josepha McCarthyho, byl do politiky vtažen Hollywood. Už ale tři roky před vystoupením tohoto politika, v roce 1947, sestavili vysocí činitelé hlavních filmových studií „černou listinu“ lidí kolem filmu, podezřelých ze sympatií ke komunistům. Tito autoři, režiséři i herci pak v Hollywoodu nedostali žádnou práci, řada z nich byla vyslýchána a mnozí se také ocitli ve vězení. Nejznámější byl případ takzvané „hollywoodské desítky“ (The Hollywood Ten), skupiny deseti hollywoodských scénáristů a režisérů, kteří byli v říjnu 1947 povoláni před Sněmovní výbor pro neamerickou činnost (House Un-American Activities Committee, HUAC). Tam však odmítli svědčit a poté byli odsouzeni za „pohrdání soudem“ na šest až dvanáct měsíců. Slavný zakladatel drsné školy detektivního románu, Dashiel Hammett, byl také povolán jako svědek v jednom podobném případě, a protože odmítl svědčit, byl i on odsouzen za „pohrdání soudem“ a strávil pět měsíců ve vězení. Hammett se samozřejmě ocitl na „černé listině“, a tak měl po návratu z vězení i velké finanční starosti, což mu podlomilo zdraví. V roce 1950 vyšel pamflet *Red Channels* (Rudé kanály), v němž byli z levicových postojů obviněni další lidé, už nejen z filmových studií, ale i z rozhlasu a z tisku. Atmosféru tehdejšího „honu na čarodějnice“ výborně vystihl Woody Allen ve svém filmu z roku 1976, *Na černé listině* (*The Front*).

Jeden z nejslavnějších amerických režisérů, Elia Kazan – který natočil filmy jako *Tramvaj do stanice Touha* a *Na východ od ráje* – patřil k několika málo předním hollywoodským umělcům, kteří s McCarthyho výborem aktivně spolupracovali. To mu vysloužilo četné kritiky a viselo nad ním jako stín až do smrti. Když dostával Kazan v roce 1999 Oscara za své celoživotní dílo, asi čtvrtina hostů při ceremonii odmítla vstát a připojit se k potlesku.

Začátkem padesátých let byl z komunistických sympatií obviněn také Charles Chaplin, a protože neměl americké občanství, bylo mu v roce 1953 zabráněno ve vstupu do země. Pak žil v Evropě, a teprve po 19 letech, v roce 1972, znovu přijel do Spojených států. Jasně si vybavuji televizní záběr tehdy už třiaosmdesátiletého legendárního herce, jak stojí ve dveřích letadla na Kennedyho letišti, kolem obrovské vítající davy a on je téměř hmatatelně dojatý a šťastný.

Od šedesátých let však Hollywood většinou podporuje demokraty a v letošních volbách je mnohem bojovnější než kdy dřív. Mezi hlasité odpůrce prezidenta Bushe patří herečky Meryl Streep, Julia Roberts, Barbra Streisand, Sharon Stone, Jessica Lange, Meg Ryan, Anjelica Huston, Kirsten Dunst, herci Paul Newman, Robert Redford, Kevin Costner, Dustin Hoffman, režiséři Steven Spielberg, Rolland Emmerich a mnozí další. Velmi vášnivým odpůrcem prezidenta Bushe je hrdina z *Titaniku* Leonardo DiCaprio, který se účastní televizní kampaně zaměřené na mladé voliče.

Ze známějších hollywoodských hvězd je na straně prezidenta Bushe samozřejmě republikánský guvernér Kalifornie Arnold Schwarzenegger – který si nicméně v této pacifické baště liberalismu získal značnou oblibu, dokonce i kalifornští demokrati jsou s jeho guvernérstvím spokojeni. Dále jsou v Bushově táboře Bruce Willis a Robert Duvall, známý ze slavného filmu *Kmotr* (*Godfather*). Dlouholetý příznivec republikánů je i Charlton Heston, proslavený hlavně filmem *Ben Hur*, bývalý prezident a doživotní čestný člen Národní asociace držitelů zbraní (NRA), který oslavil 4. října 2004 své osmdesáté narozeniny. Bushe bude také volit celoživotní demokrat David Zucker, režisér bláznivých komedií, jako například *Připoutejte se, prosím!* (*Airplane!*, 1980) a *Bláznivá střela* (*The Naked Gun*, 1988).

Američtí spisovatelé na rozdíl od českých nikdy neměli politickou angažovanost „v popisu práce“ a mnohé z těch nejlepších – například F. Scotta Fitzgeralda a nositele Nobelovy ceny Williama Faulknera, Ernesta Hemingwaye, Saul Bellowa a Isaaca Bashevis Singera – by bylo těžké zařadit na nějaké vyhraněné místo politické škály. Sinclair Lewis, John Steinbeck a Toni Morrison, kteří také získali Nobelovu cenu (Toni Morrison jako první černošská spisovatelka), spíš inklinovali k levici, stejně jako dramatik Arthur Miller. Theodore Dreiser vstoupil krátce před svou smrtí v roce

1945 do Komunistické strany USA. Českoslovenští komunisté měli v oblibě celkem průměrného spisovatele Howarda Fasta, který byl členem Komunistické strany USA, ale pak své soudruhy zklamal v roce 1957, kdy své „pokrokové názory" opustil a přešel do tábora „reakce". K levici, zdaleka ne však komunistické, rovněž měla blízko generace „beatniků", především Jack Kerouac, William Burroughs a Allen Ginsberg. Nalevo od politického středu jsou i takoví autoři poslední třetiny dvacátého století, jako Kurt Vonnegut, Joseph Heller, William Styron, Gore Vidal a Philip Roth. Asi nejznámější pravicový (až fašistický) autor 20. století byl básník Ezra Pound, kterého mnozí pokládají za génia.

Časopis *Slate*, vydávaný společností Microsoft, publikoval ve svém čísle z 11. října 2004 odpovědi 31 romanopisců na otázku, koho si vyberou v nadcházejících prezidentských volbách. Pro Johna Kerryho jich bude hlasovat 24, pro George W. Bushe 4 a zbývající 3 k volbám nepůjdou. Slavný autor John Updike, kterého čeští čtenáři znají už léta, napsal ve své odpovědi:

Těším se, že budu hlasovat pro Johna Kerryho, mimořádně inteligentního člověka, který byl statečný ve válce a pak statečný v protestu proti válce. Nepočítám s tím, že situaci v Iráku obrátí přes noc, ani že nějakým rychlým způsobem vyřeší globální či národní problémy, ale je několik věcí, které jsem si jistý, že neudělá. Nebude se snažit dosadit do Nejvyššího soudu a do jiných soudů lidi, kteří by chtěli zrušit právo na potrat. Nebude prosazovat ústavní dodatek proti manželství mezi osobami téhož pohlaví. Nebude provádět kouzla s ekonomikou pomocí daňových škrtů vedoucích k obrovskému deficitu. Současný prezident má řadu dobrých vlastností a úmyslů, ale nejsem si jistý, že si Spojené státy mohou dovolit další čtyři roky jeho administrativy.

Moje oblíbená autorka Joyce Carol Oates napsala: *Jako prakticky každý, koho znám, budu volit pro Kerryho. A to pravděpodobně z přesně stejných důvodů. Vyjmenovávat tyto důvody, znovu opakovat tu základní litánii liberálních zásad, které je třeba znovu potvrdit a obnovit, mi připadá zbytečné a nepotřebné…*

Ze skupiny oslovené časopisem bude pro Bushe hlasovat autor detektivek Robert Ferigno, protože souhlasí s prezidentovým postojem: *Lidi, kteří chtějí zabít moje děti, zastavit tím způsobem, že je zabiju první.*

Dva z nejznámějších Čechů žijících na druhé straně Atlantiku fandí Bushovi. V rozhovoru pro *Hospodářské noviny* v jejich *Magazínu* 22. října 2004 řekl Josef Škvorecký, nyní z Toronta: *Myslím si, že [Bush] je dobrý prezident. Ke Kerrymu bych neměl takovou důvěru – když si přečtete jeho životopis, zjistíte, že byl kam vítr, tam plášť.* O týden později, 27. října, prohlásil v magazínu *Mladé Fronty Dnes* Floriďan Waldemar Matuška, že „www.foxnews.com" jsou „nejobjektivnější internetové stránky", a pak pokračoval: *Tady mají někteří lidé velmi krátkou paměť. Jestli někdo řekne, že je Bush neštěstím amerického národa, tak asi nečte noviny nebo poslouchá úplně jiný rozhlas a jinou televizi. Já levici nefandím ani ji nevolím. Prezident Bush to dělá dobře. Držím mu palce.*

Humor v Americe

11. října
V Hollywoodu má premiéru kreslený film
Team America: World Police.

Abych si trochu odpočinula od nervozity a napětí, které se na mě přenášejí od mých amerických přátel a známých – mnozí demokrati s blížícími se volbami nemohou spát a svírá se jim při pomyšlení na vítězství George W. Bushe žaludek – podívala jsem se konečně na famózní kreslený seriál *South Park* (Jižní park), jehož autoři jsou Matt Stone a Trey Parker. Nijak zvlášť si na kreslené filmy nepotrpím a seriály mě přestaly zajímat už dávno, ale tento televizní produkt (vysílaný od srpna 1997) je do té míry významným kulturním artefaktem současnosti, že by o něm měl člověk mít aspoň základní povědomí. Ze synova archivu jsem si vybrala příběh o přílivu imigrantů z budoucnosti a musím říct, že jsem se párkrát opravdu upřímně zasmála. Každá epizoda začíná varováním: *Následující program obsahuje sprostá slova a vzhledem ke svému obsahu by se na něj neměl nikdo dívat.* Seriál je plný odkazů k současným filmům populárním u mladého publika, ty mi však většinou unikaly.

Nový film Matta Stonea a Treye Parkera, loutkový muzikál *Team America: World Police* (v Česku bude uveden v únoru 2005 s titulem *Team Amerika: Světovej polda*), vnesl do rozjitřené říjnové politické atmosféry poněkud odlehčený tón, i když zároveň film pobouřil obě strany, protože se nepřidal ani na jednu z nich a z obou válčících táborů si vlastně dělá legraci. Novinář Dan Thomas napsal 22. října v coloradských novinách *Summit Daily News*:

Táž litánie, která se vztahuje na idiotsko-moudrý hlavní produkt těchto filmařů, seriál South Park *(a zvlášť jeho filmovou verzi mládeži nepřístupnou), platí také o* Team America*: urážlivé, puberťácké, technicky primitivní, mimořádně nevkusné, rouhavé, politicky nekorektní, vulgární, hrubé, absurdní, podrazácké, hystericky legrační, vyvážené, inteligentní a překvapivě trefné.*

Od Čechů jsem mockrát slyšela (naposledy od kamarádky Hanky, která se začátkem října vrátila z Ameriky), že Američani nemají smysl pro humor, a za komunismu se často říkalo, že i když v Československu jsou problémy, aspoň je tu sranda. Ale ono to je trochu jinak. Provozování humoru vždycky vyžaduje komunitu se společným referenčním rámcem, se společnými prožitky a obecně známými kulisami. Proto se tak daří humoru v českých krajích, kde dnes žije kulturně velmi homogenní obyvatelstvo. Ale ani ta zdejší homogenita není jednolitá a například naši osobní zkušenost určitě sdílí mnoho lidí s podobným osudem, totiž těch, kteří zde nezažili normalizaci – to, co se zdá lidem s normalizačním prožitkem vtipné a legrační, mě ani manžela velmi často vůbec nerozesměje. V uplynulých deseti letech jsme si to ověřili na řadě filmů a při nejrůznějších setkáních. Před několika lety jsem se třeba sešla s dávnými spolužáky, z nichž většinu jsem neviděla víc než třicet let, a asi pět lékařů na téhle sešlosti podle mě puberťácky sprostě žertovalo, většina lidí se vesele bavila, ale mně to připadalo hloupé.

Američani také sice obecně sdílejí řadu hodnot, avšak o homogenitě se nedá mluvit, a tak běžný společenský styk, při němž se Američané v důsledku své neustálé mobility mnohem častěji než Češi setkávají s cizími lidmi, je sice na jednu stranu přátelštější a vstřícnější, ale zároveň také odtažitější, mnohem míň důvěrný. Abych mohla s někým žertovat, musíme mít něco společného, a než to společné objevíme, většinou to chvíli trvá, a dokud to neobjevíme, jsme zdrženliví.

Od šedesátých let je ve Spojených státech navíc tolik společenských prasklin, že i vnímání humoru je dnes málokdy „celoamerické“. Dobře to lze ilustrovat na porovnání dvou slavných filmových komiků – Charlie Chaplina a Woody Allena. Chaplin oslovoval velkou většinu Ameriky, kdežto Allen je výrazně komik velkoměstský, který s Amerikou malých měst a venkova má málo společného. Televizní produkce byla až do šedesátých let také jaksi jednolitější. My jsme zažili už jen konec slavného seriálu *I Love Lucy* (Mám rád Lucy), který byl vysílán na stanici CBS od roku 1951 do roku 1974 a který byl zdaleka ze všech seriálů nejpopulárnější. Zato jsme se dost často dívali na pozdější velmi populární *All in the Family* (Všichni v rodině), který začal na CBS v roce 1971 a běžel do roku 1983. V této komedii se už objevily rozpory – mezi starými a mladými, mezi bělochy a černochy, mezi muži a ženami, rozpory náboženské i etnické. Ale všechno to bylo ještě takové laskavé a hlavní mužská postava, Archie Bunker, byl sice bigotní, ale jinak fajn. Ostřejší komedie už pak nastoupila například v seriálu *M*A*S*H* (1972 až 1983), odvozeného z úspěšného protiválečného filmu režiséra Roberta Altmana z roku 1970. Scénář k tomuto filmu napsal Ring Lardner Jr., který byl v třicátých letech nějakou dobu členem Americké komunistické strany a po válce se ocitl na hollywoodské černé listině. V roce 1965 se Lardnerovo jméno poprvé znovu objevilo veřejně a v roce 1970 pak dostal za svůj scénář k *M*A*S*H* Oscara. Seriál o americké vojenské nemocnici v Koreji za korejské války mnozí označují za vůbec nejlepší situační televizní komedii, ale v republikánských baštách *M*A*S*H* vůbec populární není.

Humor funguje jako účinná zbraň proti útlaku a všelijakým protivenstvím, a proto jsou samozřejmě svým smyslem pro humor vyhlášení židé (vždycky jsem měla pocit, že český humor je židovskému velice blízký). Až do nástupu televize byly proslulé kluby a zábavní střediska v Catskill Mountains, severozápadně od New Yorku, kde desítky židovských komiků rozesmávaly publikum – této oblasti se říkalo „Jewish Borscht Belt" neboli „židovský borščový pás". V Americe má také dlouhou historii černošský humor, jímž si černoši aspoň trochu ulehčovali svůj těžký osud. S nástupem televize a pak hnutí za lidská práva se v šedesátých letech toto drsné etnické vtipkování rozšířilo i mimo černošskou komunitu. Stejně jako nejlepší židovské vtipy beroucí si na mušku židy vyprávějí sami židé (jeden z takových špičkových vypravěčů je spisovatel Arnošt Lustig, kterého jsem dávno v prehistorické době znala v nakladatelství Mladá fronta), tak i nejlepší vtipy dělající si legraci z černochů jsem slyšela od černošských komiků. První černošský komik, který vystupoval v Las Vegas před většinově bílým publikem, byl Redd Foxx, později hlavní hrdina seriálu *Sanford and Son* (Sanford a syn). Po Foxxovi přišli Bill Cosby, Richard Pryor a Eddie Murphy. Ti jsou dobře známí už i českému publiku.

Historicky byli oblíbeným terčem etnických vtipů často Poláci, ale vtipy na polskou zabedněnost se už v naší době moc neříkaly, nebylo to „politicky korektní" (navíc bychom si to už z pouhé zdvořilosti nemohli dovolit, protože mezi našimi známými byla spousta lidí s částečně polskou krví). Přijatelnější byly vtipy na jisté regionální zvláštnosti, takže například česká anekdota o tom, kolik policajtů je třeba na zašroubování žárovky (pět – jeden drží žárovku a čtyři otáčejí stolem), měla svou kalifornskou verzi (taky pět, jeden zašroubovává žárovku a další čtyři s ním tuto zkušenost sdílejí).

Jeden z nejslavnějších sólových komiků (stand-up comedians) byl Bob Hope, který zemřel ve věku 100 let v roce 2003. Narodil se v Anglii, ale když mu byly čtyři roky, rodina se přestěhovala do Ohia. V mládí vystupoval ve vaudeville a v roce 1941 poprvé odjel na frontu bavit vojáky, což se pak stalo jeho jakousi celoživotní „obchodní značkou". Bob Hope podnikl asi 60 turné – během druhé světové války, války v Koreji, ve Vietnamu i první války v Perském zálivu. Byl to komik schopný sypat ze sebe jeden vtípek za druhým, anglicky se jim říká „one-liners" (žertíky na jednu řádku). Taky to byl celoživotní republikán.

Nikdy mě nebavily komiksy (comic strips), ale můj syn od mládí některé tyhle seriály miloval, zvlášť měl rád Garfielda a Dilberta a také si kupoval časopis *MAD*, který i mě někdy rozesmál. Jednu dobu Honza miloval sloní vtipy, byl schopen chrlit je ze sebe třeba hodinu nebo i víc. Docela mi připadaly zábavné, zvlášť jsem měla ráda dva: *Jak dáš slona do krabičky od sirek? Nejdřív vysyp sirky. – Jak poznáš, že v ledničce byl slon? Nechal v másle otisky nohou.*

Z mých oblíbených současných spisovatelů je zřejmě nejhumornější Kurt Vonnegut, jehož knihy jsme s manželem a synem přečetli téměř v úplnosti, a jakmile napíše něco nového, hned si to doplňujeme do sbírky. Vonnegut byl v jistém smyslu jedním z našich prvních amerických průvodců. Taky jsem se výborně bavila u prvních knih Philipa Rothe, byl to samozřejmě humor dosti šokující, ale velmi inteligentní.

Na obecně sdílené každodenní vtipkování je Amerika příliš velká a různorodá, těžko se například pustím do žertovné konverzace s nějakou mormonkou v Utahu. Vždycky se mi nejlépe vtipkovalo s lidmi kolem univerzit, když si ale vzpomenu na naše nejrůznější putování, vybavím si řadu momentů jistého náhlého porozumění. Tyto situace se vymykají racionálnímu popisu, člověk něco vyčte z řeči těla, něco mezi řádky, a pak už nastoupí jakýsi šestý smysl. K takovémuhle porozumění došlo třeba při mé první návštěvě Ameriky po přesunu do Prahy. Jeli jsme tam tehdy se synem, bylo mu asi šestnáct let, a jednou jsme na newyorském autobusovém nádraží zašli před odjezdem do Princetonu do pizzerie, kde se s námi dal do řeči bizarně vyhlížející obrovský černoch s dlouhými žlutavými prsty a širokým kloboukem. Jaksi instinktivně jsem ho během pár vteřin „přečetla" v tom smyslu, že nám není nebezpečný, a tak jsme se dali do žertovného klábosení o Honzově budoucnosti a docela jsme se nasmáli.

Umím vtipkovat v české i americké společnosti (zdaleka ne v každé, někteří lidé jsou nerozesmátelní), ale je to jako bych přepínala z jedné stanice na druhou, podvědomě vím, co pobaví Američany a co Čechy, a taky vím, že reakce nejsou stejné. To jsme si oba s manželem uvědomili v prvních letech po příjezdu do Ameriky. Při různých společenských konverzacích tehdy často přicházely momenty, kdy jsem čekala, že se mí američtí společníci rozesmějí, jenže bylo naprosté ticho, ale zato zase reagovali bouřlivým smíchem ve chvílích, kdy jsem to vůbec nepředpokládala. Manžel také býval zaskočen tím, jak se jeho kolegové, a zvlášť kolegyně, hlasitě chechtali nad poznámkami, které on za nijak zvlášť vtipné nepokládal. A naopak.

Gerald R. Ford jako jediný americký prezident dokonce o humoru napsal knihu – vyšla v roce 1987 a jmenovala se *Humor and the Presidency* (Humor a prezidentství). Ford se ničím zvláštním nevyznamenal, ale celkem to byl sympatický prezident, který se sice všelijak přeříkával a zakopával a hlavou vrážel do rámů dveří, ale byl schopen dělat si sám ze sebe legraci. Ve své knížce například píše:

Jednou jsem měl projev v Omaze v Nebrasce. Po projevu jsem šel na jednu recepci a přišla ke mně taková vlídná starší paní, podala mi ruku v rukavičce a řekla: „Slyšela jsem, že jste tu měl dneska projev." „Ah, to nic nebylo," odpověděl jsem skromně, a ta stará paní pokývala hlavou, „Ano, to jsem taky slyšela."

Americká dynamičnost

31. října

Na regulérnost voleb se chystá dohlížet 250 000 demokratických dobrovolníků a 18 000 právníků obou stran je připraveno okamžitě intervenovat v případě nesrovnalostí.

Americká prezidentská kampaň roku 2004 vejde do historie jako jedno z nejdramatičtějších a nejdynamičtějších politických období moderní doby. Na rozdíl od některých jiných let, kdy člověk míval pocit, že vlastně je jedno, kdo vyhraje, jde tentokrát skutečně o volbu a miliony amerických voličů se opravdu poctivě snaží rozhodnout se podle svého nejlepšího vědomí a svědomí. Nevěřím tomu, že 90 procent lidí jsou hlupáci, jak občas říkají ti, kteří mají vysoké IQ – moje ponoření do této kampaně, umožněné báječným vynálezem internetem, mě přesvědčuje, že i ti tzv. „obyčejní lidé" se rozhodují na základě uvážlivého přemýšlení.

Protože jde zřejmě o klíčovou volbu, která určí směřování Ameriky na léta dopředu, je tato kampaň tak intenzivní a je do ní zapojeno na všech úrovních tolik lidí. Například v důležitém sporném státě Ohio pro republikány údajně pracovalo 85 612 dobrovolníků, kteří do 30. října 2004 zatelefonovali 2 406 788 obyvatelům Ohia a žádali je, aby podpořili George Bushe, osobně zazvonili u 349 032 dveří a zorganizovali 3 254 večírků na podporu znovuzvolení prezidenta. Podle lidí z Kerryho kampaně každý večer od 8. srpna 2004 telefonovalo voličům průměrně 27 957 demokratických dobrovolníků, kteří za tu dobu celkem zavolali 3 019 798 obyvatelům Ohia a zazvonili u 549 451 dveří. Navíc bude 48 261 dobrovolníků dohlížet na volby 2. listopadu.

Celkem je demokratických dobrovolníků připravených dohlížet na regulérnost voleb 250 000, téměř třikrát více než při volbách v roce 2000. Krátce před volbami vznikla v New Yorku koalice zhruba padesáti skupin, nazvaná Election Protection (Ochrana voleb), a když v září vydala veřejnou výzvu, aby se jí hlásili dobrovolníci, odezva byla ohromující: přišly tisíce lidí. Koalice vyšle celkem 25 000 mladých pozorovatelů do „riskantních" volebních obvodů v 17 státech.

Protože až do poslední chvíle ani jeden ze dvou prezidentských uchazečů nemá jasnou převahu, křižují oba dva kandidáti důležité státy ve zcela frenetickém tempu, někdy pronášejí až pět proslovů denně a vzadu ve svých limuzínách mají zásoby sprejů do nosu, pastilek proti kašli, papírových kapesníčků a různých prášků na nachlazení. Tempo neustává ani na okamžik.

Při každé své návštěvě Ameriky odsud z Prahy si znovu intenzivně uvědomuji americkou dynamičnost a téměř okamžitě po přistání mívám pocit, že jsem omládla, začnu mluvit hlasitěji a víc gestikuluji. Už na letišti vždycky cítím tu nakažlivou energii – jako by každý člověk byl poháněn nějakým neviditelným motorkem. Když jsem přiletěla do Newarku v New Jersey poprvé po našem přestěhování, ptal se mě černý úředník u pasové kontroly, proč že mám pas vystavený v Praze, a tak jsem mu vysvětlila, že já teď v Praze bydlím. On se rozesmál – jako by moje bydlení v Praze bylo hrozně zábavné – a zahlaholil: *No to je docela dobrý důvod! Vítejte doma v Americe!*

Dynamismus se projevuje ve všem, ve věcech fyzických i duchovních. Ulice měst jsou mnohem rušnější než v Česku, a to nejen velkých měst jako New York či Washington nebo Boston. Při cestě po Skalnatých horách jsme dvě noci přespali v Cedar City v Utahu, což je nové město, které vyrostlo v minulých desetiletích, a tam byl provoz do jedenácti – byly otevřeny obchody, lidi si chodili prát prádlo do obrovského laundromatu, jezdila spousta aut (spíš bych řekla, že jen tak klouzala). Také jsme navštívili kdysi slavné hornické městečko Creede v jihozápadním Coloradu, které zažilo období své největší slávy koncem 19. století, kdy tam na 10 000 obyvatel bylo 30 výčepů a kdy město „nikdy nespalo". Princeton taky není velký, ale živo je tam pořád. Zato když tady přijedu o víkendu do některých menších měst, vždycky mě fascinuje, že jsou jakoby zakletá, sem tam se objeví postavička, sem tam auto, ale je takové ticho, že mám skoro chuť začít mluvit jen šeptem. Lidé v Americe jako by se chovali spontánněji, míň sešněrovaně společenskými předpisy a konvencemi. V osmdesátých letech se mi třeba v New Yorku hrozně líbily elegantní mladé ženy oblečené v drahých šatech, které však na nohou měly tenisky, protože v nich se mohly rychleji řítit na nějakou tu důležitou schůzku či jednání (módní střevíce třeba za pár stovek dolarů si nesly v kabelce).

Dynamismus se projevuje i v nekonečné, halasné diskusi o velkých i malých tématech. Letošní prezidentská kampaň byla taková velká celonárodní diskuse, o to urputnější, že příznivci a odpůrci dvou prezidentských kandidátů jsou často příbuzní či přátelé. Slyšela jsem a četla o rozhádaných rodinách a přerušených přátelstvích, ale taky vím o zuřivých politických protivnících, kteří se i nadále mají velmi rádi – mezi ně patří moje oblíbená republikánka Linda Michael a její demokratická celoživotní přítelkyně Susan Gibbons.

Američané jsou pořád v pohybu, jak to přesně rozpoznal už Alexis de Tocqueville. Evropské vysedávání u kafíčka nebo nad sklenkou vína a mnohahodinové lenivé klábosení s přáteli je jaksi „neamerické", není na to čas. Možná proto se to mladým Američanům v Evropě tak líbí. Američané často mění zaměstnání, průměrně zůstávají na jednom místě necelých sedm roků. A milují stěhování. V roce 2002 se přestěhovalo přes 14 procent Američanů, což znamená víc než 40 milionů lidí. Více než polovina těchto přesunů přitom byla v rámci jednoho okresu, takže z evropského hlediska to jaksi nedává moc smysl, stěhovat se o pár kilometrů dál, to běžný Evropan raději zůstane na místě. Ale Američan pokládá stěhování za bezvadnou zábavu. Když jsme oznámili našim americkým známým, že máme v plánu odstěhovat se do Prahy, většina tím byla nadšená, říkali, to je vynikající, to je vzrušující (this is great! how exciting!).

Kde jsou zdroje této energie? Jeden z nich je bezpochyby neustávající příliv imigrantů, kteří se musí extrémně snažit, aby se v nové zemi uchytili – a jejich všudypřítomná energie je nakažlivá. Další zdroj americké dynamičnosti je otevřenost země, jak fyzická, tak společenská a ekonomická – snažíte-li se o něco opravdu usilovně, v Americe se vám to může podařit snadněji než jinde. Je to opravdu země téměř neomezených příležitostí. Zdrojem americké energie je také svoboda, která umožňuje, aby se lidská tvořivost ve všech možných oborech – od těch nejpřízemnějších až po ty nejsubtilnější – rozvinula co nejplněji.

Ale nejlepší odpověď na svou otázku jsem našla v textu z knihy Davida Brookse. Kniha nazvaná *On Paradise Drive: How We Live Now (And Always Have) in the Future Tense* (Bulvár Ráj: Jak dnes žijeme /a vždycky jsme žili/ v budoucím čase) vyšla v roce 2004 a jsou v ní následující pěkné postřehy:

Navzdory všem tvrzením, jak je americká kultura materialistická a pragmatická, je na této zemi podivuhodné to, jak jsou všechny materiální věci prostoupeny okouzlením.

Vždyť bouřlivá představivost stála u zrodu Ameriky. O novém kontinentě snili první evropští osadníci a všichni další imigranti. Už první kolonisté si dobře uvědomili, jak obrovský, až zahlcující potenciál má tato země. Všude viděli možnost hojnosti, ale zprvu žili v drsných podmínkách. Jejich životy připomínaly tvar praku – museli se nejdřív stáhnout dozadu, aby pak mohli jeden den vystřelit dopředu. V období těchto dočasných drsností si představovali nádheru, která nevyhnutelně přijde v budoucnosti.

A tato mentalita orientovaná na budoucnost se pak prohlubovala desetiletí po desetiletí, století po století...

Naše představivost nás stále láká k tomu, abychom se pouštěli do velkých projektů – abychom začali nějaký podnik, napsali knihu, za-

ložili rodinu, přestěhovali se na nové místo – protože před nás staví vidinu budoucích radostí. A když se ukáže, že náš úkol je těžší, než jsme si představovali, nutnost snažit se o to víc v nás probouzí nové schopnosti a dovednosti a tak se stáváme lepšími, než jsme kdy plánovali.

A v tom se projevuje naše zvláštní americká mentalita, která vysvětluje nejen dobývání Západu, ale i budování obrovských předměstí a frenetické nadšení z počítačového podnikání. To je to okouzlení rájem: tendence vidět přítomnost z hlediska budoucnosti. Začíná to představivostí – schopností snít o tom, jak bude vypadat nějaké štěstí, které je téměř na dosah ruky...

Některé národy jsou ve vší své různorodosti spojené společným mýtem zrození, příběhem o tom, jak se vytvářely. My Američané jsme spojeni, ve vší naší různorodosti, mýtem uskutečňování nadějí.

Naše okouzlení rájem je zrozeno z hojnosti, inspirováno příležitostí, vyživováno představivostí, oduchovněno pocitem Boží laskavosti a naší vyvolenosti a realizováno v obyčejných každodenních životech. Je to klíčová ideologie naší národní existence. Téměř na dosah, kousek za tím dalším horským hřebenem, ještě kousek dál, na konci tohoto předměstí, v příštím riskantním podniku, po té příští zaručené dietě anebo po tom velkém nákupu na kreditní kartu, až přijde ta opravdová pravá láska či ten opravdový politický hrdina, až si koupíme letní dům nebo terénní automobil, až se naučíme tu nejnovější meditační techniku nebo absolvujeme motivační seminář, jakmile najdeme tu správnou školu, objevíme morálně inspirující učení, to nejlepší pivo, tu správnou partu kamarádů; až se seznámíme s tou nejnovější technologií anebo až se opravdu odvážeme – tam je to místo, kde zmizí všechno napětí, kde povolí všechen tlak a kde bude člověk šťastný.

Toto okouzlení rájem je u kořene naší posedlosti pracovat tak tvrdě, konzumovat tak hekticky, pořád být v pohybu... V důsledku této posedlosti moc nedbáme na minulost, nerespektujeme žádné tradice, neradi moc hloubáme, plýtváme věcmi, které nás obklopují, nemáme rádi žádná omezení, ale zároveň jsme pořád posedlí touhou, neúprosně hnáni potřebou zdokonalovat se, bouřlivě optimističtí, nekonečně snaživí, stále ve střehu. A také jsme v tomto období lidské historie jakousi neodolatelnou lokomotivou světa, která zároveň všechny lidi na světě poněkud vyvádí z míry.

Ano, to je Amerika, její tvář obrácená k budoucnosti.

Přehledy

Prezidentské televizní debaty

První televizní debata mezi kandidáty na úřad prezidenta Spojených států se odehrála 26. září 1960 mezi Richardem M. Nixonem, ostříleným republikánským politikem, který byl osm let viceprezidentem v administrativě Dwighta Eisenhowera, a liberálním katolickým senátorem za stát Massachusetts Johnem F. Kennedym. Toto klání předznamenalo důležitost fotogeničnosti pro politiky následujících desetiletí: Nixon prohlásil, že žádné nalíčení před kameru nepotřebuje a jen si přetřel bradu přípravkem Lazy Shave (Líné oholení), který měl zastřít jeho rašící vousy – jenže přípravek v teple kamer roztál a Nixon pak vypadal proti elegantnímu opálenému Kennedymu jako upocený podomní obchodník. V dalších třech debatách si Nixon sice polepšil, ale volby stejně prohrál.

V roce 1964 Lyndon B. Johnson televizní debaty odmítl a v letech 1968 a 1972 je také odmítl Richard Nixon.

V roce 1976 debatoval Gerald Ford s Jimmy Carterem a od té doby se debaty konají pravidelně.

V roce 1980 měl republikánský kandidát Ronald Reagan týden před volebním úterkem jen jednu debatu s demokratickým prezidentem Jimmy Carterem, který se ucházel o znovuzvolení. Debata jasně pomohla k Reaganově přesilovému vítězství – Reagan dostal 489 volitelských hlasů, kdežto Carter jen 49.

V roce 1984 měl Ronald Reagan dvě debaty s demokratickým vyzyvatelem Walterem Mondalem, v první vypadal dost staře, ale ve druhé si polepšil. Jeho popularita ale byla tak obrovská, že získal

525 volitelských hlasů proti Mondalovým 13 – byla to historicky největší „přesilovka“ v amerických prezidentských volbách.

V roce 1988 debatovali George H. W. Bush a Michael Dukakis, syn řeckých imigrantů, který sahal Bushovi st. sotva po ramena a v kampani se několikrát úplně znemožnil.

V roce 1992 byla zajímavá třístranná debata mezi stávajícím prezidentem Georgem Bushem st., Billem Clintonem a Rossem Perotem, kandidátem Reformní strany.

V roce 1996 debatoval Bill Clinton s republikánským kandidátem Bob Dolem a jasně nad ním měl vrch.

Svou první debatou s Georgem Bushem v roce 2000 si Al Gore byl jistý, že mladšího a nezkušenějšího texaského guvernéra lehce zvládne jak svými znalostmi, tak svou řečnickou obratností. Bush skutečně mnoho věcí nevěděl, ale jeho štáb začal okamžitě po debatě zdůrazňovat drobné nesrovnalosti v Gorových prohlášeních a navíc znovu a znovu poukazoval na to, jak Gore vzdychal (nad Bushovou neznalostí). A Bush, který se všem jevil sympatičtěji, nakonec v debatě „vyhrál“.

Prohlášení nezávislosti a ústava

Toto jsou dva základní politické dokumenty Spojených států.

Spojené státy americké vznikly 4. července 1776, když americký Kongres (vytvořený dva roky předtím) přijal Prohlášení nezávislosti, jímž se třináct spojených britských kolonií na východním pobřeží severní Ameriky prohlašuje za „svobodné a nezávislé státy". Autorem prohlášení byl Thomas Jefferson, který se pak v roce 1800 stal třetím americkým prezidentem. V druhém odstavci Prohlášení stojí věta, která je jakýmsi úhelným kamenem amerického kréda:

Pokládáme za samozřejmé pravdy, že všichni lidé jsou stvořeni sobě rovni, že jsou obdařeni svým stvořitelem určitými nezcizitelnými právy, že mezi tato práva náleží život, svoboda a sledování osobního štěstí.

We hold these Truths to be self-evident that all Men are created equal, that they are endowed by their Creator with certain unalienable Rights, that among these are Life, Liberty, and the Pursuit of Happiness.

Ústava Spojených států amerických byla vypracovaná v roce 1787 a v roce 1789 vstoupila v platnost. Původní text sestával ze sedmi článků, kodifikujících tři složky vlády, vztahy mezi jednotlivými státy, způsob přijímání dodatků k ústavě, článek 6 o tom, že ústava je vrcholným zákonem země a poslední článek o způsobu ratifikace.

Schvalování ústavních dodatků vyžaduje nejdřív schválení dodatku dvěma třetinami Sněmovny i Senátu, a poté ratifikaci třemi čtvrtinami všech států Unie.

Dodatky 1 až 10, tzv. Listina práv, byly připojeny k ústavě v prosinci 1791. Tyto dodatky vyjmenovávají základní občanská práva, včetně svobody náboženství, slova, tisku, shromažďování, práva nosit zbraně, práva na soukromí a práva na řádný soudní proces.

Dodatky 11 až 26 byly připojeny v letech 1798 až 1971. Za zvláštní zmínku stojí následující: :

12. O volbě prezidenta a viceprezidenta sborem volitelů (1804).
13. Zrušení otroctví (1865).
15. Volební právo nesmí být omezováno rasou (1870).
16. Zavedení daně z příjmu (1913).
18. Zavedení prohibice (1919).
19. Volební právo pro ženy (1920).
21. Zrušení prohibice (1933).
22. Prezident může být zvolen jen na dvě období (1951).
26. Snížení věkové hranice, od které mají občané právo volit, z 21 na 18 let (1971).

Každý stát Unie má navíc svou vlastní ústavu.

Spojené státy americké – základní údaje

Zdroj: *The World Almanach and Book of Facts 2004*

Rozloha:

Kontinentální Amerika (48 spolu sousedících států a Washington, D. C.)	8 082 609 km^2
Aljaška	1 718 308 km^2
Havajské ostrovy	28 319 km^2
Celkem	9 829 236 km^2

Časové zóny:

Padesát amerických států leží v šesti časových pásmech. Mezi východním pásmem a středoevropským časem je rozdíl šest hodin: Když je v Praze 18.00 hodin, je v New Yorku 12.00.

Východní 12.00 hodin	Státy mezi Michiganem na severozápadě, Maine na severovýchodě a Floridou na jihu.
Centrální 11.00 hodin	Státy mezi Severní Dakotou na severozápadě, Wisconsinem na severovýchodě, Alabamou na jihovýchodě a Texasem na jihozápadě.
Horský 10.00 hodin	Státy mezi Montanou na severu a Arizonou a Novým Mexikem na jihu.
Pacifický 09.0 hodin	Státy mezi Washingtonem na severu a Kalifornií na jihu.
Aljašský 08.00 hodin	Celá Aljaška kromě Aleutských ostrovů.

Aleutský a Havajský
07.00 hodin Aleutské ostrovy a Havajské ostrovy.

Přidružená území:

Portoriko – Samostatný volně přidružený stát v Karibském moři, obyvatelé jsou američtí občané, ale nemají právo volit v prezidentských volbách. Hlavní výkonnou moc zastává volený guvernér.

Americké Panenské ostrovy – Skupina více než 50 ostrovů v Karibském moři. Obyvatelé jsou američtí občané, ale nemají právo volit v prezidentských volbách.

Americká Samoa – Pět ostrovů a dva korálové atoly v jižním Pacifiku, neinkorporované území. Obyvatelé nejsou američtí občané.

Severní Mariany – Šestnáct ostrovů a ostrůvků v severní Mikronésii, samosprávné přidružené společenství. Obyvatelé nejsou američtí občané.

Guam – Největší ostrov soustroví Mariany, neinkorporované území, místo důležité vojenské základny. Obyvatelé jsou američtí občané, ale nemají právo volit v prezidentských volbách.

Obyvatelstvo:

Sčítání lidu 2000	281 421 906
z toho černoši	34 658 190
Hispánci	35 305 818
(mohou být černí i bílí)	
Indiáni a aljašské kmeny	4 119 301
(hlásící se k více než jedné rase nebo kmeni)	

Vláda:

Skládá se ze tří složek, zákonodárné, výkonné a soudní.

Zákonodárná: Dvoukomorový Kongres.
Senát má 100 členů (dva z každého státu), volených na šest let, každé dva roky se volí třetina Senátu. Sněmovna reprezentantů má 435 členů (zastupujících státy podle počtu obyvatel), volených na dva roky.

Výkonná: Prezident, viceprezident (který z titulu své funkce předsedá Senátu) a kabinet složený z 15 ministrů. Prezident i viceprezident jsou voleni na čtyři roky a mohou setrvat v úřadu pouze dvě období.

Soudní: Nejvyšší soud, má devět členů jmenovaných doživotně prezidentem, jmenování musí schválit Senát.

Každý z padesáti amerických států má vlastní vládu skládající se rovněž ze tří složek. V čele výkonné státní moci je guvernér volený ve většině případů na dva roky.

Washington, D.C. (District of Columbia), není plnoprávným státem, v Kongresu má dva senátory a jednoho reprezentanta, ale ti nemají hlasovací právo. V prezidentských volbách má hlavní město USA tři volitele. Už nějakou dobu existují snahy udělat z Washingtonu, D.C., kde žije přes půl milionu obyvatel, 51. americký stát, ale v dohledné době k tomu zřejmě nedojde.

Základní údaje o 50 amerických státech

Státy jsou řazeny v pořadí, kdy přistupovaly k Unii

Stát/Hlavní město	Přistoupení k Unii	Rozloha (km²)	Obyvatelstvo (2000)
Delaware/Dover	07. 12 1787	6 448	783 600
Pensylvánie/Harrisburg	12. 12 1787	119 313	12 281 054
New Jersey/Trenton	18. 12 1787	22 587	8 414 350
Georgia/Atlanta	02. 01 1788	153 911	8 186 455
Connecticut/Hartford	09. 01 1788	14 356	3 405 565
Massachusetts/Boston	06. 02 1788	27 337	6 349 097
Maryland/Annapolis	28. 04 1788	32 134	5 296 486
Jižní Karolína/Columbia	23. 05 1788	82 932	4 012 012
New Hampshire/Concord	21. 06 1788	24 217	1 235 786
Virginie/Richmond	25. 06 1788	110 785	7 078 515
New York/Albany	26. 07 1788	141 300	18 976 457
Severní Karolína/Raleigh	21.11 1789	139 391	8 049 313
Rhode Island/Providence	29. 05 1790	4 002	1 048 319
Vermont/Montpelier	04.05 1791	24 900	608 827
Kentucky/Frankfort	01. 06 1792	104 659	4 041 769
Tennessee/Nashville	01. 06 1796	109 150	5 689 283
Ohio/Columbus	01. 03 1803	116 097	11 353 140
Louisiana/Baton Rouge	30. 04 1812	134 266	4 468 976
Indiana/Indianapolis	11. 12 1816	94 323	6 080 485
Mississippi/Jackson	10. 12 1817	124 434	2 844 658
Illinois/Springfield	03. 12 1818	149 997	12 419 293
Alabama/Montgomery	14. 12 1819	135 765	4 447 100
Maine/Augusta	15.03 1820	91 647	1 274 923

Stát/Hlavní město	Přistoupení k Unii	Rozloha (km²)	Obyvatelstvo (2000)
Missouri/Jefferson City	10. 07 1821	180 534	5 595 211
Arkansas/Little Rock	15. 06 1836	137 734	2 673 400
Michigan/Lansing	26. 01 1837	250 495	9 938 444
Florida /Tallahassee	03. 03 1845	170 306	15 982 378
Texas/Austin	29. 12 1945	695 626	20 851 820
Iowa/Des Moines	28. 12 1846	145 745	2 926 324
Wisconsin/Madison	29. 05 1848	169 640	5 363 675
Kalifornie/Sacramento	09. 09 1850	424 083	33 871 648
Minnesota/St. Paul	11. 05 1858	225 172	4 919 479
Oregon/Salem	14. 02 1859	254 487	3 450 654
Kansas/Topeca	29. 01 1861	213 098	2 688 418
Západní Virginie/Charleston	20. 06 1863	62 756	1 808 344
Nevada/Carson City	31. 10 1864	286 353	1 998 257
Nebraska/Lincoln	01. 03 1867	200 347	1 711 263
Colorado/Denver	01. 07 1876	269 604	4 301 261
Severní Dakota/Bismarck	02. 11 1889	183 113	642 200
Jižní Dakota/Pierre	02. 11 1889	82 932	754 844
Montana/Helena	08. 11 1889	380 839	902 195
Washington/Olympia	11. 11 1889	184 667	5 894 121
Idaho/Boise	03. 07 1890	216 447	1 293 953
Wyoming/Cheyenne	10. 07 1890	253 338	493 782
Utah/Salt Lake City	04. 01 1896	219 889	2 233 169
Oklahoma/Oklahoma City	16. 11 1907	181 036	3 450 654
New Mexiko/Santa Fe	06. 01 1912	314 916	1 819 046
Arizona/Phoenix	14. 02 1912	295 255	5 130 632
Aljaška/Juneau	03. 01 1959	1 718 308	626 932
Havajské ostrovy/Honolulu	21. 07 1959	28 319	1 211 537

Výsledky prezidentských voleb od roku 1948

(D) Demokrat
(R) Republikán
(SR) Strana práv států
(PR) Progresivní
(RF) Strana reformy

Rok Účast (%)	Vítěz Počet voličů	Volitelé	Poražený Počet voličů	Volitelé
1948 51,1	Harry S. Truman (D) 24 105 812	303	Thomas E. Dewey (R) 21 970 065	189
			Strom Thurmond (SR) 1 169 021	39
			Henry A. Wallace (PR) 1 157 172	0
1952 61,6	Dwight D. Eisenhower (R) 33 936 252	442	Adlai E. Stevenson (D) 27 314 992	89
1956 59,3	Dwight D. Eisenhower (R) 35 585 316	457	Adlai E. Stevenson (D) 26 031 322	73
1960 62,8	John F. Kennedy (D) 34 227 096	303	Richard M. Nixon (R) 34 108 546	219
1964 61,9	Lyndon B. Johnson (D) 43 126 506	486	Barry M. Goldwater (R) 27 176 799	52
1968 60,9	Richard M. Nixon (R) 31 785 480	301	Hubert H. Humphrey (D) 31 275 166	191
			George C. Wallace (nezáv.) 9 906 473	46

Rok Účast (%)	Vítěz Počet voličů	 Volitelé	Poražený Počet voličů	 Volitelé
1972 55,2	Richard M. Nixon (R) 47 165 234	 520	George S. McGovern 29 170 774	 17
1976 53,5	Jimmy Carter (D) 40 828 929	 297	Gerald R. Ford (R) 39 148 940	 240
1980 54,0	Ronald Reagan (R) 43 899 248	 489	Jimmy Carter (D) 35 481 435	 49
			John B. Anderson 5 719 437	 0
1984 53,1	Ronald Reagan (R) 54 281 858	 525	Walter F. Mondale (D) 37 457 215	 13
1988 50,2	George H. W. Bush (R) 48 881 221	 426	Michael S. Dukakis (D) 41 805 422	 111
1992 55,9	Bill Clinton (D) 44 908 254	 370	George H. W. Bush (R) 39 102 343	 186
			H. Ross Perot (nezávislý) 19 741 065	 0
1996 49,0	Bill Clinton (D) 47 401 185	 379	Bob Dole (R) 39 197 469	 159
			H. Ross Perot (RF) 8 085 294	 0
2000 51,3	George W. Bush (R) 50 459 211	 271	Al Gore (D) 51 003 894	 266
			Ralph Nader (Zelení) 2 834 410	 0
2004 asi 60	George W. Bush (R) cca 59 420 000	 286	John F. Kerry (D) cca 55 900 000	 252
			Ralph Nader cca 400 000	 0

EPILOG

16. listopadu 2004

Několik dní před volbami se novinář David Broder v deníku *Washington Post* obrátil na čtenáře s následující výzvou: *Z těchto prezidentských voleb jsme všichni rozrušeni. Ale než budete volit, zastavte se na chvilku a připomeňte si, že tato republika přestála horší bouře a díky své ústavě se vždy vzchopila a vrátila se ke svým principům. Zařekněte se, že porážka vašeho vybraného kandidáta neotřese vaší vírou v Ameriku a neodradí vás od politiky. Přijdou zase lepší časy.*

Středu 3. listopadu 2004 si budu dlouho v detailech přesně pamatovat. Den jsem začala ve Sport Baru Zlatá hvězda v ulici Ve Smečkách, kam jsme s Honzou dorazili něco před půlnocí. Na velkých obrazovkách asi v šesti místnostech se tam vysílal přímý volební přenos z Ameriky, a když jsme před druhou odcházeli, už byl bar skoro plný, většinou to byli mladí Američané, kteří fandili Kerrymu. Jeden internetový odhad někdy kolem šesté večer pražského času 2. listopadu předvídal drtivé Kerryho vítězství, ale slavný Gallupův ústav poprvé ve své historii odmítl předpovědět, kdo volby vyhraje, protože jeho průzkumy naznačovaly, že volby budou velmi těsné.

Poslední volební místnosti, na Havajských ostrovech, se zavíraly až v pět hodin ráno našeho času – do té doby žádné opravdové výsledky nemohly být – a proto jsem se rozhodla jít se aspoň na pár hodin vyspat. Byla jsem unavená, napnutá, ale jinak v pohodě, na Kerryho vítězství bych si byla sice nevsadila, ale přesto jsem měla intenzivní pocit, že to přece musí vyhrát on.

Jenže krátce po páté ráno přišla zpráva, že Bush vyhrál Floridu a za několik hodin nato oznamovalo pár médií, že prezident vyhrál i Ohio. Za chvíli se však ukázalo, že v Ohiu to není jasné, že se bude přepočítávat, a to už jsem v pohodě nebyla, představovala jsem si opakování martyria z roku 2000, kdy byl konečný vítěz vyhlášen až 13. prosince, 36 dnů po volbách. Musela jsem však dopsat tuto knížku, a tak místo abych jen sledovala zprávy, přinutila jsem se k práci, i když mi to moc nešlo, žaludek jako na vodě, celkově jako praštěná. Chabě jsem se utěšovala, že možná má Kerry ještě šanci, ale už jsem spíš věděla, že naděje je mizivá. Kolem páté odpoledne přišel Honza oznámit, že Kerry to vzdal.

Vítězství George W. Bushe není drtivé (s největším rozdílem, téměř 18 milionů hlasů, vyhrál ve volbách po druhé světové válce Richard M. Nixon v roce 1972 proti Georgi McGovernovi), ale na rozdíl od minulých voleb má mandát jasný. Pro George W. Bushe hlasovalo asi 59,4 milionu Američanů, neboli asi 51 procent lidí, kteří přišli k volbám. Pro Johna F. Kerryho hlasovalo 55,9 milionu voličů, neboli zhruba 48 procent. Volitelských hlasů získal Bush 286 a Kerry 252. Nejlépe si staronový prezident vedl v Utahu, kde ho volilo 71 procent všech voličů. Jeho protivník byl zase nejúspěšnější ve Washingtonu, D.C., kde se pro něj vyslovilo 90 procent hlasujících občanů. V porovnání s rokem 2000 došlo ke změně ve třech státech: v New Hampshire, se 4 volitelskými hlasy, vyhrál v roce 2000 Bush a letos Kerry, zatímco v Iowě (7 volitelů) a Novém Mexiku (5 volitelů) vyhrál v roce 2000 Gore a letos Bush. Podle zatím neúplných výsledků se zdá, že oproti roku 2000

Začátkem roku 2004 vyšla provokativní kniha bohatého podnikatele Johna Sperlinga, *The Great Divide* (Velké rozhraní), v níž rozdělil Ameriku na „Retro" a „Metro", což se zhruba shoduje s dělením na státy „červené" (s převahou republikánů) a státy „modré" (s převahou demokratů). Umírněně konzervativní David Brooks však toto běžné dělení Ameriky odmítá a má samozřejmě pravdu v tom, že v „červených" státech nežijí jen republikáni a v „modrých" nežijí jen liberálové – například George W. Bushe volilo letos víc lidí než v roce 2000 i v takových tradičně liberálních státech, jako je New York a Connecticut, a dokonce i v Kerryho rodném Massachusetts. Ve svém komentáři 6. listopadu Brooks píše:

Ty červenomodré mapy, kterých bylo zas tento týden v novinách plno, jsou pěkně barevné, ale skrývají stejně tolik věcí, jako odhalují. V minulých čtyřech letech jsem procestoval 36 států a napsal jsem miliony slov ve snaze pochopit toto hodnotové rozhraní a můžu vám říct, že neexistuje nějaké jedno vysvětlení. Je směšné tvrdit, jak to tento týden tvrdili někteří liberálové, že pořád znovu bojujeme „opičí soud", v němž proti sobě stojí na jedné straně „metro" síly rozumu a osvícení a na druhé straně „retro" síly dogmatu a reakce.

Za prvé, existuje obrovská různorodost uvnitř jednotlivých oblastí, měst i rodin. Za druhé, hodnotové rozhraní je složité rozvrstvení protichůdných názorů na víru, schopnost vést, individualismus, americkou výjimečnost, předměstí, Wal-Mart, normy chování, ekonomickou příležitost, přírodní zákon, mužnost, měšťanské ctnosti a miliardy dalších věcí.

Amerika prostě není jednoduše červenomodrá, to si mohou myslet jen přihlouple suverénní všeználkové. Jsem sice výsledkem voleb zklamaná, ale nevěřím, že ve Spojených státech vyhrála stupidita, dogmatismus, netolerance a náboženský fanatismus. Miliony voličů, kteří dali svůj hlas Georgi W. Bushovi, s ním nutně ve všem nesouhlasí, nemyslí si, že všechno udělal správně anebo že má patent na neomylnost – jen prostě došli k přesvědčení, že je v tuto chvíli lepší alternativou než John F. Kerry. Konzervativci se jistě budou snažit prosadit svou pravicovou agendu, ale jejich oponenti nezůstanou s rukama v klíně. Demokrati už teď intenzivně analyzují svou porážku a začínají formulovat novou strategii a taktiku. Republikáni mají sice v obou komorách Kongresu převahu, ale ne všichni republikánští reprezentanti a senátoři jsou pravicově urputní. V zahraniční politice bude prezident usilovat o lepší vztahy s Evropou, jak to ostatně už nějakou dobu dělá, a v Iráku se bude snažit co nejúčinněji stabilizovat situaci, stejně jako by to dělala i Kerryho administativa. Prezident Bush sice explicitně chyby nepřiznává ale ve skutečnosti už kolikrát pozměnil svá rozhodnutí podle situace.

A tak, protože celý život trpím přehnaným optimismem, si i teď představuji ten nejlepší myslitelný scénář: George W. Bush dnes už nemusí podřizovat svá politická rozhodnutí další volební kampani, nemusí se už ucházet o voliče, a proto se může v zájmu celé země opravdu pokusit o zmírnění politické a společenské polarizace. Ostatně, v roce 2000 sliboval, že bude sjednotitelem, teď na to tedy má další čtyři roky.

Seznam literatury

Periodika

Americké listy
Hospodářské noviny
Mladá fronta Dnes
New Yorker, The
Time
U.S. News and World Report
Economist, The
Lidové noviny
New York Times, The
Respekt
Týden

Knihy

Madeleine Albright, *Madam Secretary*. New York 2003. Česky vyšlo v překladu Michaela Žantovského jako *„Nejlepší ze všech možných světů"*. Praha 2003.

Barša, Pavel, *Hodina impéria*. Brno 2003.

Blix, Hans, *Disarming Iraq* (Odzbrojování Iráku). New York, 2004.

Clarke, Richard, *Against All Enemies* (Proti všem nepřátelům). New York 2004.

Clinton, Bill, *My Life* (Můj život). New York 2004.

Coulter, Ann, *Loathing on the Left: The Liberal Compulsion to Hate Conservatives* (Zuřivost na levici – Liberální nutkání nenávidět konzervativce). GoHastings.com 2003.

Dubovický, Ivan, David Kraft a Milena Secká, *Češi v Americe*. Praha 2003.

Ehrenreich, Barbara, *Nickel and Dimed* (Hoštění za nikláky a šesťáky). New York 2001.

Encyclopedia of American Social History (Encyklopedie americké sociální historie). 3 svazky. New York 1993.

Franken, Al, *Lies and the Lying Liars Who Tell Them* (Lži a ti prolhaní lháři, kteří je říkají). New York 2003.

Friedan, Betty, *Feminine Mystique*. New York 1963. Česky vyšlo v překladu Jaroslavy Kočové jako *Mystika ženství*. Praha 2002.

Fukuyama, Francis, *The End of History and the Last Man*. New York 1992. Česky vyšlo v překladu Michala Prokopa jako *Konec dějin a poslední člověk*. Praha 2002.

Gore, Al, *Earth in the Balance: Ecology and the Human Spirit.* New York 1992. Česky vyšlo v překladu Jana Jařaba jako *Země na misce vah: Ekologie a lidský duch.* Praha 2000.

Huntington, Samuel P., *The Clash of Civilizations.* New York, 1997. Česky vyšlo v překladu Michaela Žantovského jako *Střet civilizací.* Praha 2001.

Chomsky, Noam, *9-11.* New York 2001.

Kagan, Robert, *Of Paradise and Power: America and Europe in the New World Order. New York* 2003. Česky vyšlo v překladu Antonína Hradílka jako *Labyrint síly a ráj slabosti: Amerika, Evropa a nový řád světa.* Praha 2003.

Lipset, Seymour Martin, *American Exceptionalism: Double-Edged Sword.* New York 1997. Česky vyšlo v překladu Martina Pokorného jako *Dvousečná zbraň: Rub a líc americké výjimečnosti.* Praha 2003.

Meyssan, Thierry, *L'Effroyable Imposture.* Paris 2002. Česky vyšlo v překladu Miroslava Brože jako *Velký podvod.* Praha 2002.

Moore, Michael, *Stupid White Men.* New York 2001. Česky vyšlo v překladu Gity Zbavitelové jako *Hloupí bílí muži.* Praha 2004.

Singer, Peter, *The President of Good and Evil* (Prezident dobra a zla). New York 2003.

Soros, George, *The Bubble of American Supremacy* (Bublina americké nadvlády). New York 2004.

Sperling, John, *The Great Divide: Retro versus Metro America* (Velké rozhraní. Amerika „retro" proti Amcrice „metro"). PoliPoint Press 2004.

Suskind, Ron, *The Price of Loyalty* (Cena loajality). New York 2004.

Tocqueville, Alexis de, *Demokracie v Americe.* Přeložil Vladimír Jochman. Praha 1992.

The 9/11 Commission Report: Final Report of the National Commission on Terrorist Attacks upon the United States (Konečná zpráva Komise pro 11. září). New York 2004.

Todd, Emmanuel, *Après l'Empire: Essai sur la décomposition du système americain* (Konec impéria: esej o rozkladu amerického systému). Paris 2002.

Vidal, Gore, *Burr.* New York 1973. Česky vyšlo v překladu Miroslava Jindry jako *Skandální život Aarona Burra.* Praha 1990.

Woodward, Bob, *Plan of Attack* (Plán útoku). New York 2004.

The World Almanach and Book of Facts 2004 (Almanach světa a kniha fakt). New York 2004.

Rejstřík

V rejstříku nejsou hesla jako George W. Bush, John F. Kerry, Česká republika, Irák apod., protože se vyskytují na většině stránek.

A

B

C

Č

D

E

F

G

H

Ch

I

J

K

L

M

N

O

P

R

W

Z

Ž

Jiřina Rybáčková

Svět zvaný Amerika

O volbách a nejen o nich

Přebal a grafickou úpravu navrhl Josef Kroupa.

Odpovědná redaktorka Klára Vachulová.

Vydalo Nakladatelství Epocha, s. r. o.,
Praha 1, Kaprova 12

První vydání, 448 stran.

Sazbu a litografii provedlo studio Prestig.

Vytiskla tiskárna Severografia, a.s., Most

ISBN 80-86328-62-7

HLAVNÍ PROUDY ČESKÝCH PŘISTĚHOVALCŮ DO USA

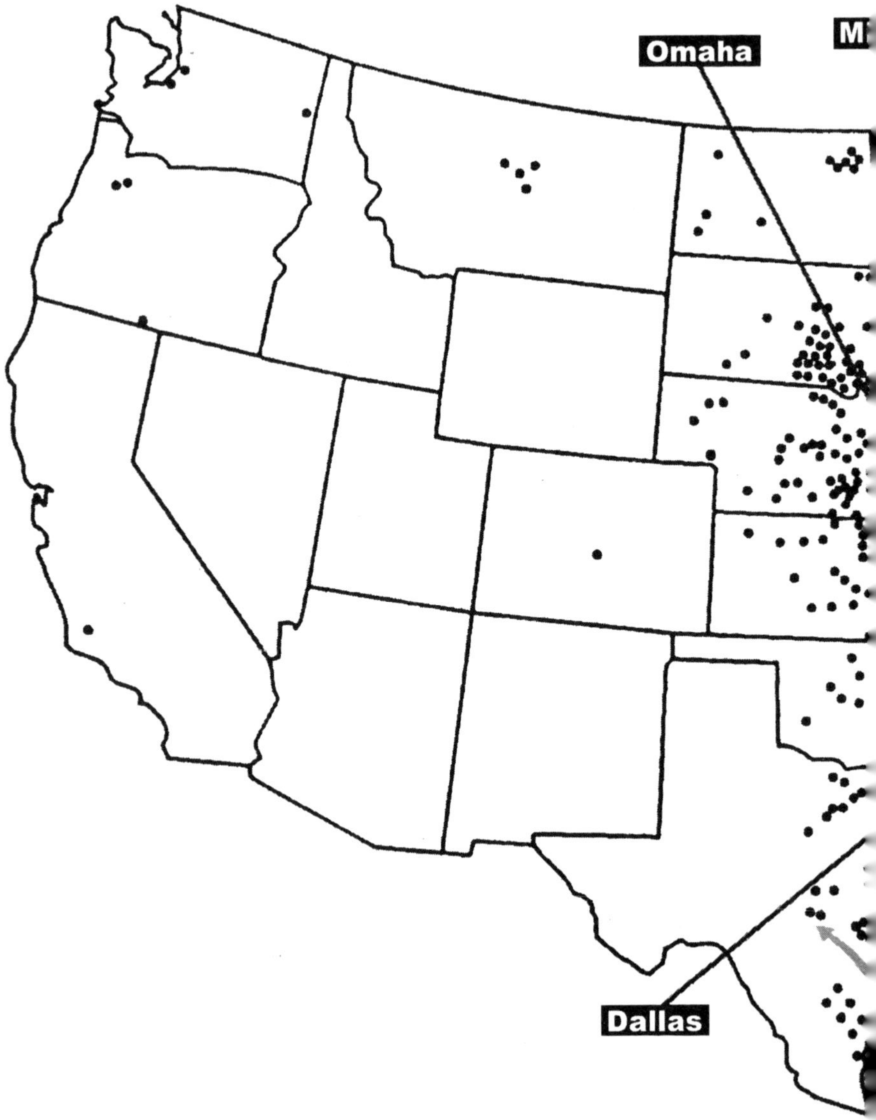

Přetištěno s laskavým svolením autorů knihy Ivana Dubovického, Davida Krafta a Mileny Secké, *Češi v Americe*. Praha, Ministerstvo školství, mládeže a tělovýchovy České republiky, 2003